数据驱动的煤矿装备健康管理与智能维护

著　者　曹现刚　赵江滨　樊红卫
董　明　段　雍

中国矿业大学出版社
· 徐州 ·

内 容 简 介

本专著主要介绍了煤矿装备全寿命周期健康管理与智能维护最新研究进展，总结了煤矿装备多源异构数据管理、状态评估、剩余使用寿命预测、智能维护决策等最新理论与前沿技术。本书得到了多项国家级、省部级项目资助，为我国重大装备的状态预测、健康管理及智能运维提供了更具行业特色的宝贵经验，可作为机械工程、矿业工程等高年级本科生、研究生以及复杂设备智能运维研究的学者、工程师和管理人员参考书。

图书在版编目(CIP)数据

数据驱动的煤矿装备健康管理与智能维护 / 曹现刚等著. —徐州：中国矿业大学出版社，2024. 12.
ISBN 978-7-5646-6523-4

Ⅰ. TD407-39

中国国家版本馆 CIP 数据核字第 20240N26V5 号

书　　名	数据驱动的煤矿装备健康管理与智能维护
著　　者	曹现刚　赵江滨　樊红卫　董　明　段　雍
责任编辑	周　红
出版发行	中国矿业大学出版社有限责任公司 (江苏省徐州市解放南路　邮编 221008)
营销热线	(0516)83885370　83884103
出版服务	(0516)83995789　83884920
网　　址	http://www.cumtp.com　**E-mail**:cumtpvip@cumtp.com
印　　刷	苏州市古得堡数码印刷有限公司
开　　本	787 mm×1092 mm　1/16　**印张** 11　**字数** 281 千字
版次印次	2024 年 12 月第 1 版　2024 年 12 月第 1 次印刷
定　　价	62.00 元

(图书出现印装质量问题，本社负责调换)

前　言

“十四五”以来，我国煤矿经历了普通机械化、综合机械化到自动化等发展过程，逐步迈向智能化。新形势下，煤炭生产规则日益完善，国家对煤炭资源节约与综合利用发展提出了更高的要求，煤炭生产中新技术、新工艺的运用，为我国经济社会发展能源保障奠定了基础，煤炭在未来很长一段时间内仍是我国能源结构的主体部分。

建立煤矿健全、智能、高端技术装备研发与应用体系，提升高端煤机装备国产化、成套化水平是煤矿智能化进程的核心任务。煤矿装备主要包括综采装备、掘进装备、固定装备、运输装备、通风装备、排水装备、支护装备、分选装备等，作为典型的复杂分布式机电装备，具有结构层次复杂、零部件众多、设备间相互关联复杂等特点。煤矿装备是典型的低速重载设备，工作环境复杂多变，可操作空间狭窄，易遭受煤岩冲击，设备带病工作现象普遍，如不进行及时有效的监测及处置，将造成严重的经济损失，甚至造成人员伤亡。因此，对煤矿装备运行状态进行有效监测，是煤矿安全、高效开采的必要保证。

随着煤矿装备的大型化、复杂化、智能化发展，传统的定期维护、事后维修的设备管理方式，已难以满足煤矿智能化建设对设备运行的高可靠性需求。煤矿装备的状态预测与智能维护技术通过各种传感器采集反映装备健康状态的信息，利用信号处理、机器学习等技术感知、评价、预测设备整机或零部件的健康状态及状态退化过程，为后期协调控制、任务规划与维护活动提供决策支持。煤矿装备的状态预测与智能维护技术将新一代信息技术与设备维护决策理论相结合，完成设备运行状态的主动感知、大数据管理与分析、设备故障状态评估与预测、设备维护决策等行为，将传统的“被动式业务管理”演变为“主动式预测预防管理”，实现数据驱动的煤矿装备全寿命周期状态预测与智能维护，促进设备过程管理的持续优化与改进，降低业务成本。

煤矿智能化是煤炭综合机械化发展的新阶段，是我国能源技术革命的新方向。2020 年 2 月国家发展和改革委员会等八部委联合印发了《关于加快煤矿智能化发展的指导意见》，2021 年 6 月中国煤炭工业协会发布《煤炭工业“十四五”高质量发展指导意见》，明确了煤炭智能化的发展目标和主要任务，标志着煤矿智能化生产迈入新的征程。

国家《能源技术革命创新行动计划(2016—2030年)》提出，到2030年实现煤炭智能化开采，重点煤矿区基本实现工作面无人化，全国煤矿采煤机械化程度达到95%以上。应急管理部科技强安专项行动旨在“机械化换人、自动化减人”，将煤炭智能化开采技术列为重点研究方向。由此可见，国家对于煤矿重大设施及煤矿装备的智能化提升的研究给予了高度的重视。同时在“工业4.0”和“中国制造2025”战略的现代工业生产的大形势下，《中国制造2025》、《智能制造发展规划(2016—2020年)》等将重大产品、复杂系统和重大设施的可靠性、安全性和寿命预测技术等列为重要研究方向。可见，开展煤矿装备的状态监测、趋势评估、寿命预测及可靠性共性理论与前沿技术的研究，不仅对于提高我国煤矿装备的安全可靠运行能力具有积极的意义，也为我国重大装备、设施、工程的健康管理及智能运维提供了更具行业特色的宝贵经验。

煤矿装备及综采重大设施全寿命周期状态预测与智能维护是一个具有重要理论意义和工程应用价值的科学问题，主要瓶颈在于煤矿装备的运行状态退化趋势规律分析及状态预测模型建模方法。本书作者长期从事煤矿重大设施及煤矿装备的故障预测、健康管理及智能运维的理论方法研究和应用验证工作，针对上述瓶颈，归纳总结了作者在煤矿装备状态预测与智能维护关键技术方面的最新研究成果，介绍了多源异构数据驱动的煤矿装备健康管理与智能运维技术体系及理论方法，为煤炭智能化推进提供理论与技术支撑。

本书第1章综述了煤矿智能化发展过程中煤矿装备智能运维进展，重点探讨了数据驱动的煤矿装备状态预测与智能维护存在的问题和发展趋势。

第2章探讨了多源异构数据驱动的煤矿装备运行数据管理方法，提出了高并发环境下基于Netty网络的异构数据传输模型；构建了集成PCA技术及Storm的煤矿装备运行状态数据清洗平台；提出了基于Hadoop的煤矿装备运行数据分布式存储方法，建立了煤矿装备多源异构数据的统一描述模型与存储架构，实现了运行数据的高效管理。

第3章介绍了数据驱动的煤矿装备状态评估方法。针对特征表达不完备、特征细节难以捕获等问题，构建了基于多尺度特征的煤矿装备退化特征数据集，建立了基于多尺度卷积神经网络的煤矿装备健康评估模型；研究了多域混合特征驱动的时空融合健康指标构建自编码网络，建立了基于集成学习的健康状态评估方法，在完备特征提取的基础上，提升了煤矿装备评估准确度，揭示了运维数据与煤矿装备健康状态间的复杂关系。

第4章充分探讨了数据驱动的煤矿装备剩余使用寿命预测方法。针对煤矿装备寿命预测指标体系难以构建、特征冗余及有效性差、寿命预测精度低等问题，提出了基于PCA和AGB组合模型的寿命预测方法；研究了基于多域特征及KPCA的退化特征选择方法，建立了基于贝叶斯优化长短期记忆神经网络的煤矿装备剩余使用寿命预测模型；提出了多域混合特征及等距特征映射的特征提取及降维方法，构建了改进时间卷积网络的剩余使用寿命预测模型，充分挖掘了特征间时空退化关系，实现了煤矿装备剩余使用寿命准确预测。

第5章研究了数据驱动的煤矿装备智能维护决策方法。针对煤矿装备停机费用高、维修不合理、维护活动与生产活动矛盾冲突等问题，重点探讨了基于维护安全与维护成本的煤矿装备机会维护决策优化方法，研究了面向生产计划与维护活动的煤矿装备多目标联合决策方法，建立了基于剩余使用寿命分布的煤矿装备动态成组维护决策模型，解决了生产计划与维护活动冲突问题，克服了煤矿装备维护不足和过度维护等问题，缩短了停机时间，降低了维护成本。

本书包含了作者在煤矿装备全寿命周期状态预测与智能维护领域的最主要研究成果，涉及的研究成果得到了多家科研机构支持。本书内容依托国家自然科学基金重点项目“数字煤矿及智能化开采基础理论研究”(51834006)、国家自然科学基金面上项目“多源异构数据驱动的综采设备群健康评价与多目标预知维护决策”(51875451)、国家自然科学基金面上项目“采煤机截割传动系统振动时频图像表征机理与深度迁移故障诊断方法”(52275131)、陕西省重点研发计划项目(2024QYZ-GJHX-09)、陕西省秦创原“科学家+工程师”队伍建设项目(2024QCY-KXJ-164)，作者主要承担了煤矿装备多源异构大数据管理平台的搭建、煤矿装备的剩余使用寿命预测与预知维护相关研究工作，在此表示衷心感谢。同时，感谢西安科技大学高质量学术专著出版资助计划(XGZ2024033)对本书出版工作的资助。本书分工如下：曹现刚撰写第1章和第2章，并负责全书审核；赵江滨撰写第5章；樊红卫撰写第3章；董明和段雍撰写第4章。

由于作者理论水平有限，以及所做研究工作的局限性，书中难免存在不妥之处，恳请广大读者批评指正。

著　者

2024年10月

目　录

第 1 章　绪论 …… 1

1.1　引言 …… 1

1.2　煤矿装备健康管理与智能维护框架 …… 1

1.3　数据驱动的煤矿装备健康管理与智能维护综述 …… 3

1.4　煤矿装备健康管理与智能维护未来研究难点及发展方向 …… 7

参考文献 …… 8

第 2 章　基于多源异构数据融合的煤矿装备运行数据管理方法 …… 16

2.1　引言 …… 16

2.2　高并发环境下多源异构煤矿装备运行数据高效传输方法 …… 16

2.3　煤矿装备运行数据实时清洗技术 …… 21

2.4　基于 Hadoop 的煤矿装备运维数据分布式存储方法 …… 29

2.5　实例研究 …… 41

参考文献 …… 52

第 3 章　数据驱动的煤矿装备状态评估方法 …… 54

3.1　引言 …… 54

3.2　基于多尺度混合特征的煤矿装备健康状态评估方法 …… 54

3.3　基于多域混合特征及集成学习的煤矿装备健康状态评估方法 …… 68

3.4　实例研究 …… 74

参考文献 …… 86

第 4 章　数据驱动的煤矿装备剩余使用寿命预测方法 …… 89

4.1　引言 …… 89

4.2 基于AGB组合模型的煤矿装备运行状态预测方法 …… 90
4.3 基于核主成分分析及长短期记忆神经网络的煤矿装备剩余使用寿命预测方法 …… 96
4.4 基于多域混合特征和改进时间卷积网络的煤矿装备剩余使用寿命预测方法 …… 101
4.5 实例研究 …… 106
参考文献 …… 123

第5章 数据驱动的煤矿装备维护决策方法 …… 125
5.1 引言 …… 125
5.2 基于维护安全与维护成本的煤矿装备机会维护决策优化方法 …… 125
5.3 面向生产计划与维护活动的煤矿装备多目标联合决策方法 …… 132
5.4 基于剩余寿命分布的煤矿装备动态成组维护决策方法 …… 143
5.5 实例研究 …… 152
参考文献 …… 166

第1章 绪 论

1.1 引言

煤矿智能化是煤炭综合机械化发展的新阶段，是我国能源技术革命的新方向[1,2]。2020 年 2 月国家发展改革委等八部委联合印发了《关于加快煤矿智能化发展的指导意见》，2021 年 6 月中国煤炭工业协会发布《煤炭工业"十四五"高质量发展指导意见》，明确了煤炭智能化的发展目标和主要任务，标志着煤矿智能化生产迈入新的征程。国家《能源技术革命创新行动计划(2016—2030 年)》提出，到 2030 年实现煤炭智能化开采，重点煤矿区基本实现工作面无人化，全国煤矿采煤机械化程度达到 95%以上。国家安全生产监督管理总局科技强安专项行动旨在"机械化换人、自动化减人"，将煤炭智能化开采技术列为重点研究方向。煤矿装备在煤矿生产占有重要地位，王国法院士[3,4]指出全矿井设备和设施健康管理是智能开采急需突破的关键核心技术。煤矿装备多为低速重载设备，工况环境复杂多变、设备结构层次复杂、设备间耦合程度高、关联关系复杂等特点导致设备带病工作现象普遍，如不及时准确地进行监测及维护将造成严重的安全事故[5,6]。传统的事后维修、预防维修等方式已难以满足煤矿装备的高可靠性需求，如何利用人工智能、大数据、深度学习等各领域的最新成果，实现煤矿装备的全寿命周期监测、服役状态识别与精细化管理成为煤矿智能化进程中急需解决的问题。

1.2 煤矿装备健康管理与智能维护框架

煤矿装备的健康管理与智能维护技术通过各种传感器采集反映装备健康状态的信息，利用信号处理、机器学习等技术识别煤矿装备异常状态与故障，评估、预测设备的健康状态与剩余使用寿命，为后期协调控制、任务规划与维护活动提供决策支持，实现数据驱动的煤矿装备主动式预测预防管理，促进设备过程管理的持续优化与改进，降低业务成本。近年来，煤矿装备全寿命周期的健康管理与智能维护研究受到广泛关注[7,8]，煤矿装备全生命周期健康管理与智能维护框架包括数据管理层、数据智能分析处理层和应用服务层，如图 1-1 所示。

数据管理层是煤矿装备健康管理及智能维护的基础，主要用于煤矿多源异构大数据的

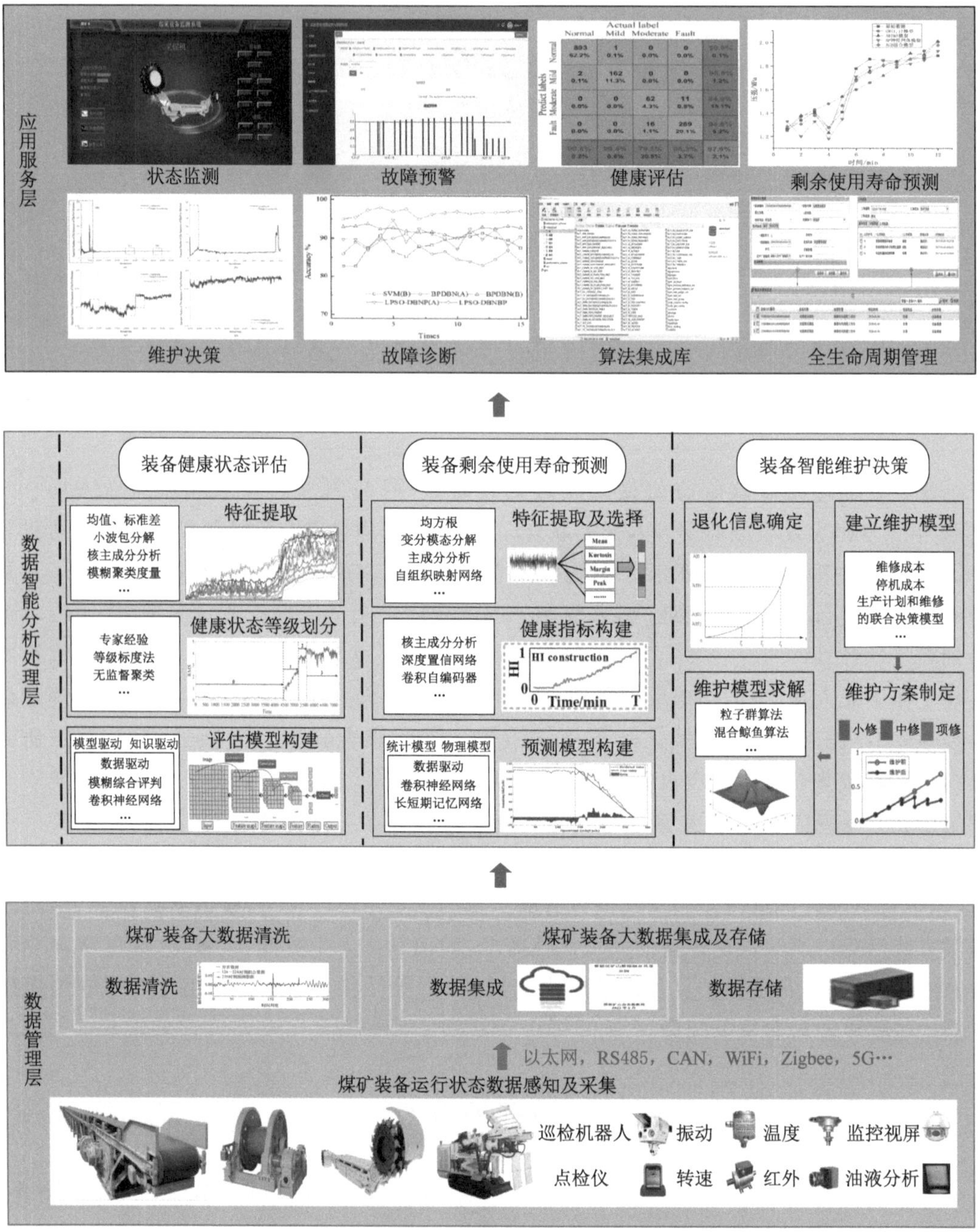

图 1-1　煤矿装备全生命周期健康管理与智能维护框架

采集、清洗、集成及存储，确保数据的规范性和可靠性，统一数据底座。数据智能分析处理层是煤矿装备管理及维护的核心部分，主要包括煤矿装备健康状态评估、剩余使用寿命预测及智能维护决策等关键技术及方法。应用服务层是将数据智能分析处理结果用于实际生产维护管理的关键环节，利用先进的技术标准架构开发煤矿装备维护和管理平台及系统,实现煤矿装备在线监测、故障超前预警、健康状态评估、剩余使用寿命预测、维护决策、智能诊断、算法集成、全生命周期管理等服务。综上所述,三层结构共同构建了煤矿装备健康管理与智能维护的技术框架,为煤矿企业提供完整的煤矿装备全生命周期管理和维护方案。

1.3　数据驱动的煤矿装备健康管理与智能维护综述

1.3.1　煤矿装备大数据管理方法研究现状

煤矿装备在掘进、综采、运输、通风、排水等煤矿生产环节中扮演着重要角色,是确保煤矿高效开采的前提[9-11]。基于多源感知数据,结合信号处理、故障预测、人工智能等先进方法技术,实现煤矿装备运行状态表达、异常工况识别和关键部件状态预测分析[12-14]。在矿井复杂条件下,数据的海量性、非线性、高度耦合性、不真实数据混杂性等导致煤矿装备监测数据难以处理与利用,煤矿装备大数据多源信息感知、清洗、集成与存储等关键方法亟待解决。

1.3.1.1　*煤矿装备大数据多源信息感知方法*

煤矿装备多源信息感知主要实现数据的采集与整合利用。煤矿装备状态监测数据主要为来自采掘、排水、提升、通风、运输等过程中产生的振动、电流、温度、压力、音频、视频信号和图像数据等[15]。多源异构大数据的感知成为不可回避的问题[16-17],在煤矿装备信息采集方面,振动、声音、射线、巨磁阻、红外热像仪、油液、视觉相机等感知方式从不同角度提升了煤矿装备感知信息采集功能[18-20];同时传感器在适用范围、超低功耗、高灵敏度、无线传输、宽量程范围、高可靠性、长使用寿命、自动供电、安装形式等方面不断取得突破,提升了煤矿装备运行状态的感知能力[20]。在煤矿装备采集信息整合方面,信息整合所需的硬件系统和软件系统也取得了发展,硬件系统中各种硬件接口及通信协议如以太网、光纤、TCP/IP、OPC、RS485、Modbus、CAN、RFID、Zigbee、Lora、Wi-Fi 等通信方式得到了充分利用[21]。5G 技术具有高速率、低时延、大连接等优势,为智能化煤矿提供强大的信息传输和处理能力。目前,5G+智能矿山和煤矿智能设备在国内取得了快速发展和普及[22,23]。软件系统实现了多源异构传感数据的统一编码与标准化管理,完成了各子系统监测监控、点检巡检、故障诊断、维护保养、业务派遣等数据的整合及应用[24,25]。尽管煤矿装备多源信息感知方式发展迅速,但是复杂环境下煤矿装备数据监测、采集、传输与规范管理等问题仍然严峻。

1.3.1.2　*煤矿装备大数据清洗方法*

提升煤矿装备数据质量、实现海量数据的高效清洗和准确利用是煤矿智能化进程中需要解决的首要问题[26]。曹现刚等[27]建立了基于 Storm 的实时数据清洗平台,有效解决了采煤机监测数据存在的噪声点和缺失值问题。马宏伟等[28]提出了基于双 MapReduce 的煤矿装备大数据清洗模型,一定程度上解决了数据噪声干扰与数据缺失等问题。张元刚等[29]构建了煤流输送设备在线监测系统,利用大数据技术实现了设备数据清洗与故障分析。方乾等[17]基于格式内容清洗、逻辑错误清洗、缺失值清洗、异常值清洗、关联性验证等方法提高了煤矿核心数据的清洗水平。杜毅博等[30]研究了数据治理技术与数据可视化技术，利用实际案例证明了相关技术的有效性，为建设煤矿数据生态体系提供了参考。王美君等[31]构建了基于 PDCA 循环理论的智能化煤矿数据治理体系，提升了煤矿大数据治理能力。总之，煤矿装备大数据清洗方法在数据冗余处理、异常值去除、缺失值补全、时序关联关系分析等方面均取得了一定的进展，但在复杂工况下保障数据的完整性、可靠性、稳定性与有效性方面有待突破。

1.3.1.3 煤矿装备大数据集成及存储方法

煤矿装备大数据集成主要实现煤矿数据的集成规范、数据统一编码及接口协议，形成工业信息化模型标准。王国法等[32]构建了适用于煤炭各生产环节的标准体系框架，为基础技术及平台提供了参考标准。张建明等[33]整理了煤炭行业相关标准，建立了煤矿装备接口协议标准，明确了数据集成规范。温亮等[34]编制了《矿山机电设备通信接口和协议》企业标准，搭建了基于 EtherNet/IP 的煤矿大数据治理平台。王淞等[35]梳理了大数据集成技术的相关成果，并阐述了数据集成与处理关键技术的发展情况。滕晓旭等[36]利用数据抽取-转换-加载方法对异构数据进行集成和综合管理，解决了矿山设备维修数据集成难题。曹现刚等[37,38]针对目前煤矿装备监测数据量大、关系复杂、数据难以利用的现状，搭建了基于 Hadoop的煤矿装备大数据管理平台，提升了煤矿装备数据管理水平。李福兴等[39]采用 Hadoop 及 Storm 等大数据框架构建了分布式大数据管理平台，提升了煤矿数据计算需求。高晶等[40]建立了基于 Hadoop 技术的煤矿大数据分布式集群技术架构，利用 Spark 框架提升了数据的挖掘能力。荣宝等[41]针对实时数据、历史数据、业务数据的存储需求，分别采用 Redis、postgresql、elasticsearch 等进行数据存储。虽然相关技术取得了一定成果，但行业仍需解决数据采集、接入、传输、编码、描述标准等难题。

1.3.2 煤矿装备健康状态评估方法研究现状

煤矿装备健康状态评估方法借助各种传感器数据，利用信号处理、机器学习、深度学习等方法实时评估设备整机或部件的健康状态，为后续预警、维护决策提供参考依据，保证设备的可靠性和维修性。煤矿装备健康状态评估主要包含特征提取、健康状态等级划分和健康状态评估三个关键环节。

1.3.2.1 煤矿装备特征提取方法

特征提取方法利用统计学和信号处理理论对煤矿装备状态信息进行表征，以降低数据复杂度，保证数据信息利用最大化，主要包含数据级特征提取和特征级特征提取[6,20]。数据级特征提取主要是分析和筛选设备监测信号的时域、频域、时频域、复杂度熵等特征。葛世荣等[42]基于小波阈值和果蝇算法完成多通道截割声波信号的自适应去噪，提取了用于表征不同煤岩截割模式的关键特征。Xu 等[43]提出了一种基于集成经验模态分解和改进哈里斯鹰优化算法的采煤机振动信号去噪方法，并通过实验验证了特征提取的有效性。Li 等[44]利用改进的自适应噪声完全集成经验模态分解对切割声信号进行处理得到信号的模态函数，利用子模态复合多尺度排列熵评估特征值。Si 等[45,46]利用熵特征分析了采煤机摇臂振动信号隐藏信息，研究了复合多尺度排列熵、多尺度模糊熵等熵特征在实际场景中的表征效果。Zhang 等[47]采用变分模态分解对矿井主通风机轴承振动信号进行分解，利用四阶本征模态函数的多尺度排列熵提取特征向量。Wang 等[48]利用变分模态分解将矿用刮板机齿轮电流信号分解为固有模态函数，提出了基于局部 Hilbert 瞬时能谱的特征提取方法。Huang 等[49]利用最小熵反卷积对振动信号进行降噪，并采用小波包分解处理降噪后的信号以突出故障特征。

特征级特征提取利用特征变换方法得到能清楚描述煤矿装备监测信号原始特性的特征子集，根据映射函数类型分成线性特征提取和非线性特征提取[20]。独立成分分析[50]为线性特征提取的代表方法，非线性特征提取主要包括核主成分分析[51,52]、等距特征映射[53]、拉普拉斯变换[54]、局部线性嵌入[55]、局部切空间排列[56]、局部保持投影[57]、近邻保持投影[58]、深度学习网络[59]等方法。张一辙[60]提出了一种基于互补集合经验模态分解及独立成分分析的煤矿主扇风机特征提取方法，有效消除了信号模态混叠和残余噪声。吉晓冬[61]提取了掘进机不同运行状态下振动信号的工作模态特征、时域特征、小波包能量特征，利用流行学习方法得到降维后的特征集。李宁等[62]利用主成分分析和局部保持投影提取和融合了采煤机多监测参量特征，提高了采煤机故障诊断准确度。Si 等[63]基于拉普拉斯得分对不同尺度上所提特征进行重要性排序，构建了采煤机截割部状态诊断特征集。彭强[64]基于嵌入学习模型表征煤矿大型机械设备轴承高维数据的流形结构，提出了稀疏回归特征选择方法。Jiang 等[65]基于时域分析和小波包能量分析得到掘进机振动信号特征。Ban 等[66]采用自适应变分模态分解消除了带式输送机托辊声信号中的强烈噪声，并通过 Swin Transformer 方法提取了声音信号的局部和全局特征。煤矿装备特征提取方法研究取得了显著成果，但针对复杂场景下的微弱敏感特征及智能特征提取方法研究不足。

1.3.2.2 煤矿装备健康状态等级划分方法

合理划分煤矿装备健康状态等级有助于准确描述设备从健康到故障的退化过程，为后续状态评估提供数据标签。曹现刚等[67]将采煤机分为健康、良好、一般、劣化、故障 5 种健康状态。闫向彤等[68]结合专家经验，将采煤机的健康状态等级划分健康、良好、一般、劣化、严重故障 5 类。Wang 等[69]根据实际运行情况和其他评价系统，将采煤机划分为普通、过渡、异常、退化 4 种状态模式。王琛等[70]依据相关标准、专家意见和运维经验，将矿井提升机分为健康、亚健康、警告、故障 4 个等级。陈劭康[71]利用效率期望与实际经验将带式输送机划分为健壮、良好、一般、早期潜发故障 4 种健康状态。张玉锟[72]依据实际生产中的经验及数据，将掘进系统划分成健康、亚健康、轻微健康、异常、故障 5 种状态。马旭东等[73]提出了基于健康指标的液压支架状态分级规则，将液压支架健康状态划分为健康、亚健康、不健康、病态、严重病态 5 个等级。Soualhi 等[74]基于人工蚁群聚类算法将滚动轴承健康状态划分为良好、较好、较坏和故障 4 个等级。

1.3.2.3 煤矿装备健康状态评估方法

煤矿装备健康状态评估利用最优特征提取结果及模式分类原理判别设备状态的好坏程度，分为模型驱动、知识驱动和数据驱动三种方法。模型驱动方法利用失效机理构建统计学模型以表征设备退化过程。知识驱动方法主要利用专家知识推理，建立设备退化趋势与健康状态的映射关系。数据驱动方法通过挖掘设备运行数据蕴含特征，分析设备退化特征与健康状态的关系。丁飞等[75]基于应力-强度干涉理论，建立了液压支架结构疲劳动态可靠性分析模型。王慧等[76]利用可靠性变化规律建立了液压支架综合评价模型。Chen 等[77]提出了一种融合评价指标分级标准与改进层次分析法权重分配的顶板稳定性等级综合评价方法。乔佳伟等[78]利用层次分析法和优劣解距离法评估煤矿离心泵健康状态，探索了离心泵叶轮磨损量与健康状态之间的关系。曹现刚等[67]利用组合赋权法与模糊综合评判方法实现了采煤机部件及整机的状态评估。在此基础上，曹现刚等[79]提出了一种融合遗传算法与 BP 神经网络的采煤机健康状态识别方法。Xu 等[80]基于环境、设施、设备、通风质量四个关键指标，利用概率神经网络对煤矿智能通风系统进行了综合评价。Si 等[81]提出了基于模糊神经网络和改进粒子群算法，提高了采煤机状态预测精度。曹现刚等[82]利用降噪自编码器与改进卷积神经网络构建了健康状态评估模型，用于识别采煤机健康状态。Li 等[83]提出了融合对称点模式、局部均值分解和多尺度卷积核深度卷积神经网络的采煤机工作模式识别方法，解决了采煤机摇臂振动信号干扰大、特征选择困难的问题。鲍新平等[84]提出一种基于长短期记忆神经网络及 Baseline 模型的刮板输送机健康评估方法。杨鑫等[85]探索了刮板输送机多部件耦合关系，提出了一种融合先验图结构及相似性度量图结构的刮板输送机健康状态识别方法。

1.3.3 煤矿装备剩余使用寿命预测方法研究现状

煤矿装备剩余使用寿命预测对于提高设备安全、减少突发故障以及优化维护计划至关重要。数据驱动的煤矿装备剩余使用寿命预测方法以数据特征为输入，不依赖经验公式及失效机理，构建数据的复杂映射关系。曹现刚等[86-88]采用卷积神经网络、自注意力机制、自编码器、长短期记忆神经网络等技术，探索了设备状态随时间变化的规律。Gao 等[89]提出了基于图卷积自编码器及长短期记忆神经网络的矿井甲烷浓度预测方法，提高了剩余使用寿命预测准确度。李晓昆等[90]建立了基于改进相似性的采煤机轴承剩余使用寿命预测模型，较好地描述了采煤机轴承退化过程。程泽银[91]构建了基于自编码器与双向门循环网络的采煤机摇臂关键零部件剩余使用寿命预测模型，提升了对关键部件的预测准确度。孙永新[92]提出基于经验模态分解和灰色模型的煤机设备轴承剩余使用寿命预测方法，以退化指标到达阈值的时间间隔作为剩余使用寿命预测值，解决了煤机在恶劣工作环境下预测精度低的问题。Ding 等[93]构建了融合自动编码器和深度双向门控循环神经网络的采煤机摇臂的寿命预测模型。张波[94]分析了夹矸坚固性系数、采煤机牵引速度、滚筒转速和截深等对截割部行星架疲劳寿命的影响，利用改进的粒子群算法和 BP 神经网络预测了多工况下的行星架寿命。丁华等[95]基于数字孪生技术和深度学习技术，实现了采煤机健康状态预测。Tan 等[96]提出了基于健康指标及长短期记忆神经网络的煤层气井螺杆泵健康状态评价和预测模型，准确描绘了螺杆泵健康状态的变化趋势。李曼等[97]结合了长短期记忆神经网络及降噪卷积自编码器的优势，提出了基于二维振动信号的煤矿旋转机械健康指标构建方法，能更早地检测到设备早期故障。

1.3.4　煤矿装备智能维护决策方法研究现状

煤矿装备维护一般包括事后维护、预防性维护、状态维护和预测性维护，随着煤矿装备维护的高可靠性需求提升，预测性维护逐渐成为热点话题。煤矿装备预测性维护流程一般包括：① 基于物理退化模型或数据驱动的预测模型确定设备状态信息；② 考虑维修成本、故障成本、维护资源等多种因素，建立设备维护模型；③ 利用智能优化算法求解模型；④ 根据最优解结果确定最优的设备维护方案。Hoseinie 等[98]针对采煤机切割臂的故障维护，利用煤矿数据进行故障和可靠性分析，提出了基于分布函数和成本参数的最优预防性维护间隔求解方法。Jiu[99]研究了预防性维护、生产和交付的联合优化问题，解决了何时执行预防性维护以及如何在每个阶段管理煤炭的生产和交付等问题，以期达到最小的预期总成本。Jiu 等[100]提出基于鲁棒优化的两阶段方法，解决了需求不确定性下预防性维护与煤炭生产的问题。Florea 等[101]通过收集刮板输送机数据确定其关键部件的可靠性和可维护性、失效模式及其影响参数，以期降低维护成本。侯鹏飞等[102]以煤矿大型机电设备为研究对象，提出了煤矿机电设备视情维护策略方法。Zhang 等[103]基于状态维护策略，建立了具有故障依赖性的维护决策方法。在预测性维护研究方面，Cao 等[104]建立了基于非线性维纳过程的煤矿装备随机退化模型，利用剩余使用寿命预测结果建立了以长期成本率最低为目标的维修决策模型。Ding[93]构建了基于深度双向门控网络的采煤机关键部件寿命预测模型，提出了一种监测数据定性和定量分析的预测性维修方法。Ton 等[105]提出了一种通用预测性维护过程模型，以结构化的方式来部署预测性维护解决方案。针对多部件维护问题，曹现刚等[106]提出了基于煤矿安全成本和维修成本的决策优化模型。此外，曹现刚等[107]针对复杂煤矿装备维修与生产之间的矛盾，提出了一种基于生产计划和维修活动的联合决策模型，确定了合理的机会维修方案。

1.4　煤矿装备健康管理与智能维护未来研究难点及发展方向

煤矿装备大数据统一管理仍面临挑战，急需完善煤矿设备大数据管理及分析平台。受井下开采环境影响，传感器采集的煤矿装备数据不可避免存在冗余、丢失、异常等缺陷。此外，井下人员的人为失误也影响传感器采集数据的可靠性，降低监测数据的准确性。随着煤矿装备数据应用需求的不断增加，缺少针对煤矿装备大数据特征的高效分析平台，煤矿装备大数据蕴含知识挖掘不充分，监测数据未得到充分利用。煤矿装备大数据管理仍需解决煤矿装备大数据不均匀采样、不真实数据混杂、多时间尺度等带来的煤矿装备大数据管理的全新挑战。因此，如何建立体系性、集成性和前瞻性的煤矿装备大数据标准体系，推进煤矿装备数据集成规范，形成数据统一描述模型，打破数据壁垒，实现数据的有效融合和共享是亟待解决的问题。

建立时变工况下稳定性好、特征表达能力强、泛化能力高的煤矿装备健康状态评估方法具有挑战。目前，数据驱动的煤矿装备健康状态评估方法主要为单部件评估方法，针对多部件相关系统及煤矿装备群的健康状态评估方法较少。同时，现有模型主要以单一服役环境和平稳工况为主，难以揭示变工况下煤矿装备各部件间的相互耦合关系及作用机理，难以有效用于强噪声背景和少故障样本等恶劣条件下煤矿装备健康状态评估。因此，模型样本标签制作困难、超参数难以调节、自学习能力弱、可解释性差、泛化能力低等是亟需解决的问题。

建立多因素影响下煤矿装备剩余使用寿命预测模型具有挑战，获取、收集、整理煤矿装备全生命周期完整及准确的数据具有难度。当前有关煤矿装备剩余使用寿命预测的研究大多聚焦于平稳工况下单个设备或系统组件的单一失效模式，忽略了由于变工况和多种失效模式耦合作用下多部件系统的剩余使用寿命预测方法。现有模型难以综合考虑使用条件、工况条件、环境因素、材料衰老、时空关系等因素在设备退化过程中的影响。因此，如何得到多因素影响下煤矿装备健康状态退化机理数据表征，建立数模联动的设备剩余使用寿命退化模型，提高剩余使用寿命预测精度是亟待解决的问题。

建立煤矿装备预测性维护模型具有挑战，建立维护安全、成本和生产计划的煤矿装备群多目标联合维护模型具有难度。探索煤矿装备剩余使用寿命与维护过程的制约关系，降低装备突发故障造成的损失及综采装备群维修成本，提升煤矿装备智能维护决策水平对于保障设备稳定、高效运行，降低维护成本具有重要的意义。现有煤矿装备智能维护模型的研究对象多集中于单个设备或者相互独立的简单系统，多数方法停留在二态设备上，对多态煤矿装备群维护方法研究不足。在煤矿装备预测性维护相关研究中，将装备健康状态、剩余使用寿命等作为维护决策依据的研究较少。同时，煤矿生产系统中各装备间具有复杂的相互关系，如何在考虑设备停机损失、维修费用等基础上，建立煤矿装备多目标智能维护决策模型具有挑战。除此之外，煤矿装备受生产计划与维护活动冲突所造成的维护不合理的问题也亟需解决。

参考文献

[1] WANG G F，XU Y X，REN H W. Intelligent and ecological coal mining as well as clean utilization technology in China：Review and prospects[J]. International Journal of Mining Science and Technology，2019，29(2)：161-169.

[2] 王国法，刘峰，庞义辉，等. 煤矿智能化：煤炭工业高质量发展的核心技术支撑[J]. 煤炭学报，2019，44(2)：349-357.

[3] 王国法，赵国瑞，任怀伟. 智慧煤矿与智能化开采关键核心技术分析[J]. 煤炭学报，2019，44(1)：34-41.

[4] 王国法. 煤矿智能化最新技术进展与问题探讨[J]. 煤炭科学技术，2022，50(1)：1-27.

[5] 谢和平，王金华，姜鹏飞，等. 煤炭科学开采新理念与技术变革研究[J]. 中国工程科学，2015，17(9)：36-41.

[6] 樊红卫，张旭辉，曹现刚，等. 智慧矿山背景下我国煤矿机械故障诊断研究现状与展望[J]. 振动与冲击，2020，39(24)：194-204.

[7] 曹现刚，马宏伟，段雍，等. 煤矿设备智能维护与健康管理技术研究现状与展望[J]. 智能

矿山,2020,1(1):105-111.

[8] ZHANG G,CHEN C H,CAO X G,et al. Industrial Internet of Things-enabled monitoring and maintenance mechanism for fully mechanized mining equipment[J]. Advanced Engineering Informatics,2022,54:101782.

[9] 丁恩杰,俞啸,廖玉波,等.基于物联网的矿山机械设备状态智能感知与诊断[J].煤炭学报,2020,45(6):2308-2319.

[10] 黄曾华,王峰,张守祥.智能化采煤系统架构及关键技术研究[J].煤炭学报,2020,45(6):1959-1972.

[11] 马宏伟,王鹏,张旭辉,等.煤矿巷道智能掘进机器人系统关键技术研究[J].西安科技大学学报,2020,40(5):751-759.

[12] 马宏伟,王鹏,王世斌,等.煤矿掘进机器人系统智能并行协同控制方法[J].煤炭学报,2021,46(7):2057-2067.

[13] QI C C. Big data management in the mining industry[J]. International Journal of Minerals,Metallurgy and Materials,2020,27(2):131-139.

[14] LU YQ,LIU C,WANG K I,et al. Digital twin-driven smart manufacturing:connotation,reference model,applications and research issues[J]. Robotics and Computer Integrated Manufacturing,2020,61:101837.

[15] 刘强,秦泗钊.过程工业大数据建模研究展望[J].自动化学报,2016,42(2):161-171.

[16] 陈孝慈,李东海.煤矿安全大数据特征及治理方法体系研究[J].工矿自动化,2023,49(5):52-58.

[17] 方乾,张晓霞,王霖,等.智能化煤矿大数据治理关键技术研究、实践与应用[J].工矿自动化,2023,49(5):37-45.

[18] 谭明,沈政昌,杨义红.矿物分选装备技术研究进展[J].绿色矿山,2024(1):85-93.

[19] 侯公羽,胡志宇,李子祥,等.分布式光纤及光纤光栅传感技术在煤矿安全监测中的应用现状及展望[J].煤炭学报,2023,48(S1):96-110.

[20] 曹现刚,段雍,赵江滨,等.综采设备健康状态评估研究综述[J].工矿自动化,2023,49(9):23-35.

[21] ZHANG J H,CHEN M,LIU Y H,et al. Anetwork communication frequency routing protocol of coal mine safety monitoring system based on wireless narrowband data communication network[J]. Mobile Information Systems,2022,2022:4906599.

[22] ZHAN P. Application of 5G communication technology based on intelligent sensor network in coal mining[J]. Journal of Sensors,2023,2023(1):2114387.

[23] 袁亮,吴劲松,杨科.煤炭安全智能精准开采关键技术与应用[J].采矿与安全工程学报,2023,40(5):861-868.

[24] CARTER R A. Smart mining needs high IQ monitoring systems[J]. Engineering and Mining Journal,2020,221(9):38-44.

[25] 李国民,章鳌,贺耀宜,等.智能矿井多元监控数据集成关键技术研究[J].工矿自动化,

2022,48(8):127-130.
[26] 崔亚仲,白明亮,李波.智能矿山大数据关键技术与发展研究[J].煤炭科学技术,2019,47(3):66-74.
[27] 曹现刚,姜韦光,张国祯.采煤机运行状态数据实时清洗技术研究[J].煤炭工程,2020,52(3):127-131.
[28] 马宏伟,吴少杰,曹现刚,等.煤矿综采设备运行状态大数据清洗建模[J].工矿自动化,2018,44(11):80-83.
[29] 张元刚,刘坤,杨林,等.煤炭工业监控大数据平台建设与数据处理应用技术[J].煤炭科学技术,2019,47(3):75-80.
[30] 杜毅博,赵国瑞,巩师鑫.智能化煤矿大数据平台架构及数据处理关键技术研究[J].煤炭科学技术,2020,48(7):177-185.
[31] 王美君,谭章禄,李慧园,等.智能化煤矿数据治理能力评估与提升策略研究[J].矿业科学学报,2024,9(1):106-115.
[32] 王国法,杜毅博.煤矿智能化标准体系框架与建设思路[J].煤炭科学技术,2020,48(1):1-9.
[33] 张建明,曹文君,王景阳,等.智能化煤矿信息基础设施标准体系研究[J].中国煤炭,2021,47(11):1-6.
[34] 温亮,李丹宁.基于 EtherNet/IP 的井工煤矿数据治理研究[J].煤炭科学技术,2022,50(增刊):227-232.
[35] 王淞,彭煜玮,兰海,等.数据集成方法发展与展望[J].软件学报,2020,31(3):893-908.
[36] 滕晓旭,全厚春,祁金才,等.矿山设备维修数据集成与管控系统研究[J].采矿技术,2021,21(5):180-183.
[37] 曹现刚,罗璇,张鑫媛,等.煤矿机电设备运行状态大数据管理平台设计[J].煤炭工程,2020,52(2):22-26.
[38] 曹现刚,马晨飞,王云飞,等.煤矿设备状态大数据平台架构及关键技术研究[J].煤炭技术,2023,42(1):222-224.
[39] 李福兴,李璐爔.面向煤炭开采的大数据处理平台构建关键技术[J].煤炭学报,2019,44(增刊):362-369.
[40] 高晶,赵良君,吕旭阳.基于数据挖掘的煤矿安全管理大数据平台[J].煤矿安全,2022,53(6):121-125.
[41] 荣宝,魏德志,于海成,等.露天煤矿安全生产大数据存储与流式计算技术[J].工矿自动化,2021,47(增刊):101-102.
[42] 葛世荣,郝雪弟,田凯,等.采煤机自主导航截割原理及关键技术[J].煤炭学报,2021,46(3):774-788.
[43] XU J, REN C F, LIU Y X, et al. Noise elimination for coalcutter vibration signal based on ensemble empirical mode decomposition and an improved Harris Hawks op-

timization algorithm[J]. Symmetry,2022,14(10):1978.

[44] LI C P,PENG T H,ZHU Y M. A cutting pattern recognition method for shearers based on ICEEMDAN and improved grey wolf optimizer algorithm-optimized SVM [J]. Applied Sciences,2021,11(19):9081.

[45] SI L,WANG Z B,TAN C,et al. A feature extraction method based on composite multi-scale permutation entropy and Laplacian score for shearer cutting state recognition[J]. Measurement,2019,145:84-93.

[46] SI L,WANG Z B,LIU X H,et al. A sensing identification method for shearer cutting state based on modified multi-scale fuzzy entropy and support vector machine[J]. Engineering Applications of Artificial Intelligence,2019,78:86-101.

[47] ZHANG X,WANG HJ,LI X H,et al. Fault diagnosis of mine ventilator bearing based on improved variational mode decomposition and density peak clustering[J]. Machines,2023,11(1):27.

[48] WANG W B,GUO S,ZHAO S F,et al. Intelligent fault diagnosis method based on VMD-Hilbert spectrum and ShuffleNet-V2:application to the gears in a mine scraper conveyor gearbox[J]. Sensors,2023,23(10):4951.

[49] HUANG X K,WU X F,TIAN Z Z,et al. Fault diagnosis study of mine drainage pump based on MED-WPD and RBFNN[J]. Journal of the Brazilian Society of Mechanical Sciences and Engineering,2023,45(7):347.

[50] 刘美芳,余建波,尹纪庭. 基于贝叶斯推论和自组织映射的轴承性能退化评估方法[J]. 计算机集成制造系统,2012,18(10):2237-2244.

[51] 李洪雪,李世武,孙文财,等. 重型危险品半挂列车行驶工况的构建[J]. 吉林大学学报(工学版),2021,51(5):1700-1707.

[52] KONG D D,CHEN Y J,LI N. Gaussian process regression for tool wear prediction [J]. MechanicalSystems and Signal Processing,2018,104:556-574.

[53] BENKEDJOUH T,MEDJAHER K,ZERHOUNI N,et al. Health assessment and life prediction of cuttingtools based on support vector regression[J]. Journal of Intelligent Manufacturing,2015,26(2):213-223.

[54] 王浩任,黄亦翔,赵帅,等. 基于小波包和拉普拉斯特征值映射的柱塞泵健康评估方法[J]. 振动与冲击,2017,36(22):45-50.

[55] MA M,CHEN X F,ZHANG X L,et al. Locally linear embedding on Grassmann manifold for performance degradation assessment of bearings[J]. IEEE Transactions on Reliability,2017,66(2):467-477.

[56] LI F,CHYU M K,WANG J X,et al. Life grade recognition of rotating machinery based on supervised orthogonal linear local tangent space alignment and optimal supervised fuzzy C-Means clustering[J]. Measurement,2015,73:384-400.

[57] 董玉亮,顾煜炯. 基于保局投影与自组织映射的风电机组故障预警方法[J]. 太阳能学

报,2015,36(5):1123-1129.
[58] 徐宇亮,孙际哲,陈西宏,等.电子设备健康状态评估与故障预测方法[J].系统工程与电子技术,2012,34(5):1068-1072.
[59] YUAN N Q,YANG W L,KANG B,et al. RETRACTED:Signal fusion-based deep fast random forest method for machine health assessment[J]. Journal of Manufacturing Systems,2018,48:1-8.
[60] 张一辙.煤矿主扇风机故障诊断系统研究[D].阜新:辽宁工程技术大学,2020.
[61] 吉晓冬.振动数据驱动的掘进机关键部件健康状态评估研究[D].北京:中国矿业大学(北京),2022.
[62] 李宁,丁华,孙晓春,等.基于简化区间核全局-局部特征融合的采煤机智能故障诊断[J].煤炭学报,2024,49(11):4655-4670.
[63] SI L,WANG Z B,LIU X H,et al. Cutting state diagnosis for shearer through the vibration of rocker transmission part with an improved probabilistic neural network [J]. Sensors,2016,16(4):479.
[64] 彭强.煤矿大型机械设备滚动轴承故障诊断改进方法研究[J].煤炭工程,2023,55(4):141-146.
[65] JIANG H,JI X D,YANG Y,et al. Vibration signal analysis of roadheader based on referential manifold learning[J]. Shock and Vibration,2023,2023:8818380.
[66] BAN Y X,LIU C Y,YANG F,et al. Failureidentification method of sound signal of belt conveyor rollers under strong noise environment [J]. Electronics, 2024, 13(1):34.
[67] 曹现刚,雷一楠,宫钰蓉,等.基于组合赋权法的采煤机健康状态评估方法研究[J].煤炭科学技术,2020,48(6):135-141.
[68] 闫向彤,董鹏辉,熊友錕,等.基于PCA的采煤机健康状态云模型评估分析[J].煤炭工程,2023,55(6):152-157.
[69] WANG Z B,XU X H,SI L,et al. A dynamic health assessment approach for shearer based on artificial immune algorithm [J]. ComputationalIntelligence and Neuroscience,2016,2016:9674942.
[70] 王琛,杨岸.矿井提升机健康状态评估与预测系统研究[J].工矿自动化,2023,49(10):75-86.
[71] 陈劭康.带式输送机故障预测与健康状态评估技术研究[D].徐州:中国矿业大学,2021.
[72] 张玉锟.盘刀破岩掘进系统健康状态分析[D].阜新:辽宁工程技术大学,2021.
[73] 马旭东,王跃龙,田慕琴,等.液压支架健康评估与寿命预测模型研究[J].煤炭科学技术,2021,49(3):141-148.
[74] SOUALHI A,RAZIK H,CLERC G,et al. Prognosis of bearing failures using hidden-Markov models and the adaptive neuro-fuzzy inference system[J]. IEEE Transactions

on Industrial Electronics,2014,61(6):2864-2874.
[75] 丁飞,王谦.液压支架结构疲劳动态可靠性评估方法[J].中国安全科学学报,2015,25(6):86-90.
[76] 王慧,赵国超,宋宇宁,等.基于改进的威布尔分布的液压支架可靠性评估方法[J].中国安全科学学报,2018,28(5):99-104.
[77] CHEN Q Z,ZOU B P,TAO Z G,et al. Construction and application of an intelligent roof stability evaluation system for the roof-cutting non-pillar mining method[J]. Sustainability,2023,15(3):2670.
[78] 乔佳伟,田慕琴.基于AHP-TOPSIS综合评价法的离心泵健康状态评估[J].工矿自动化,2022,48(9):69-76.
[79] 曹现刚,李彦川,雷卓,等.采煤机健康状态智能评估方法研究[J].工矿自动化,2020,46(6):41-47.
[80] XU X Z,WANG K Q,ZHANG Q H,et al. A Comprehensive Evaluation of Intelligent Coal Mine Ventilation Systems in the Internet of Things[J]. Human-centric Computing and Information Sciences,2023,13:46.
[81] SI L,WANG Z B,LIU Z,et al. Health condition evaluation for a shearer through the integration of a fuzzy neural network and improved particle swarm optimization algorithm[J]. Applied Sciences,2016,6(6):171.
[82] 曹现刚,许欣,雷卓,等.基于降噪自编码器与改进卷积神经网络的采煤机健康状态识别[J].信息与控制,2022,51(1):98-106.
[83] LI F T,WANG Z B,SI L,et al. A novel recognition method of shearer cutting status based on SDP image and MCK-DCNN[J]. Proceedings of the Institution of Mechanical Engineers,Part C:Journal of Mechanical Engineering Science,2024,238(5):1495-1506.
[84] 鲍新平,何勇,马正武,等.基于Baseline模型的刮板输送机健康评估[J].煤矿机械,2023,44(11):204-206.
[85] 杨鑫,苏乐,程永军,等.基于多种图结构信息融合的刮板输送机健康状态识别[J].煤炭科学技术,2024,52(8):171-181.
[86] 曹现刚,伍宇泽,陈瑞昊,等.基于MSCNN-GRU神经网络的采煤机摇臂剩余寿命预测[J].煤炭技术,2022,41(12):186-189.
[87] CAO X G,LEI Z,LI Y C,et al. Prediction method of equipment remaining life based on self-attention long short-term memory neural network[J]. Journal of Shanghai Jiaotong University (Science),2023,28(5):652-664.
[88] 曹现刚,罗璇,雷一楠,等.基于ARIMA和SVR的滚动轴承状态预测方法研究[J].机床与液压,2020,48(22):178-181.
[89] GAO Y F,ZHANG X H,ZHANG T B,et al. Agraph convolutional encoder-decoder model for methane concentration forecasting in coal mines[J]. IEEE Access,2023,

11:72665-72678.

[90] 李晓昆,耿毅德,王宏伟,等.基于改进相似模型的采煤机轴承剩余寿命预测方法[J].工矿自动化,2023,49(5):96-103.

[91] 程泽银.基于深度学习的采煤机摇臂关键零部件剩余寿命预测系统[D].太原:太原理工大学,2021.

[92] 孙永新.煤机设备轴承剩余寿命预测方法研究[J].工矿自动化,2021,47(11):126-130.

[93] DING H,YANG L L,YANG Z J. A predictive maintenance method for shearer key parts based on qualitative and quantitative analysis of monitoring data[J]. IEEE Access,2019,7:108684-108702.

[94] 张波.采煤机截割部行星机构疲劳寿命分析与预测[D].阜新:辽宁工程技术大学,2020.

[95] 丁华,杨亮亮,杨兆建,等.数字孪生与深度学习融合驱动的采煤机健康状态预测[J].中国机械工程,2020,31(7):815-823.

[96] TAN C D,WANG S,DENG H W,et al. The health index prediction model and application of PCP in CBM wells based on deep learning[J]. Geofluids,2021(1):1-13.

[97] 李曼,潘楠楠,段雍,等.煤矿旋转机械健康指标构建及状态评估[J].工矿自动化,2022,48(9):33-41.

[98] HOSEINIE S H,GHODRATI B,KUMAR U. Cost-effective maintenance scheduling of cutting arms of drum shearer machine[J]. International Journal of Mining,Reclamation and Environment,2014,28(5):297-310.

[99] JIU S. A two-phase approach for integrating preventive maintenance with production and delivery in an unreliable coal mine[J]. Journal of Heuristics,2021,27(6):991-1020.

[100] JIU S,GUO Q,LIANG C. Robust optimization for integrating preventative maintenance with coal production under demand uncertainty[J]. IISE Transactions,2023,55(3):242-258.

[101] FLOREA V A,TODERAŞ M,ITU R B. Assessment possibilities of the quality of mining equipment and of the parts subjected to intense wear[J]. Applied Sciences,2023,13(6):3740.

[102] 侯鹏飞,韩磊.基于状态的煤矿大型固定设备维护系统[J].煤矿现代化,2019(5):160-163.

[103] ZHANG N,FOULADIRAD M,BARROS A,et al. Condition-based maintenance for a K-out-of-N deteriorating system under periodic inspection with failure dependence[J]. European Journal of Operational Research,2020,287(1):159-167.

[104] CAO X G,LI P F,MING S. Remaining useful life prediction-based maintenance decision model for stochastic deterioration equipment under data-driven[J]. Sustain-

ability,2021,13(15):8548.
[105] TON B,BASTEN R,BOLTE J,et al. PrimaVera:synergising predictive maintenance [J]. Applied Sciences,2020,10(23):8348.
[106] 曹现刚,宫钰蓉,罗璇,等.考虑机会维护的煤矿综采设备群维护决策优化研究[J].煤炭工程,2020,52(6):164-169.
[107] CAO X G,LI P F,DUAN Y. Joint decision-making model for production planning and maintenance of fully mechanized mining equipment[J]. IEEE Access,2021,9:46960-46974.

第2章 基于多源异构数据融合的煤矿装备运行数据管理方法

2.1 引言

煤矿装备分布于掘进、综采、运输、通风、排水等各煤矿生产环节，煤矿装备的运行状态监测是实现煤矿企业设备“零故障”管理的重点[1]。随着煤炭生产自动化与智能化水平不断提升，各种生产安全监测与控制系统的传感器遍布煤矿装备，逐渐积累形成了能够反映设备运行状态的多源异构数据[2]。在矿井复杂条件下，装备运行数据来源多样，格式和标准不同，海量数据的非线性、高度耦合性、不真实数据混杂性等导致煤矿装备监测数据难以处理与利用[3]。

本章节针对煤矿装备大数据面临采集及传输效率低、数据干扰及不真实数据混杂、难以建立统一的数据存储及描述标准等全新挑战，探索了煤矿装备运行多源异构数据管理方法[4-5]，为煤矿装备的多源异构数据管理提供先进的行业经验，详细介绍了煤矿装备大数据多源信息感知、清洗、集成与存储等关键方法，包括理论基础、方法及实施步骤与案例。通过本章节的学习，读者将能够深入理解如何有效地利用新方法、新技术来提高煤矿装备多源异构数据管理水平。

2.2 高并发环境下多源异构煤矿装备运行数据高效传输方法

2.2.1 煤矿装备运行状态数据转换模型

煤矿装备运行状态多源异构数据由于数据来源不同，造成了数据具有不同的格式与标准，对后续的数据存储、分析工作有直接影响。建立基于资源描述框架（resource description framework，RDF）[6]的数据转换模型，对煤矿装备运行状态多源异构数据进行标准化处理，并建立基于 Hbase 的 RDF 数据存储模型，以满足数据的存储需求。

2.2.1.1 煤矿装备运行状态多源异构数据分析

如图 2-1 所示，多源异构数据是由于来源不同，采集装置种类多样，采集的数据可能存在格式、精度以及单位不统一造成的“异构”现象[7]。多源异构数据存储时没有一个统一的标准，从而无法对其进行统一管理，后续数据分析处理工作也将无从谈起。

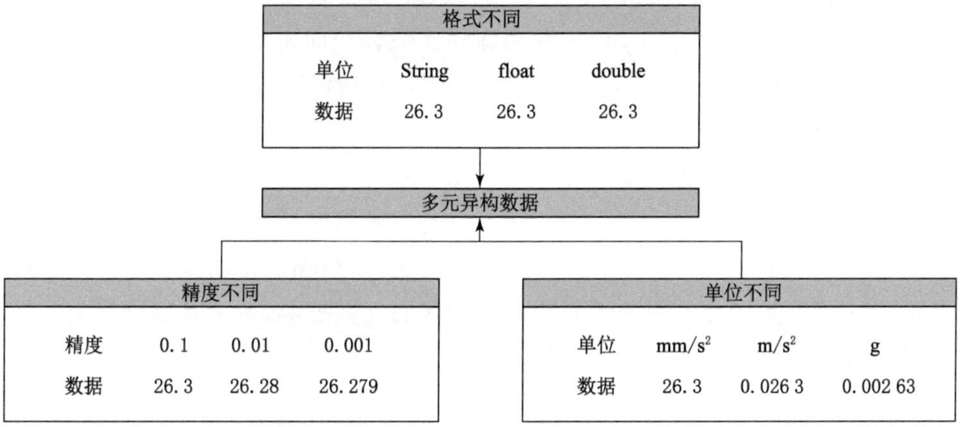

图 2-1　数据的异构形式

数据的异构形式主要表现在格式、精度以及单位的不同[8]。精度与单位的不同都会造成数值的改变，若直接存储，给后续的数据分析以及管理工作增加难度。格式的不同虽然不会影响到数值的大小，但是 String 类型的数据无法直接进行计算，若直接存储，会对后续的工作带来不便，甚至会格式冲突导致无法储存。因此，在进行数据的存储之前，要对这种存在形式不统一的数据进行标准化转换，使其具有统一的存在格式。

本节以某矿业公司的采煤机截割部摇臂传动系统的数据为对象进行数据转换建模。数据源概述如下：

摇臂传动系统中的截割电机输出转矩的轴是带有内花键的空心轴，采用细长柔性扭矩轴与齿轮 Z_1 连接，截割电动机的输出转矩通过多级齿轮 Z_1、Z_2、Z_3、Z_4 等多型号多级减速传到行星减速器，行星减速器的行星架是动力输出部件，和截割滚筒相连用于截割煤层。本节摇臂传动系统采用 2 级直齿 2 级行星减速，轴承(G)与齿轮(Z)部件的所在部位如表 2-1 所示。

表 2-1　截割部传动系统部件

部　位	部　件
电机轴	Z_1、G_1
惰轮轴	Z_2、G_2
传动轴	Z_3、Z_4、G_3、G_4
惰轮组	Z_5—Z_8、G_5—G_8
滚筒轴	Z_9、G_9
行星架 1	Z_{10}—Z_{12}、G_{10}—G_{11}
行星架 2	Z_{13}—Z_{15}、G_{12}—G_{13}

Z_1 与 G_1 所在轴为电机轴，轴的高速齿轮与电动机内的柔性轴连接；Z_2 与 G_2 所在轴为惰轮轴，通过心轴以及减速机构壳体台阶定位；Z_3、Z_4 以及 G_3、G_4 所在轴为传动轴，轴组件大齿轮通过内花键套在齿轮轴上，齿轮采用圆柱面配合径向定位；Z_5—Z_8、G_5—G_8 只起到传动作用；Z_9 与 G_9 利用轴齿轮内花键与行星减速器太阳轮齿啮合；行星架 1 与行星架 2 将电机动力传递到行星减速器。

2.2.1.2 煤矿装备运行状态数据转换模型

RDF 数据转换模型是基于元数据的，因此在进行数据转换建模前，在对煤矿装备运行状态数据的特性、功能以及类别详细分析的基础之上，以采煤机传动系统中轴承径向振动数据为例，定义了两类较为通用的煤矿装备运行状态元数据集，包含基础信息类与数据特征类。其中，基础信息类元数据集如表 2-2 所示。

表 2-2 煤矿装备运行状态基础信息类元数据集

元数据标识	含　义	元数据内容
Name	数据名称	电机轴 G1 径向振动数据
Equipment	数据所属设备	采煤机
Equipment Num	设备编码	41050604015001
Equipment Model	设备规格型号	7LS7 LWS737
Equipment Unit	设备所属单位	* * 矿业有限公司
Manufacturer	设备生产厂家	* * 有限公司
Time	数据产生的时间	2018-10-16

如表 2-3 所示，数据特征类元数据集通过来源、单位、格式以及精度 4 个方面对数据进行了描述，数据特征类元数据对数据自身存在形式的描述，直接影响着数据的分析处理。元数据集使得错综复杂的煤矿装备运行状态数据有了一个统一标准。

表 2-3 煤矿装备运行状态数据特征类元数据集

元数据标识	含　义	元数据内容
Description	数据特征描述	传感器数据
Sensor Name	传感器名称	压电式 IEPE 加速度传感器
Measuring port	测点位置信息	(41010201002501,JGBG1)
Type	数据格式	float
Measurement unit	计量单位	mm/s^2
Accuracy	数据浮点数位数	0.01

基于 RDF 的数据转换模型实现手段是 rdf 文件，这种文件的表述语言就是 XML 标记性语言，在借助 XML 表达下，rdf 文件的信息可以跨语言和操作系统进行交流，数据转换就是依靠 rdf 文件里的信息对数据进行存在形式上的转换。根据元数据集设计的数据转换模

型 rdf 文件，如图 2-2 所示。

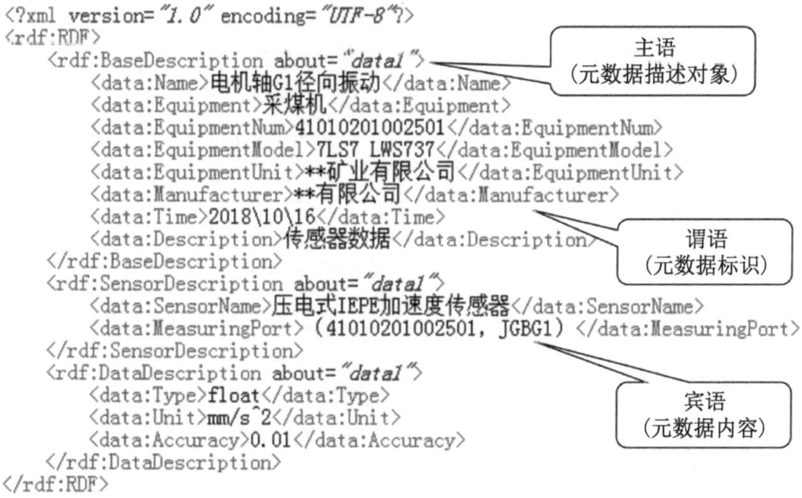

图 2-2　数据转换模型的 rdf 文件

rdf 文件为凸显元数据集层次关系，将其分成了基础信息（base description）、感知原件（sensor description）以及数据形式（data description）分类，用于描述同一个主语 data1，具有相应的谓语与宾语，共同构成了煤矿装备运行状态数据的转换模型。

2.2.2　多源异构煤矿装备运行数据高效传输方法

为了更好实现设备状态监测异构数据的统一描述，首先从底层采集部分对异构数据进行统一接入。针对煤矿物联网采集设备无线传输协议多样化造成的监测数据不易共享以及监测数据并发量大造成的数据传输速率降低等问题，提出基于 ActiveMQ 消息队列服务设计异构数据采集网关，将不同无线传感网络协议的数据统一接入，提出了基于 Netty 网络传输框架优化方案，实现异构传感器网络接入和数据的高效传输，为后期海量状态数据统一描述及存储奠定基础。

2.2.2.1　基于 ActiveMQ 的异构数据高效采集方法

煤矿装备状态监测过程中需对设备的状态数据进行实时采集和推送。面对海量的传感器数据时，需同时把数据采集和推送耦合在一个服务系统，对系统会造成很大压力，使系统更加复杂且难以扩展。但是分布式消息队列能够有效解决个问题，消息队列是消息的一个中转站，使消息的生产者和消费者之间的通信更加快速，将消息的消费者和生产者隔离开来从而实现解耦。

构建了基于 ActiveMQ 的消息队列服务。由于状态监测对数据的实时性和可靠性比较高，所以选用点对点的 Queue 消息传输形式。如果传感器接入数据通信服务，在消息队列中创建一个 Queue，监测数据经数据传输服务解析后会发送到该传感器对应的 Queue 中，消息推送服务开始监听消息队列中 Queue 过程，如图 2-3 所示。

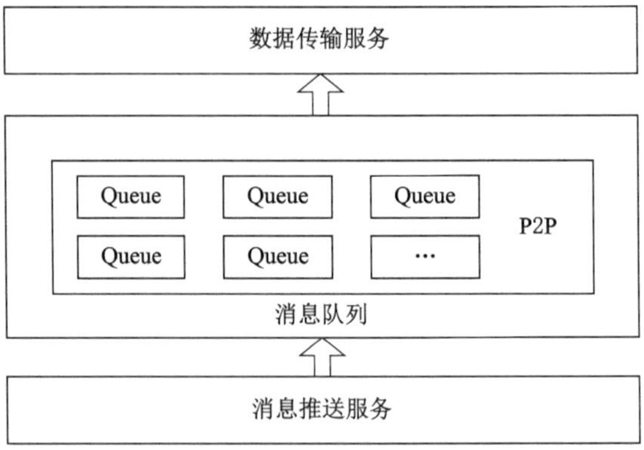

图 2-3　消息队列服务

2.2.2.2　异构数据集成网关设计

在煤矿装备监测数据采集过程中，所有监测数据都期望采取统一的格式存储到服务器，这样数据处理就可以使用服务器的资源弹性处理，有利于提升使用者查询的便利性。必须设计一个网关作为中间媒介点，将其视为数据获取端和服务器的代理，可以有效屏蔽传感器网络的多样性，采取统一的方式与服务器进行通信。

(1) 异构数据集成网关需求分析

数据协议集成网关主要完成以下任务：

① 通过设计传感器网络协议适配器，实现异构传感器网络协议的数据统一接入。

② 为数据传输提供统一格式和服务接口。

③ 建立在采集终端和服务端的通信信道，通过发布订阅的模式来支持双向通信。借助异步非阻塞方式提供高效数据传输，供安全认证。

(2) 异构数据集成网关方案设计

数据集成网关主要分为三个服务模块，分别是网络适配器服务、数据传输服务、消息推送服务，如图 2-4 所示。

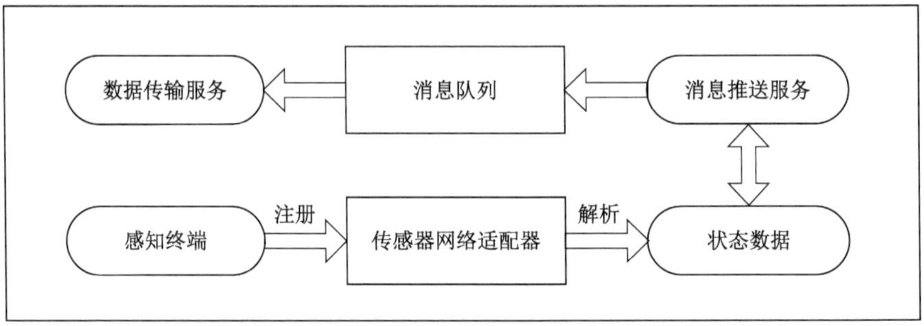

图 2-4　数据集成网关

网络适配器服务：通过对不同的传感器网络协议解析并生成格式统一的数据，屏蔽传感器网络的异构性。

消息推送服务：针对传感器数据的实时采集，将采集到的状态数据通过网络适配器进行解析，将解析后的数据发送到对应的消息队列服务中。

数据传输服务：当有消息到达时，数据传输服务实时推送到对应的数据传输通道，对消息队列进行实时监听，实现设备状态数据的实时监测。

2.2.2.3　基于 Netty 网络的异构数据采集高并发传输模型

由于数据采集终端与服务器之间的数据通信要求实时性，通过在采集终端与服务器之间建立 TCP 长连接，由于 Netty 数据通信不用过多关注连接建立、数据编解码等底层通信的实现，极大地简化了网络编程，能满足物联网通信高并发、高性能、高可靠性的要求。高并发网络传输框架设计如下：

(1) NIO(Non-blocking IO，NIO)网络传输框架

由于状态监测要求数据具有较高的实时性和可靠性，在采集终端与服务端建立长连接的通信服务，实时传输传感器信息。采集终端与服务端的长连接都是在网络 I/O 通信模型基础上进行的，传统的 I/O 模型是当一个传感器设备与服务端建立长连接时，服务端创建一个 Socket 线程。井下大量传感器设备同时作业时，服务端创建多个 Socket 线程，大量的线程性能损耗导致服务器负载加重，很容易发生宕机。而 NIO 模型底层采用 Reactor 模式，一个 Reactor 对应一个 Selector(多路复用器)，使一个线程能对大量的 Socket 线程进行连接、监听、轮询、读写等操作，极大地减少了由于大量的线程性能损耗带来的资源消耗问题。

(2) 基于 Netty 网络传输框架的优化设计

Netty 是一个基于 NIO 异步通信的网络编程框架，在 Epoll 模型和 JavaNIO 模型基础上，采用 I/O 多路复用技术，符合单线程处理多个 I/O 的连接需求。在处理大规模并发数据时，借助 Epoll 模型对就绪的 I/O 连接进行处理，防止无效轮询。零拷贝技术能把多个 ByteBuf 引用合并为一个逻辑上的 ByteBuf 对象，防止各 ByteBuf 间的拷贝。

2.3　煤矿装备运行数据实时清洗技术

2.3.1　煤矿装备运行状态数据清洗模型

在分析煤矿装备运行状态数据噪声特点的基础之上，建立基于时序分析的数据清洗模型，给出模型的参数估计准则，根据数据的分布特点识别噪声点，利用时序分析方法补全缺失值，修复噪声点；建立基于 PCA 的数据清洗模型，提出基于 Storm 的煤矿装备运行状态数据清洗平台。最后通过设备运行状态实测数据验证模型的有效性。

2.3.1.1　煤矿装备运行状态数据噪声分析

如图 2-5 所示，由于煤矿装备工作环境的特殊性与复杂性，设备运行状态数据源与数据采集装置在此环境下会受到不同因素的干扰[9]，使得设备运行状态数据中存在噪声点与白

噪声等噪声数据。

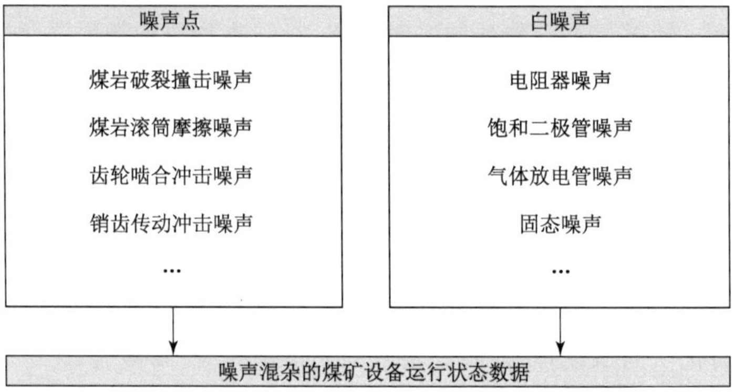

图 2-5 煤矿装备运行状态数据噪声

煤矿装备运行状态数据的噪声主要分为两类:噪声点与白噪声。噪声点主要由于煤岩撞击、传动系统内部组件摩擦碰撞产生[10]。

如图 2-6 所示,在实际的设备运行状态数据中,具有相关性的部分往往就是数据中的主成分,而那些随机的、相关性不大的部分往往就是白噪声,因此如何分析数据中的主成分,成为了去除数据中白噪声的重要方法。

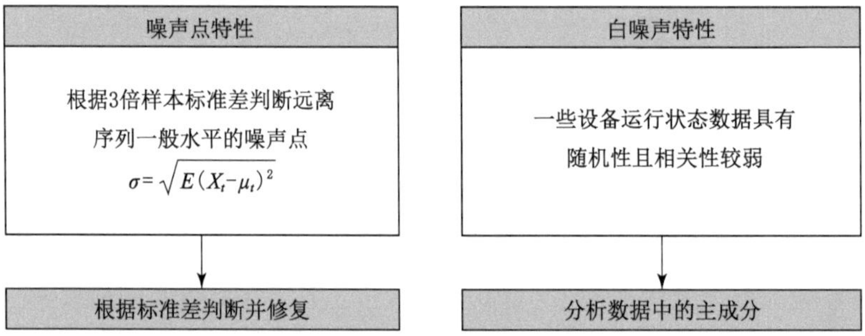

图 2-6 噪声分析

2.3.1.2 基于时序分析的数据清洗模型

(1) 基于自回归移动平均模型的数据清洗方法

自回归移动平均模型(autoregressive integrated moving average model,ARIMA)是一种经典的平稳时间序列数据预测方法。煤矿装备运行状态数据由于组成的时间序列多是非平稳序列[11],因此在使用 ARIMA 模型前,应先对目标序列进行平稳性处理。由于煤矿装备运行状态数据的随机性较强,选择差分法作为平稳性处理方法[12]。样本数据$\{X_t\}$经过 d 阶差分后满足 ARIMA(p,d,q)条件,可用式(2-1)表示。

$$\varphi(B)\nabla^d X_t=\theta(B)\varepsilon_t \tag{2-1}$$

式中,ε_t 表示时间序列中的误差项或残差项,即观测值与预测值之间的差异或偏差;$\nabla^d=$

$(1-B)^d$，为 d 阶差分算子；B 为延迟算子，满足 $BX_t=X_{t-1}$；$\varphi(B)$和$\theta(B)$分别是可逆算子和平稳算子，如式(2-2)、式(2-3)所示。

$$\varphi(B)=1-\varphi_1 B-\varphi_2 B^2-L-\varphi_p B^p \tag{2-2}$$

$$\theta(B)=1-\theta_1 B-\theta_2 B^2-L-\theta_q B^q \tag{2-3}$$

式中，p 与 q 为 ARIMA(p,d,q)中参数；φ_1、φ_2 与 θ_1、θ_2 分别是自回归与移动平均模型的系数。

(2) 模型参数估计准则

模型选择，其实就是权衡拟合精度与样本复杂度的过程。因此，通过增加模型复杂度的惩罚项来避免过拟合问题，常见的有赤池信息准则(akaike information criterion)和贝叶斯信息准则(bayesian information criterion)两种模型方法。

AIC 是赤池信息准则中的判断值，如式(2-4)所示，由模型复杂度惩罚项与似然函数组成。

$$\mathrm{AIC}=2k-2\ln(L) \tag{2-4}$$

式中，k 与 L 分别为参数个数和似然函数。在进行模型选择时，会挑出几种模型作为候选模型，模型中具有 AIC 最小值的就是最佳模型。模型选择过程中，在进行模型比对时，$2\ln(L)$项成为了两个模型差异的首要体现，当该项并无太大差异时，$2k$ 项则会起决定性作用。随着参数个数的增加，L 值变大，$\ln(L)$值变小。但是，参数个数过大会导致 L 增速减缓，AIC 反而变大，会过拟合。AIC 准则选择模型的过程是权衡参数个数与模型精度的过程。

BIC 与 AIC 相似，两者皆引入了模型复杂度的惩罚项，只不过 BIC 的惩罚项对于模型参数个数的增加更敏感，惩罚项增加得更快。在样本数量过多的情况下，BIC 有效防止了过拟合现象的出现。具体表达如式(2-5)所示。

$$\mathrm{BIC}=k\ln(n)-2\ln(L) \tag{2-5}$$

(3) 模型清洗步骤

煤矿装备运行状态数据采集过程中，采集装置会受到诸多干扰，有时会形成远离序列平均水平的极端值，即“噪声点”[13-14]。设备运行状态数据是一种时间序列，以一定的时间间隔实时不断地产生。为满足数据清洗要求，结合时间序列的特点，采取如图 2-7 所示的基本工作原理，以当前时刻采集到的数据$\{X_1,X_2,\cdots,X_t,X_{t+1}\}$作为样本数据，根据样本标准差判断 $t+1$ 时刻真实数据 X_{t+1}是否为噪声点(缺失值直接判定为噪声点)，若是，则先根据贝叶斯信息准则选择合适的 ARIMA 模型，然后得到 $t+1$ 时刻的预测数据 X_{t+1}^{p}，使其代替噪声点；若不是，则以真实数据 X_{t+1} 作为 $t+1$ 时刻数据。

(4) 模型验证

本次模型验证选取传动系统轴承径向振动数据。如图 2-8 所示，将原始数据 $t=141$ 处变为缺失值，$t=155$ 到 $t=157$ 处变为噪声点，$t=255$ 处变为噪声点，生成一组待清洗的异常数据 X。首先以 X_1 到 X_{101} 作为样本数据，得出样本期望 $\mu_{101}=9.76$，样本标准差 $\sigma_{101}=66.81$以及 $X_{101}=-47.81$，由于$|X_{101}-\mu_{101}|=57.51<3\sigma_{101}$，所以判定 X_{101}不是噪声点，不需清洗。一般情况下第一次清洗遇到的都是正常数据，所以不需要 ARIMA 进行预测，当

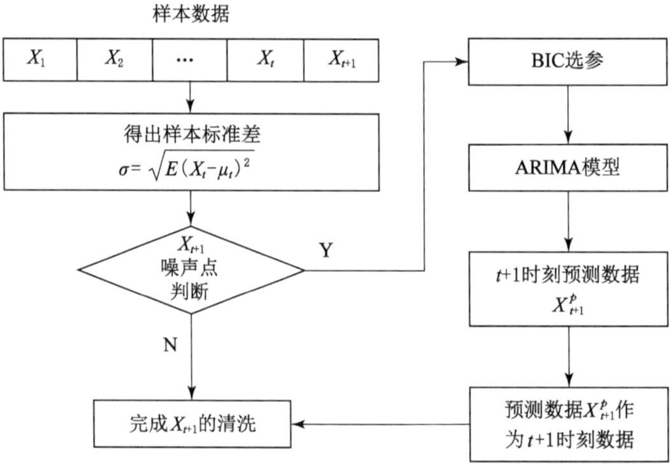

图 2-7　数据清洗模型步骤

遇到噪声点或缺失值时再进行 ARIMA 预测。同理可以依次对 X_{101} 到 X_{300} 的数据进行拟合、预测、判定、去噪和补全工作。

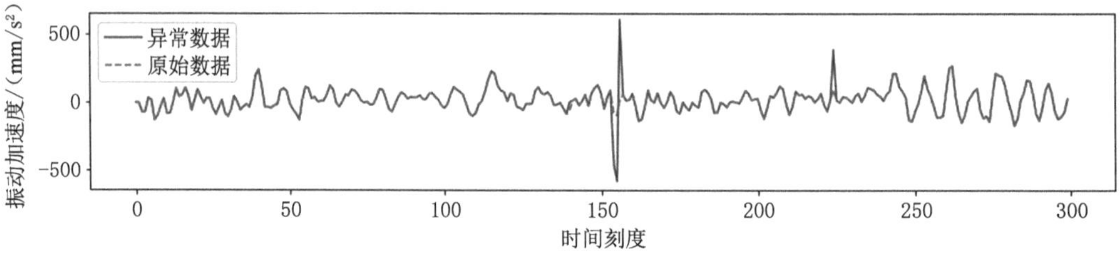

图 2-8　原始数据和异常数据

在 $t=141$ 时刻之前的数据根据上述清洗步骤，按照样本标准差逐个判定，均不是噪声点，即不需要利用 ARIMA 模型预测值来调整，可直接以原始数据作为清洗结果。$t=141$ 时刻的缺失值可直接判定为噪声点，需对样本数据 X_{40} 到 X_{141} 进行 ARIMA(p,d,q)拟合，并预测 $t=141$ 时刻预测值 X_{141}^p 用于修复噪声点。

根据贝叶斯判定准则确定 p、q 值为 2 和 0，数据足够平稳，不需差分。利用 ARIMA(2,0,0)模型对该时间序列进行拟合与预测。预测数据 $X_{141}^p=-59.79$ 对 $t=141$ 时刻缺失值进行补全。清洗效果如图 2-9 所示。

$t=142\sim154$ 时刻数据 $X_{142}\sim X_{154}$ 经判定均不是异常数据。但是 $t=155\sim157$ 时刻数据 $X_{155}\sim X_{157}$ 与其对应的样本标准差的对比情况如表 2-4 所示。

由表 2-4 可知，异常数据与期望的绝对值皆大于其对应的 3 倍标准差，所以可将其尽数剔除，并使用预测数据进行恢复。清洗效果如图 2-10 所示。

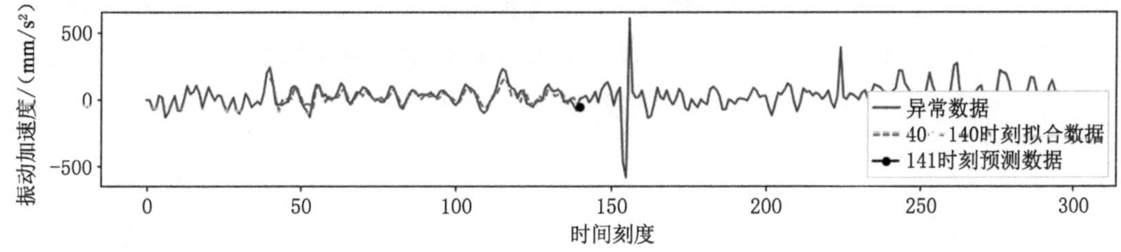

图 2-9　X_{141} 数据清洗效果

表 2-4　异常值与预测值对比情况

时刻 t	异常数据	期望	3 倍标准差	预测数据
155	−479.69	23.02	243.19	73.28
156	−599.67	18.5	301.89	39.06
157	−619.01	24.46	350.61	13.22

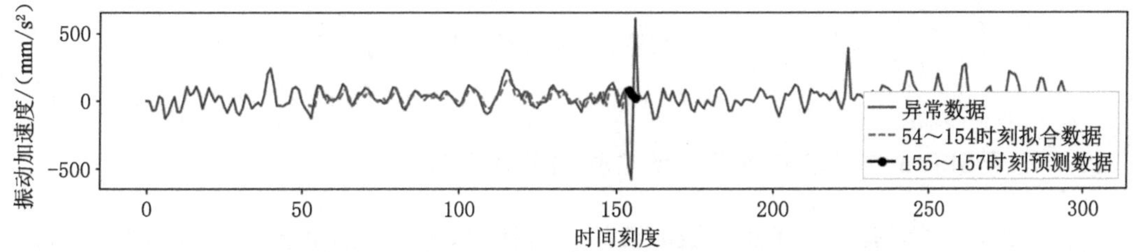

图 2-10　X_{155} 到 X_{157} 数据清洗效果

$t=158\sim224$ 时刻数据 $X_{158}\sim X_{224}$ 经判定不是噪声点。由于 $|X_{225}-\mu_{225}|=386.63>3\sigma_{225}$，可将 $t=225$ 时刻数据判定为噪声点并用预测值恢复。X_{225} 清洗效果如图 2-11 所示。

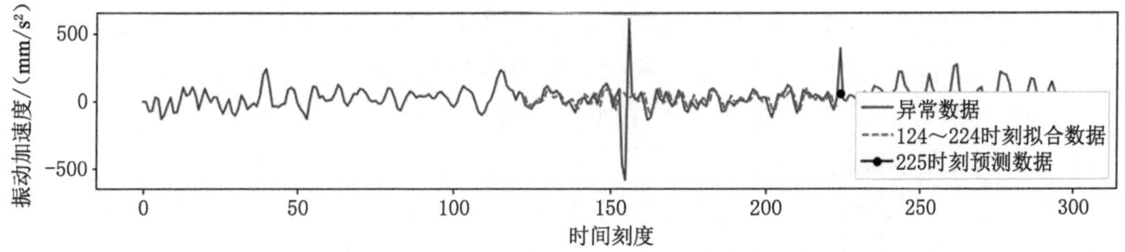

图 2-11　X_{225} 数据清洗效果

与原始数据对比，如图 2-12 所示，缺失值 X_{141} 以及噪声点 X_{225} 的清洗效果较为理想，残差很小；但是 X_{155} 到 X_{157} 的清洗效果不太理想，残差较大。因为 ARIMA 适合预测一种渐变的趋势，比如在原始数据从 $X_{140}=-91.31$ 到 $X_{141}=-65.92$ 这一变化过程中，数值变化幅度较小，ARIMA 能够较准确地进行预测。但是原始数据 $X_{154}=87.25$ 到 $X_{155}=-79.73$ 数值变化幅度较大，所以 ARIMA 在 $t=155\sim157$ 时刻的预测效果受到影响，造成了较大的残差。因此，利用 ARIMA 可完成所有噪声点与缺失点的剔除与恢复。

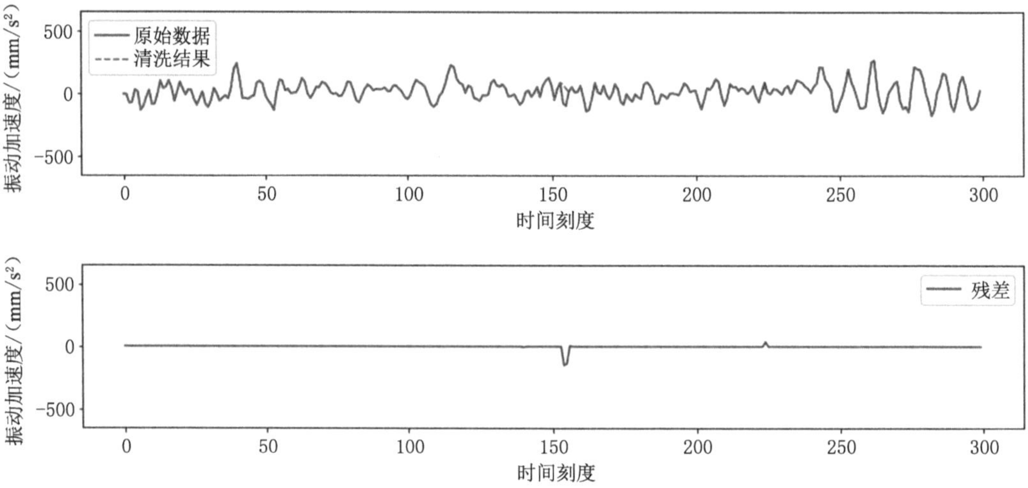

图 2-12　清洗结果与原始数据对比图

2.3.2　基于 Storm 的煤矿装备运行状态数据清洗平台

为了提高煤矿装备运行状态数据清洗的实时性，深入探究分布式流式计算平台 Storm 的体系架构与工作原理，利用流分组策略，研究 Storm 的工作流程，设计基于数据清洗模型的 Topology 结构，调节 Spout 与 Bolt 组件之间的协作关系，实现各组件的数据清洗逻辑，利用实验证明 Topology 的可行性。

2.3.2.1　Storm 的体系架构与工作流程

在 Storm 平台出现之前，大批量数据的实时处理是非常困难的，因为分配消息队列、消息的发送和接收均需花费大量时间，真正需要花费时间的数据处理工作所占的比重相对较少。因此，Storm 可有效用于大批量流式数据实时处理[15-19]。Storm 的优势及特点是操作简单、实时性强、可扩展性强、容错性强、数据不丢失等[20-21]。

（1）Storm 集群架构

如图 2-13 所示，Storm 集群架构主要分成四个层次：第一层 Nimbus 主控节点，第二层 Zookeeper 信息协调中心，第三层 Supervisor 工作节点，最后一层 Worker 进程。

（2）流分组策略

各组件间的数据传递策略是各组件间数据流分配的关键[22-23]。在创建 Topology 时，利用流分组策略，用于 Spout 与 Bolt 间信息传递。该策略的种类如表 2-5 所示。

采用按字段分组的流分组策略以降低 Tuple 发送的盲目性，使数据分组更具针对性，提高了测点的可控性和数据处理的有效性，以及数据处理的实时性。

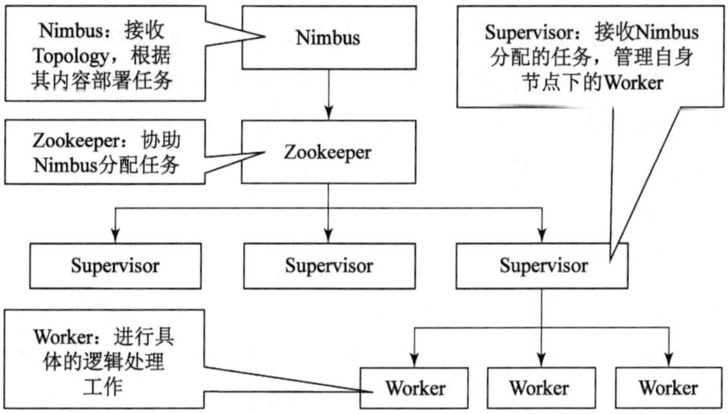

图 2-13　Storm 集群架构

表 2-5　流分组策略

名　称	流分组策略
shuffle Grouping	随机分组，即 Spout 会将数据随机分配到 Bolt 中
fields Grouping	根据字段，具有同一字段的数据发送给指定 Bolt
all Grouping	广播发送数据，每一个 Bolt 都会收到
global Grouping	数据会发送到 ID 值最低的 Task 里
direct Grouping	Tuple 和某一 Bolt 指定数据接收关系

(3) 基于 Storm 的数据清洗工作流程

Storm 数据清洗工作流程如图 2-14 所示。Storm 作为煤矿装备运行状态数据清洗平

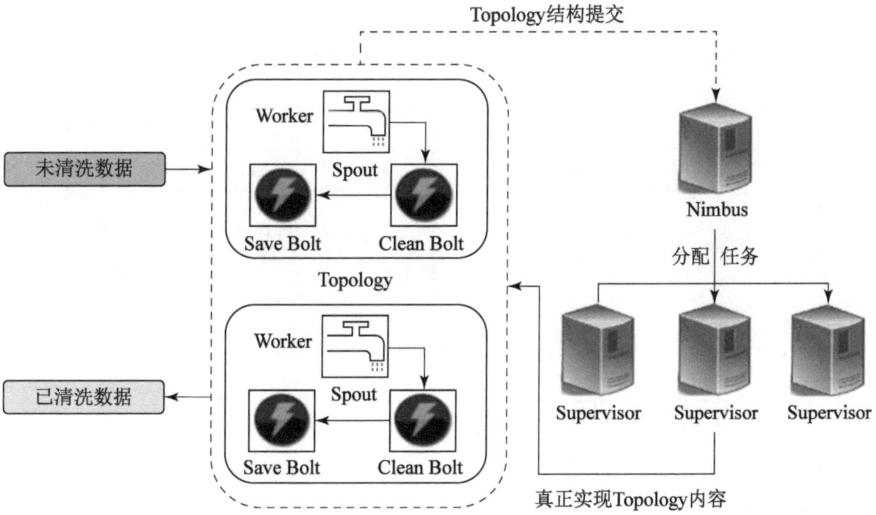

图 2-14　Storm 数据清洗工作流程

台，为了实现各种煤矿装备状态数据的实时清洗工作[24-25]，需设计一个具有数据清洗逻辑的 Topology，用于读取海量监测点数据、数据清洗以及结果存储等操作。Storm 集群的数据清洗工作是从一个 Topology 开始的，等同于一个 Java 项目中的 main 函数，整个 Storm 工作流程就是一个把抽象的 Topology 结构真正实现的过程。

2.3.2.2 基于 ARIMA 的数据清洗 Topology 构建

（1）Topology 的组件间协作关系

基于时序分析的数据清洗模型在实际的数据清洗过程中，主要体现在 Spout 与 ARIMA Bolt两个组件上。利用 Spout 读取煤矿装备运行状态数据，将其封装成键值对(time，value)，然后生成键值对集合 map，当 map 中的键值对个数达到样本容量后，将 map 封装成 Tuple 并通过 emit 函数放射给 ARIMA Bolt。其中，Tuple 实质就是由若干个键值对(t，X_t)构成的集合 map，键值对的个数就是样本容量个数，t 表示时间刻度，X_t 表示该时刻的数值。经 ARIMA Bolt 分析处理后得到清洗结果数据，并将清洗结果再次封装成 Tuple 发送至 SAVE Bolt。其中，Tuple 是一个数。最后通过 SAVE Bolt 将结果标准化并存储。Topology 组件间协作关系如图 2-15 所示。

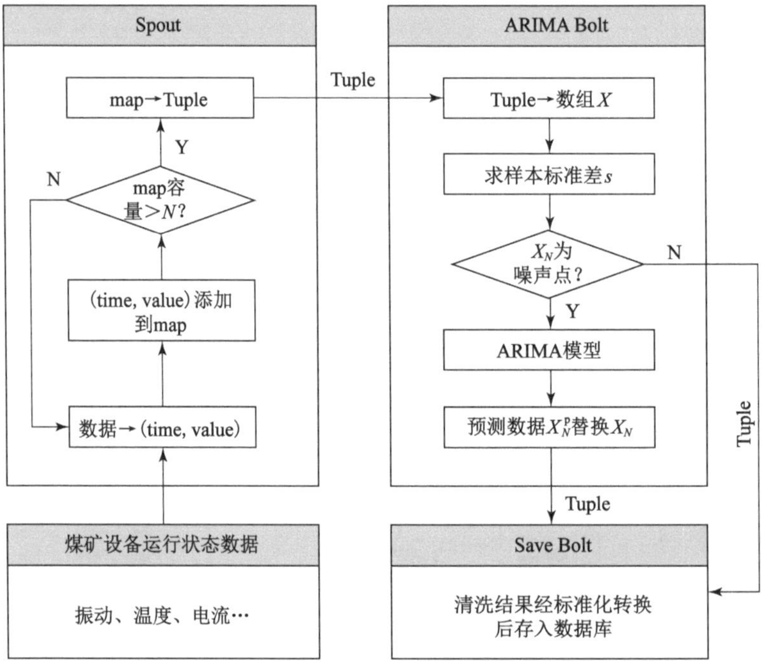

图 2-15　Topology 组件间协作关系

（2）Spout 与 Bolt 组件设计

基于时序分析的 Topology 主要由 Spout、ARIAM Bolt 以及 SAVE Bolt 组件构成。Spout 组件主要用于数据读取，将数据根据样本容量封装成 Tuple，并发送给 ARIMA Bolt。Spout 设计如表 2-6 所示。

表 2-6　Spout 设计

步骤	描　述
1	读取煤矿装备运行状态数据，生成键值对 (t, X_t)
2	将键值对 (t, X_t) 封装到键值对集合 map
3	判断 map 中的键值对个数，如果小于 N(样本数量)则返回步骤 1；若等于 N 则继续
4	将键值对集合 map 封装成 Tuple 传递给 ARIMA Bolt

ARIMA Bolt 用于 Tuple 解析具体的数据清洗工作。ARIMA Bolt 设计如表 2-7 所示。

表 2-7　ARIMA Bolt 设计

步骤	描　述
1	对 Spout 发送的 Tuple 进行解析，获得长度为 N float 数组 X，求出数组标准差 s
2	根据 s 判定 N 时刻数据 X_N 是否为噪声点，如是则继续；若不是则得出清洗结果，并将其封装成 Tuple传递给 SAVE Bolt
3	将前 $N-1$ 个数据作为训练集 train，利用贝叶斯判断准则确定 ARIMA 模型中的参数 p 与 q
4	对 $t+1$ 时刻数据进行预测获得 X_{t+1}^{p}
5	将 X_{t+1}^{p} 作为 $t+1$ 时刻噪声点的数据，并将其封装成 Tuple 传递给 SAVE Bolt

SAVE Bolt 主要完成清洗结果的标准化转换与存储工作。SAVE Bolt 设计如表 2-8 所示。

表 2-8　SAVE Bolt 设计

步骤	描　述
1	接受 ARIMA Bolt 发送过来的 Tuple 并解析得到 ARIMA Bolt 的清洗结果
2	根据数据转换模型将清洗结果进行标准化转换，使其格式、单位以及精度标准化
3	查询 Index 表，寻找清洗结果在数据库中所对应的列以及行键
4	将经过标准化转换的清洗结果存入其所对应的列和行键中，并将存储的数据通过 println 函数显示出来，完成清洗工作

2.4　基于 Hadoop 的煤矿装备运维数据分布式存储方法

2.4.1　煤矿装备异构数据描述模型构建

为解决设备异构数据高效统一的管理问题，将语义技术强大的表达能力运用到设备异构数据的建模上。在分析煤矿装备异构数据特点的基础上，设计煤矿装备异构数据描述模型，为设备异构数据提供统一的描述方式，使具体设备与零部件之间相互关联，方便数据使用人员理解以及高效共享和使用，同时，通过设备资源数据实例描述验证了模型的可行性和通用性。

2.4.1.1　煤矿装备异构数据描述模型构建步骤

针对煤矿装备运行过程中产生的设备状态监测数据异构现象，为了实现煤矿装备异构数据的清晰描述，统一数据信息的格式内容，提出了设备异构数据资源描述步骤，具体如下：

(1) 根据相应的规则对需要统一描述的数据进行选取，原则上所有的数据都应该进行描述，但在生产过程中，对一些已经淘汰的设备进行设备状态监测意义不大，进行数据描述会产生资源浪费。

(2) 在 SSN 本体模型的基础上，根据设备在矿山物联网中的应用，从基本信息、设备功能、设备状态等方面建立煤矿装备本体描述模型。

(3) 在建立的本体描述模型基础上，对各部分的模型进行细分，如数据参数包括计量单位、数据格式、数据精度等属性。对数据进行描述时，各部分的信息描述越详细，就能更高效地利用数据。

(4) 根据 RDF 规范，按照一定的描述方式建立元数据模型。

(5) 结合 RDF 三元组的特性，建立 RDF Schema 规范表述语句或图示描述模型，为生成带有属性值的 RDF 文档奠定基础。

(6) 根据 RDF Schema 的描述规范，生成系统可理解的 RDF 文档。设备运行状态大数据资源描述步骤如图 2-16 所示。

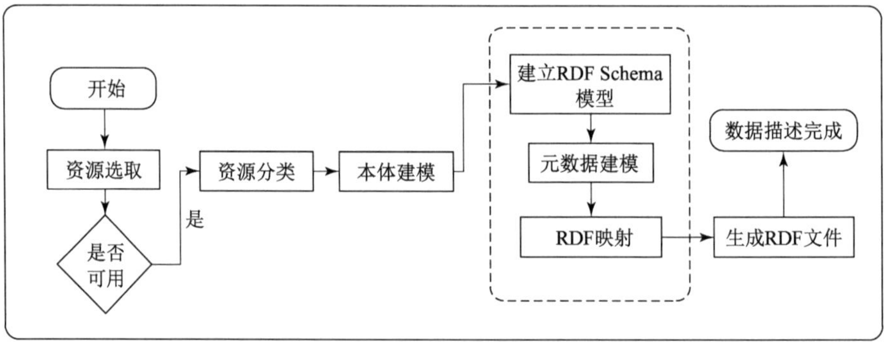

图 2-16　设备运行状态大数据资源描述步骤

2.4.1.2　煤矿装备语义传感器 SMESN 本体构建

(1) SMESN 本体构建

为了实现数据准确高效的共享，在参考 SSN 本体模型的基础上，提出了一种针对煤矿装备状态监测的煤矿装备传感网络本体模型(semantic mine equipment sensor network ontlolgy，SMESN)。煤矿装备和传感器间存在一定关联，SMESN 本体根据煤矿装备的基本信息、状态信息和功能信息三个方面进行本体建模，形成统一描述模型，为煤矿装备状态监测系统提供了语义层面的支持，SMESN 本体模型如图 2-17 所示。

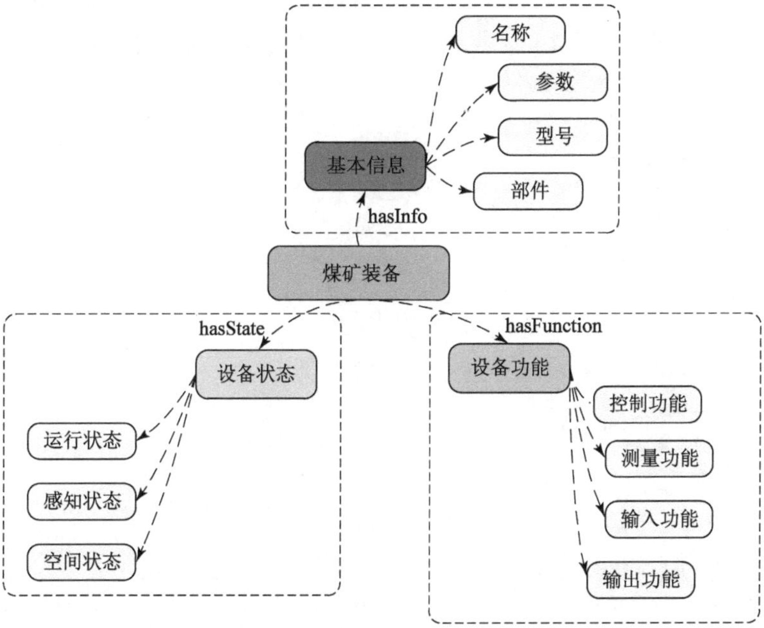

图 2-17　煤矿装备 SMESN 本体模型

(2) SMESN 基本信息概念模型

基本信息是对设备本身所具备信息的描述，涉及设备的名称、型号、参数以及部件等信息，属于设备的基本信息。图 2-18 所示是对设备的基本信息建立的本体模型。

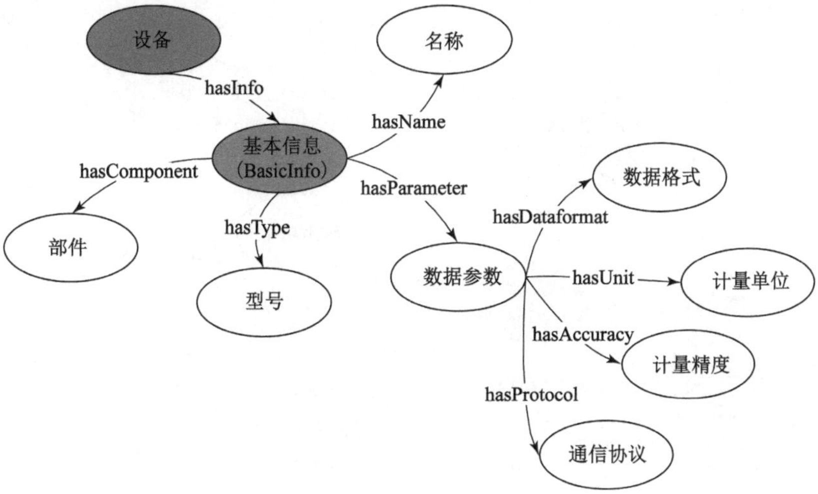

图 2-18　设备基本信息本体模型

(3) SMESN 状态信息概念模型

设备状态信息是描述设备的实时状态信息，在设备状态监测过程中，通过传感器监测设备状态是关键部分。设备状态是设备在当前阶段的状况评估。设备的状态受制于设备本身的属性、环境、功能等因素，主要对设备的运行状态、感知状态以及空间状态三个方面进行设备状态信息建模。图 2-19 所示是对设备状态信息建立的本体模型。

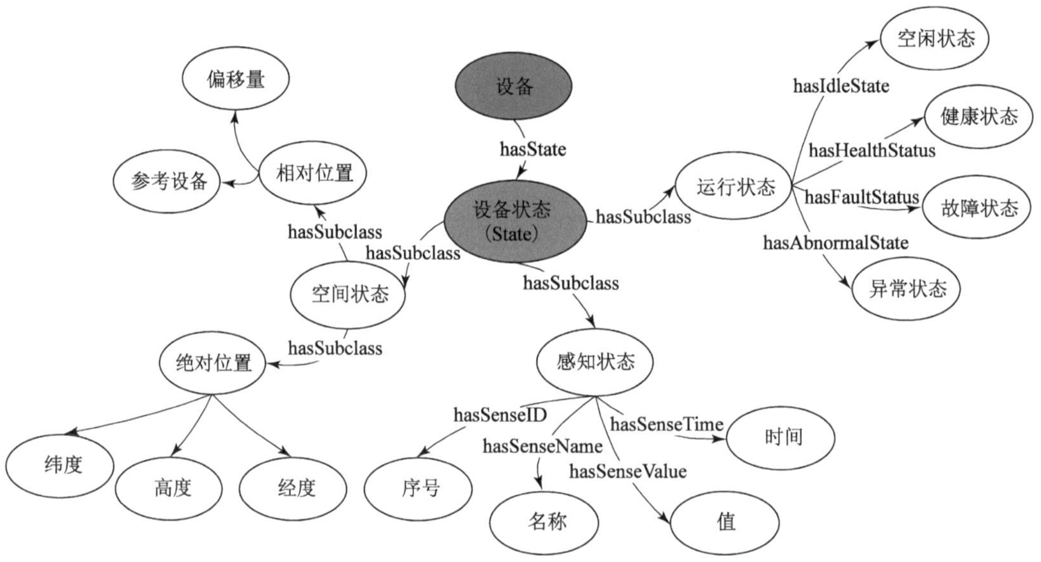

图 2-19　设备状态信息本体模型

（4）SMESN 功能信息概念模型

图 2-20 所示是设备功能信息本体模型。设备功能主要是用来描述设备具备的特定功

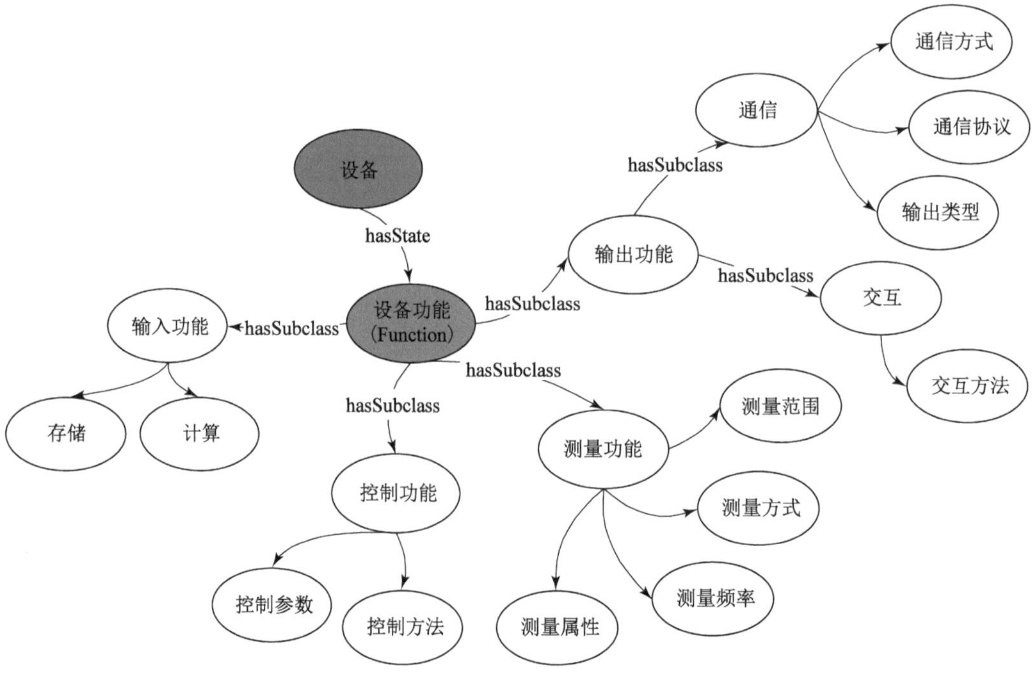

图 2-20　设备功能信息本体模型

能，能感应当前状态变化并及时处理反馈。设备功能描述能直接反映出设备与设备之间的通信能力以及设备和环境之间的交互能力。如具有测量功能的设备能够实时获取设备状态信息，具有控制功能的设备可以针对不同的需求做出相应调节。设备功能信息概念模型一般包含四个方面：控制功能、测量功能、输入功能、输出功能。

2.4.2　面向 SMESN 本体的描述数据分布式存储

在构建设备异构数据描述模型基础上，本节重点研究煤矿装备异构数据描述产生的资源描述数据存储方案。针对 RDF 数据内容复杂的问题，分别设计 SMESN 本体数据以及 RDF 实例数据的存储模型；针对实例数据以谓语查询时效率低下问题，根据实例数据查询特点，在 RDF 实例数据的存储模型基础上优化存储结构，提高数据查询效率。

2.4.2.1　基于 HBase 的资源描述数据存储设计

(1) 资源描述数据存储总体思路

底层存储模型对整体数据的存储和查询效率有直接影响，其地位也非常重要。因为 RDF 数据具有稀疏性特点[26-27]，可能存在多属性值，必须选择适合的存储介质，因此，本小节借助 Hadoop 平台建立分布式数据库 HBase。由于 HBase 列式存储的特性，当存储空值(null)时，不会占用存储空间，能很好地满足 RDF 数据稀疏性的存储需求。另外，HBase 可靠性和可扩展性都非常优秀，为大规模 RDF 数据的存储提供保证。

将所有的 RDF 数据存放于一张表中，会导致表的规模过于庞大，在查询时会产生过多的自连接操作，影响存储和查询的性能。由于设备异构数据描述模型中 SMESN 本体数据远少于其实例数据，为提高数据的推理、查询效率，需将数据描述中 SMESN 本体数据与 RDF 实例数据分开存储。

由于 SMESN 本体数据主要包含数据间的关系和属性，分别设计关系存储表和属性存储表，通过关系存储表和属性存储表保证实例数据间的关系推理，同时也便于本体信息的扩展和维护。

由于 RDF 实例数据的海量性，将数据存储在同一张表中会降低存储效率，因此根据异构数据描述中所定义的类将实例数据分开存储，在降低存储开销的同时提升查询效率。

(2) SMESN 本体数据存储设计

创建两张表：Class 表与 Property 表，分别存储 SMESN 本体中类与属性信息，保证与实例数据间的关系推理。

图 2-21 展示了 SMESN 本体的关系结构图，需要创建元数据表存储相应关系数据。

SMESN 本体中类关系的数据表 Class 表中行键存储类名，包含 predicate 属性信息和 subClass 子类信息两列，列族的列标签表示 predicate 和 subClass 对应的值，通过动态地增加列来存储多值，cell 值均为“1”。具体存储结构如表 2-9 所示。

用于 SMESN 本体中属性信息的数据表 Property 表中行键存储的是属性名，表中包含定义域 domain、值域 range、子类信息 subClass，列族中的列标签分别表示 domain、range 和 subClass 对应的值，通过动态地增加列来存储多值，cell 值均为“1”。具体存储结构如表 2-10所示。

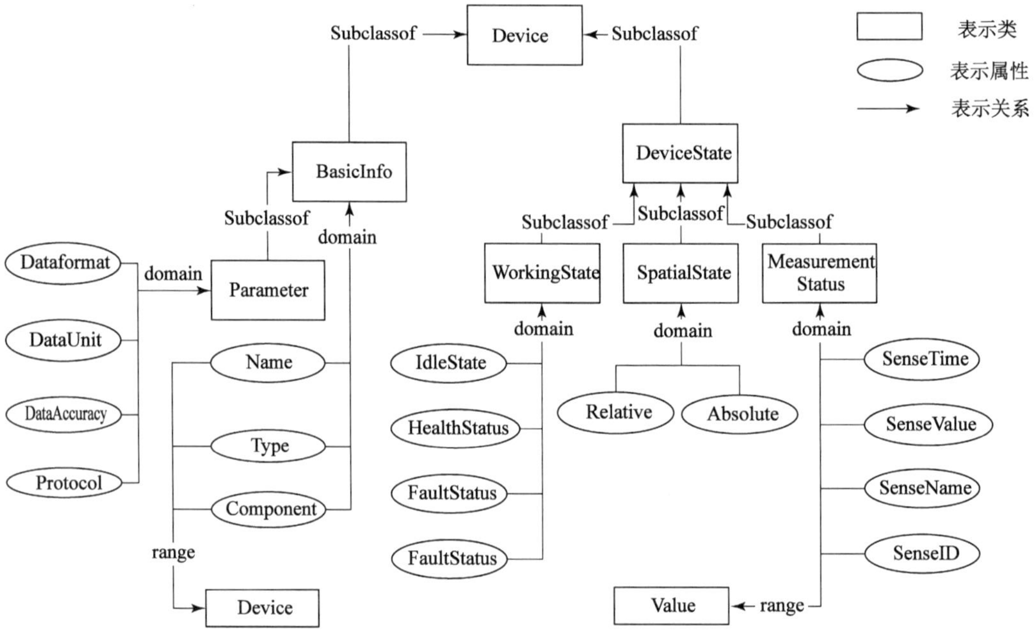

图 2-21　设备异构数据描述模型信息结构

表 2-9　Class 表

Row-key	Column Family	
	predicate	subClass
Parameter	predicates:Dataformat:"1"	subClass:BasicInfo: "1"
	predicates:DataUnit:"1"	subClass:BasicInfo: "1"
WorkingState	predicates:IdleState:"1"	subClass:DeviceState: "1"
	predicates:HealthStatus:"1"	subClass:DeviceState: "1"

表 2-10　Property 表

Row-key	Column Family		
	domain	range	subClass
SenseTime	domain:MeasurementStatus:"1"	range:Value:"1"	subClass:MeasurementStatus:"1"
Type	domain:BasicInfo:"1"	range:Device:"1"	subClass:BasicInfo:"1"

存储模型中的 Class 和 Property 表能满足基本的三元组模式查询，通过存储本体模型关系，实现数据检索的推理，发掘其中的隐藏信息。同时将设备运行状态大数据资源本体信息与实例数据分开存储，更有利于本体信息的维护。

(3) RDF 实例数据存储设计

为了更加高效地存储设备异构数据描述的实例数据，根据设备异构数据描述中定义的类将实例数据分开存储，在每个类中分别设计了三张表：SP_O 表（主语为行键）、PO_S 表（谓语为行键）以及 OS_P 表（宾语为行键），另外，设计一个 class 存储实例数据中定义的类、谓语等信息。

图 2-22 所示为设备状态监测数据实例数据的逻辑结构图，通过创建三张表的方式来存储这些实例信息。根据 RDF 描述的实例信息，创建三张 HTable 存储表分别是 SP_O、PO_S、OS_P。其中，SP_O 表以主语和谓语为复合行键，宾语为列族；PO_S 表以谓语和主语为复合行键，宾语为列族；OS_P 表以宾语和主语为复合行键，谓语为列族。通过这三张存储表的设计，可以完整地存储所有实例信息。

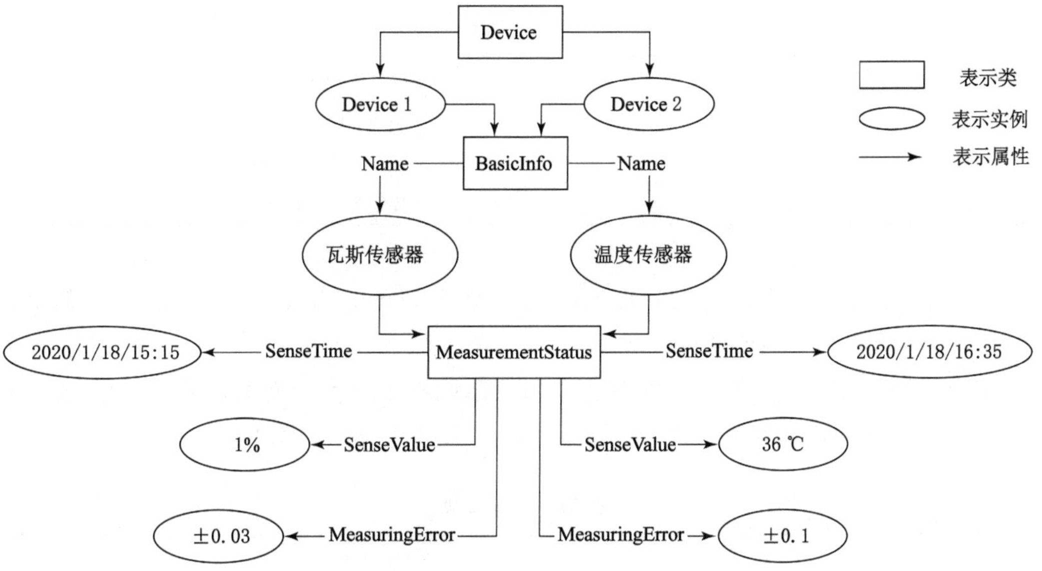

图 2-22　设备状态监测数据实例数据的逻辑结构

如表 2-11 所示，SP_O 表中行键存储三元组的主语信息，表中包含一个列族，其中一个谓语信息作为一列，每一列中 cell 值为宾语信息，主要用于主语已知的三元组查询。

表 2-11　SP_O 表

Row-key	Column Family		
	predicate		
瓦斯传感器	predicate:SenseTime: “2020/1/18/16:35”	predicate:SenseValue: “1%”	predicate:MeasuringError: “±0.03”
温度传感器	predicate:SenseTime: “2020/1/18/15:15”	predicate:SenseValue: “36℃”	predicate:MeasuringError: “±0.1”

如表 2-12 所示，PO_S 表中行键存储三元组的谓语信息，表中包含一个列族，其中一个主语信息作为一列，每一列中的 cell 值为宾语信息，主要用于谓语已知的三元组查询。

表 2-12　PO_S 表

Row-key	Column Family	
	Object	
Name	Object:瓦斯传感器:“Device1”	Object:温度传感器:“Device21”
SenseValue	Object:1%:“瓦斯传感器”	Object:36℃:“温度传感器”

如表 2-13 所示，OS_P 表中行键存储的是三元组的谓信息，表中包含一个列族，其中一个主语信息作为一列，每一列中的 cell 值为宾信息，主要用于谓语已知的三元组查询。

表 2-13　OS_P 表

Row-key	Column Family
	Subject
1%	Object:瓦斯传感器:“MeasuringError”
2020/1/18/16:35	Object:瓦斯传感器:“SenseTime”

为了使实例数据和本体信息联系起来，另外设计 Type 表和 Instance 表用来存储实例数据所属的类及其所对应的示例数据。

如表 2-14 所示，Type 表中行键存储实例数据所对应的统一资源标识符(uniform resource identifier，URI)，表中包含一个列族，列标签用来存储实例数据所对应的类 Type。

表 2-14　Type 表

Row-key	Column Family
	Type
Device1	Type:Device:“1”
采煤机摇臂瓦斯传感器	Type:BasicInfo:“1”

如表 2-15 所示，Instance 表中行键存储实例数据所对应的类名，表中包含一个列族，列标签用来存储类所对应的实例信息 Instance，cell 值为实例数据。

表 2-15　Instance 表

Row-key	Column Family
	Instance
MeasurementStatus	Instance:SenseTime:“2020/1/18/16:35”
	Instance:SenseTime:“2020/1/18/15:15”
	Instance:SenseValue:“36 ℃”
	Instance:SenseValue:“1%”

表 2-15(续)

BasicInfo	Instance:Name:“瓦斯传感器”
	Instance:Name:“温度传感器”

2.4.2.2　RDF 实例数据查询索引

将 RDF 数据存储在分布式文件系统中,虽然可以解决海量 RDF 数据的存储难题,但需要将数据转换为文件系统所支持的文件格式,而且文件系统只提供 RDF 数据的存取,并不提供索引功能,只能通过对文件系统进行多级索引进行查询。随着 RDF 数据集规模的不断增大,索引难度也在不断增加。

虽然在关系型数据库中对 RDF 数据进行存储,可以实现 RDF 数据的快速查询。但是,关系型数据库在对大规模 RDF 数据进行存储时,在存储容量方面也有不利影响。由于 RDF 数据稀疏特性的特点,存在部分空值数据,会占用存储空间,使得存储开销提高。

(1) RDF 实例数据查询策略

本研究设计的设备异构数据描述实例数据存储方案,一方面能解决海量数据的存储难题,另一方面还可满足 RDF 数据 8 种基本三元组模式的查询,查询策略如表 2-16 所示。由表 2-16 可知,除了在主语、宾语都未知的情况下,其他查询条件都能找到相应索引表,并根据 Row-key 进行查询,且 SP_O、OS_P 、PO_S 表都可以满足多值属性的查询要求。当进行实例数据查询时,大部分查询根据谓语进行条件查询,所以,在设计实例数据存储时不仅要保证存储的完整性,还需要提高索引效率。

表 2-16　基本三元组模式查询策略

(S,P,O)模式			查询策略
S	P	O	由于 SPO 均已知,可以遍历所有索引表进行查询
?	P	O	S 未知,遍历 PO_S 索引表,根据 Row-key 查找该三元组的主语
S	?	O	P 未知,遍历 SO_P 索引表,根据 Row-key 查找该三元组的谓语
S	P	?	O 未知,遍历 SP_O 索引表,根据 Row-key 查找该三元组的宾语
S	?	?	P,O 未知,遍历 SP_O 索引表,根据 Row-key 查找该三元组的谓语和宾语
?	P	?	S,O 未知,遍历 PO_S 索引表,根据 Row-key 先查找该三元组符合条件的谓语,从而找出符合条件的主语和宾语
?	?	O	S,P 未知,遍历 Type 索引表,根据 Row-key 查找 O 所属的类,再根据其所属的类到 SP_O 表中查找该类的所有谓语,最后遍历 PO_S 索引表,根据谓语和宾语查找该三元组的主语
?	?	?	可以遍历所有索引表进行查询,返回所有三元组

(2) RDF 实例数据存储改进方法

目前,大部分存储系统都是在数据自身基础上进行结构优化,以增强存储和查询效率。但从煤矿装备异构数据的角度来看,数据的查询通过数据自身结构来改进存储和查询的效果并不理想。在查询实例数据时，在保证 SP_O、OS_P 两张索引表不变的情况下，将 PO_S 索引表分成 P_OS 和 P_SO，能大大提高以谓语作为 Row-key 时的查询效率，降低了存储冗余。

图 2-23 所示的是 P_OS、P_SO 数据存储模型，不改变 SP_O 和 OS_P 索引表，将 PO_S 索引表按类划分为 P_OS、P_SO 两类，所有谓词值都被索引并存储为热数据，降低了行键索引次数，提升了查询速度。由于谓语一般在 RDF 数据集中占比小，以谓语为索引的存储表能快速找到数据，再结合 SP_O 和 OS_P 两张索引表的查询，可查到绝大多数数据，查询效率也大大提升。

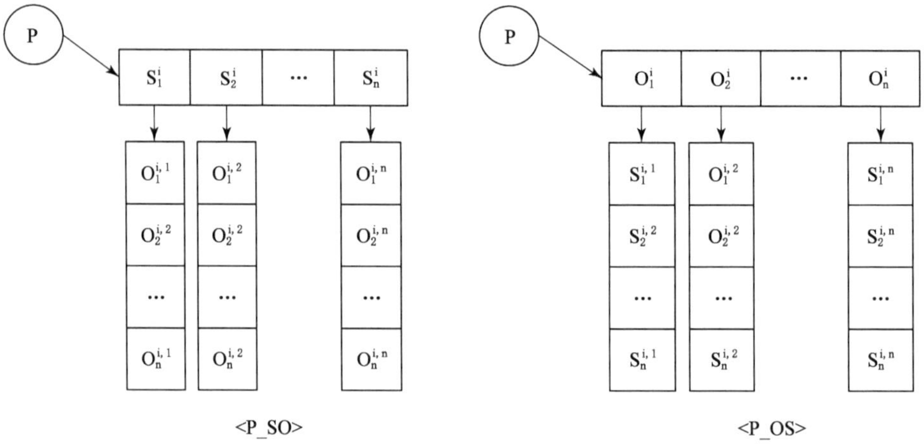

图 2-23 存储结构

(3) RDF 实例数据优化查询策略

改进后的查询策略如表 2-17 所示。

表 2-17 基本三元组模式优化查询策略

(S,P,O)			查询策略
S	P	O	由于 SPO 均已知，可以遍历所有索引表进行查询
?	P	O	S 未知，遍历 P_OS 索引表，根据 Row-Key 查找该三元组的主语
S	?	O	P 未知，遍历 SO_P 索引表，根据 Row-Key 查找该三元组的谓语
S	P	?	O 未知，遍历 P_SO 索引表，根据 Row-Key 查找该三元组的宾语
S	?	?	P,O 未知，遍历 SP_O 索引表，根据 Row-Key 查找该三元组的谓语和宾语
?	P	?	S,O 未知，遍历 P_OS 索引表，根据 Row-Key 查找该三元组符合条件的主语和宾语
?	?	O	P,O 未知，遍历 OS_P 索引表，根据 Row-Key 查找该三元组的主语和谓语
?	?	?	可以遍历所有索引表进行查询，返回所有三元组

对比表 2-17 所示的查询策略，在引入 P_OS、P_SO 后，在谓语已知条件下查询时，查询基本上只进行一次检索就达到要求。同时，在只有主语和宾语已知的情况下查询时，通过

SP_O 和 OS_P 两张表可以快速遍历到对应数据，在以谓语进行检索时，很大程度上增加了检索效率。

2.4.2.3　设备异构描述 RDF 数据查询索引分析

(1) RDF 数据查询响应时间

为验证所设计的描述数据存储方案在 HBase 集群上查询的高效性，在 HBase 集群上对海量的 RDF 实例数据进行检索查询，记录使用不同索引表的数据查询所用时间。数据集来源于本体数据生成器 UBA 生成的 RDF 数据，其中谓语和宾语数量如表 2-18 所示。

表 2-18　RDF 数据集

数据集	谓语数量	宾语数量
D1	74	28 680
D2	96	67 860
D3	108	123 346
D4	118	327 198
D5	126	525 245
D6	142	982 642
D7	213	2 426 253

本次实验分别将数据集存储到 PO_S 和 P_SO 两张表中，查询并记录查询响应时间。实验参数如下：各数据集宾语数量分别为 28.6、67.8、123.3、327.1、525.2、982.6、2 426.2，单位为($\times 10^3$)。以固定谓语、已知主语、未知宾语的查询方法分别对 PO_S 和 P_SO 两张表进行查询。结果如图 2-24 所示。

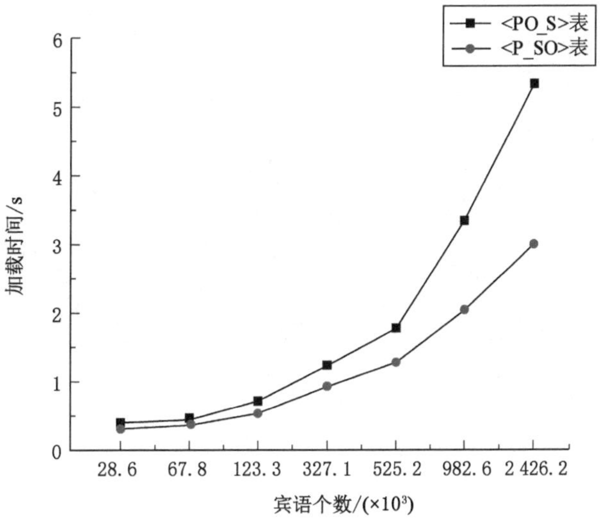

图 2-24　查询响应时间对比

由图 2-24 可知，采用<P_SO>检索表进行查询时，响应时间均小于采用<PO_S>检索表进行查询时的响应时间。因为将谓语作为 Row-Key 进行查询时，<PO_S>检索表会增加存储冗余，降低查询效率。但是，<P_SO>检索表在检索时只需要遍历一次三元组即可查找出宾语，查询效率高于<P_SO>检索表。

（2）RDF 数据查询加速比

通过计算效率加速比对两种查询方法在 HBase 集群上的查询效率。效率加速比是指采用多种方法同时处理一个问题时，效率提高的比率。加速比的计算公式如下所示：

$$S_p = \frac{T_s}{T_p} \tag{2-6}$$

式中，T_s 表示采用<PO_S>检索表查询的响应时间，T_p 表示采用<PO_S>检索表查询的响应时间。

两种方法的效率加速比如表 2-19 所示：

表 2-19　效率加速比

测试集	D1	D2	D3	D4	D5	D6	D7
加速比	1.17	1.24	1.28	1.35	1.49	1.63	1.78

由图 2-25 可知，对比两种查询方法，采用单行键索引查询 RDF 数据集明显比采用复合行键索引查询 RDF 数据集速度快，同时加速比呈递增趋势，说明查询性能也不断提升。

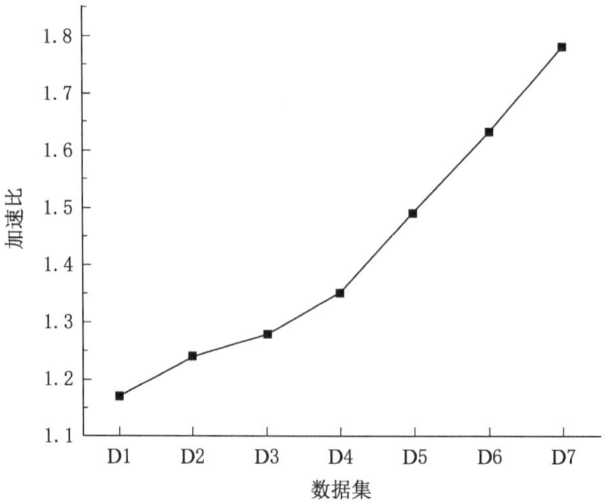

图 2-25　查询响应时间加速比

2.5　实例研究

2.5.1　基于 Netty 的高并发数据传输实验分析

在井下设备群同时作业时，传感器终端的并发量会在某一时刻急剧增加。在这种情况下，如何保证系统的稳定性和效率是一个亟待解决的问题。由于实验室设备在采集状态数据时传感器节点有限，达不到高并发测试要求。为了测试网络传输框架的性能，采用 Apache JMeter 开源压力测试工具，向服务器每 1 秒发送一个长度为 180 字节的数据，模拟物联网监测平台实时工作。通过改变系统的并发数量，对比 JavaNIO 模型和 Netty 优化模型的 CPU 占有率以及系统响应时间。性能测试在网络带宽 100 MB/s 的局域网中执行，英特尔 4 核处理器，处理器型号为 i7-8750H，中央处理器为 CPU @ 2.20GHz，内存 8GB，操作系统 Centos7 x86_64。

(1) 系统压力分析

在保证同一时刻系统并发量不变的条件下，记录 JavaNIO 和 Netty 两种方法在不同并发量下系统的 CPU 占有率。

实验结果如图 2-26 所示，对比可知在系统并发量达到 2 600 个时，JavaNIO 模型的 CPU 占有率比 Netty 优化模型高出 28%。由于 JavaNIO 模型在连接时定期会进行轮询，当有新消息返回时，响应消息并关闭连接，处理完后再重新发送新的请求，每次建立连接都会消耗 CPU 性能。而通过 Netty 建立长连接只需要建立一次连接，避免了空轮询现象，很大程度上提升了系统效率。

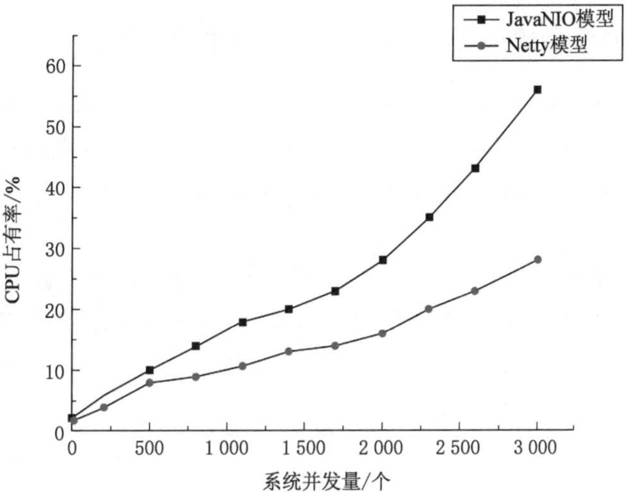

图 2-26　系统压力测试

(2) 系统响应时间分析

在保证同一时刻系统并发量不变的条件下，记录 JavaNIO 和 Netty 两种方法在不同并发量下的系统响应时间，如图 2-27 所示。当并发量达到 1 000 个时，基于 JavaNIO 的响应时间超过了 100 ms，当并发量达到 2 600 个时，基于 JavaNIO 的响应时间达到了 1 200 ms，而基于 Netty 的响应时间始终在 500 ms 以下。这是由于 Netty 中零拷贝技术直接把 disk 的数据传输到 socket 中，很大程度上提高了传输效率，减少了系统响应时间，说明采用 Netty 框架符合物联网监测平台高并发、高效率的要求。

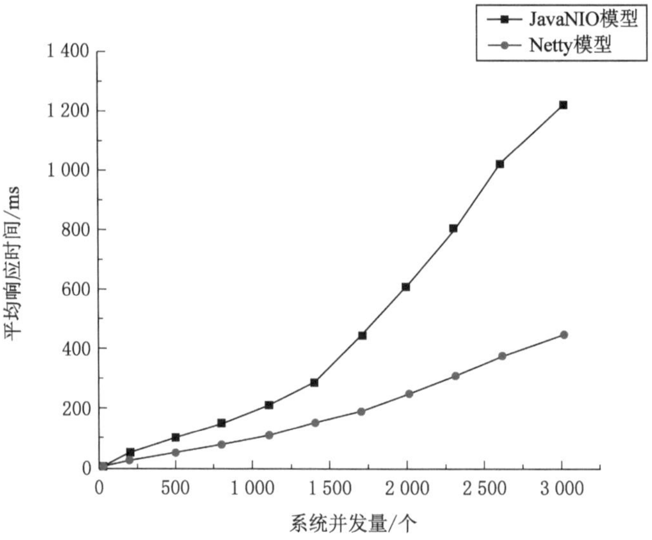

图 2-27　系统响应式测试

2.5.2　基于 Storm 的数据清洗平台的清洗效果与性能测试

为了验证基于 Storm 的数据清洗平台的清洗效果与性能，搭建 Storm 数据清洗平台，选定最适样本容量，分析不同 Topology 的数据吞吐能力差异，探究单机与集群模式下数据吞吐能力的特点，最后通过实验证明数据清洗平台的可行性与实时性。

(1) 平台搭建

Storm 实时计算平台在 IBM 公司规格型号为 S822LC 的服务器上搭建。如表 2-20 所示，Storm 集群共设置 3 个节点，1 个作为 Storm 的 nimbus 主控节点，另外 2 个作为 Supervisor 工作节点。

表 2-20　服务器分组情况

节点名	IP 地址	角色
Node132	74	28680
Node133	96	67860
D3	108	123346

Zookeeper 安装首先要在 zoo. cfg 文件里完成 tickTime、initLimit、syncLimit 以及集群信息的配置，指定 dataDir 的数据文件路径，然后在 dataDir 路径上创建 myid 文件并配置节点编号即可完成配置。

Apache Storm 是用来实现流式数据计算的核心平台。其配置首先要安装相应的 jdk，然后配置环境变量。其次在 storm. yaml 文件里配置参数 storm. zookeeper. servers、storm. local. dir、nimbus host 以及 Siupervisor. slots. ports。启动 nimbus 节点的 nimbus 进程，进入 Storm UI 界面表示配置成功，如图 2-28 所示。

图 2-28　Storm UI 界面

(2) 样本容量选定实验及分析

Storm 在运行过程中，组件 Bolt 需要实时处理组件 Spout 发来的 Tuple，其中封装数据的数量就是样本容量 N，而 Bolt 处理一个 Tuple 所需的时间也随着 N 的增加而增加，因此样本容量大小是影响 Storm 处理数据效率的关键因素。

① 基于 ARIMA 的清洗模型样本容量

基于 ARIMA 的清洗模型是依靠预测值代替噪声点或缺失值的方式来完成数据清洗的，利用滚动预测精度作为评估清洗质量的标准。样本容量从 10～50 之间取值，以预测值与观测值的残差绝对值期望 $E(|\varepsilon|)$ 作为清洗质量的衡量标准，其值越小质量越高。如图 2-29所示，当样本容量 N 到达 20 的时候误差绝对值期望就不会再有大幅度的下降。

如图 2-30 所示，在样本容量为 20 时，ARIMA 模型对数据具有较好的预测精度，能有效恢复和代替数据中的缺失值和噪声点。因此，确定基于 ARIMA 的数据清洗模型的样本容量为 20。

② 基于 PCA 的清洗模型样本容量

基于 PCA 的清洗模型的样本容量分为两种，一种是构造汉克尔矩阵的样本容量，一种是根据周期构造矩阵的样本容量，由于后者的样本容量是周期的倍数，所以不讨论其选定。

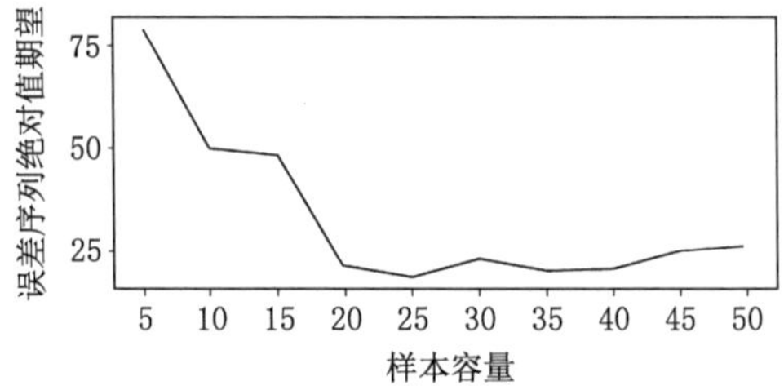

图 2-29 误差序列绝对值期望与样本容量关系

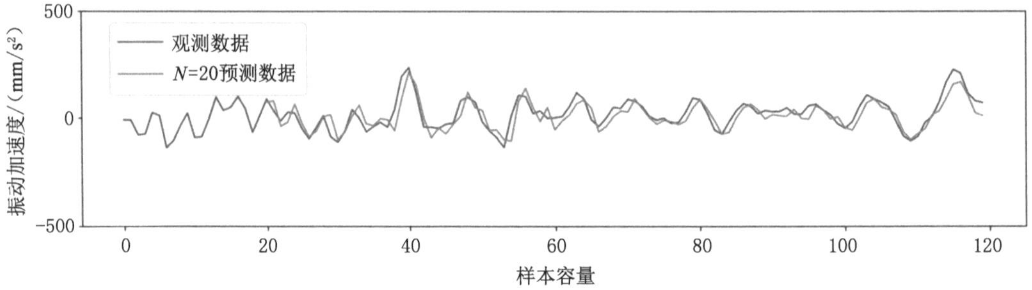

图 2-30 $N=20$ 时的滚动预测精度

基于 PCA 的清洗模型主要用来去除数据中的白噪声，实际情况下用数据是无法获取无噪声数据的，从而很难判定清洗效果。因此，要验证 PCA 的清洗效果就需要通过做典型信号外加噪声的仿真实验，在无噪声情况下，只需要将其与去噪后的数据作对比即可得到清洗效果。使用余弦信号作为无噪声数据，加入白噪声后进行 PCA 分析，得出不同样本容量下的清洗效果，以获取最佳样本容量。生成的具有白噪声的余弦信号如式(2-7)所示。

$$X(t)=\sum_{i=1}^{3}a_i\cos(\omega_i t+\varphi)+\varepsilon \tag{2-7}$$

式中，a_1、a_2、a_3 分别为 1、2、3；ω_1、ω_2、ω_3 分别为 $20\times2\pi$、$30\times2\pi$、$50\times2\pi$；ε 为白噪声。样本容量从 10～100 之间取值，以清洗后数据与无噪声数据的误差序列的标准差 σ 作为清洗效果的衡量标准，σ 越小说明误差序列的离散程度越低，清洗效果越好。如图 2-31 所示，当样本容量 N 达到 30 的时候，误差序列标准差就不会再有大幅度地下降了。

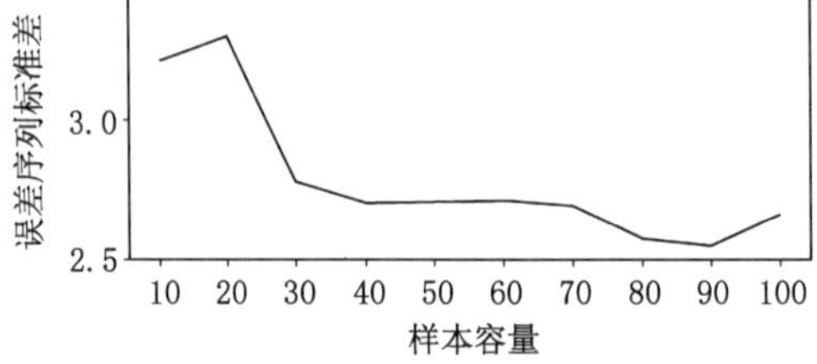

图 2-31 误差序列标准差与样本容量关系

如图 2-32 所示，基于 PCA 的数据清洗模型在样本容量为 30 时对余弦加噪信号的清洗效果较为明显，可以有效去除信号中的白噪声成分。因此，确定基于 PCA 的数据清洗模型的样本容量为 30。

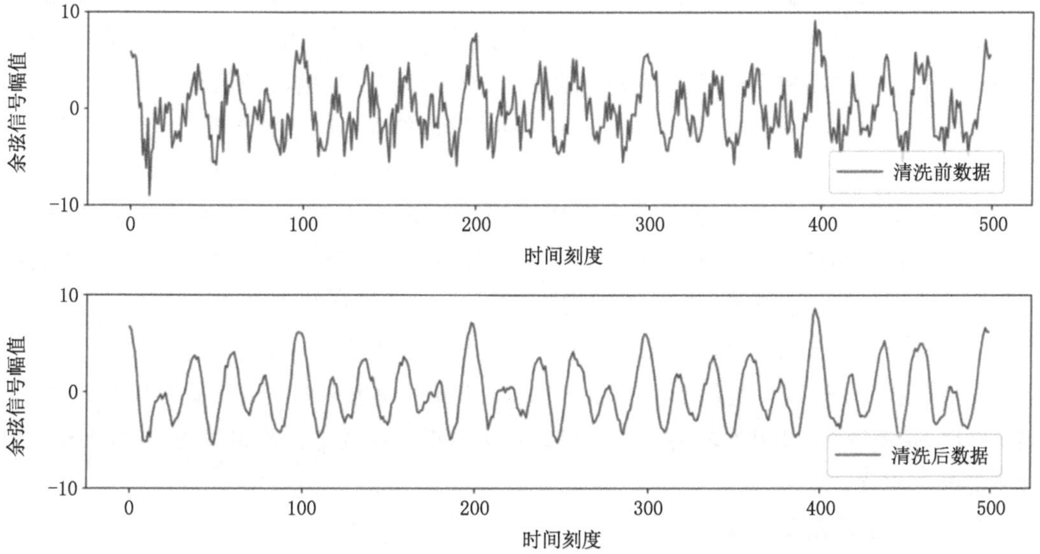

图 2-32　$N=30$ 时的清洗效果

(3) 数据吞吐能力分析

Storm 平台的数据吞吐能力是指单位时间内 Tuple 的处理量。基于 ARIMA 与 PCA 数据清洗的 Storm 平台的数据吞吐能力分为单机模式和集群模式。理论上讲，集群模式的数据吞吐能力要强于单机模式，但实际情况还需根据处理的数据规模而定。ARIMA 与 PCA 数据清洗模型的单机与集群数据吞吐能力的比较，如图 2-33 所示。

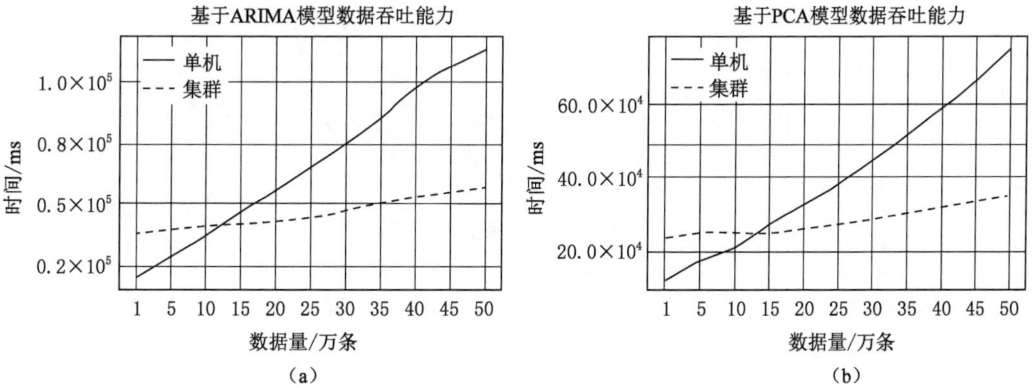

图 2-33　数据吞吐能力比较

首先，对比两种模型的数据吞吐能力。ARIMA 与 PCA 数据清洗模型的数据吞吐能力相差较大，ARIMA 数据清洗模型的数据吞吐量明显高于 PCA 数据清洗模型，这主要是由于两种模型的数据清洗方式不同造成的。ARIMA 数据清洗模型的作用是去除噪声点，而设备运行状态数据中绝大部分都是正常数据，因此大部分情况下，ARIMA 数据清洗模型都不需要真正调用算法部分，只是做一个简单的标准差判断；PCA 数据清洗模型的作用是去除数据中的白噪声，而白噪声普遍存在于设备运行状态数据中，因此 PCA 数据清洗模型处理每一个 Tuple 都需要调用算法部分。综上所述，ARIMA 数据清洗模型的单个 Tuple 处理速度要快于 PCA 数据清洗模型，从而造成两种模型数据吞吐量的差异。

其次对比单机与集群的数据吞吐能力。无论是哪种模型，都呈现出在处理少量 Tuple 时单机模式的数据吞吐能力要优于集群模式，而 Tuple 量过大时单机模式就显得相对乏力。这主要由于集群的数据处理任务一般通过网络分配，存在延迟，但是单机模式的任务分配不存在网络延迟。随着 Tuple 量的增长，单位时间内等待处理的 Tuple 越来越多，单机模式由于计算机资源有限，无法同时完成大量 Tuple 的处理工作，但集群模式却可以利用计算机资源优势，让 Bolt 组件的并行度增加，以满足不断增多的 Tuple 处理需求。综上所述，在 Tuple 量小于 12 万左右的情况下可以考虑以单机模式进行数据清洗工作，大于 12 万时集群模式更优。

（4）平台实验及实时性分析

本次实验数据选用某矿业公司采煤机牵引变频器温度数据。如图 2-34 所示，约为 6 万条数据，采集频率为每秒一次，数据中含有噪声点与缺失值，因此选用 ARIMA 数据清洗 Topology 作为 Storm 数据的启动文件，清洗牵引变频器温度数据。因为数据总共约有 6 万条，对应的 Tuple 就约 6 万个，由于数据量小于 12 万，故选择单机模式作为 Storm 部署方式。

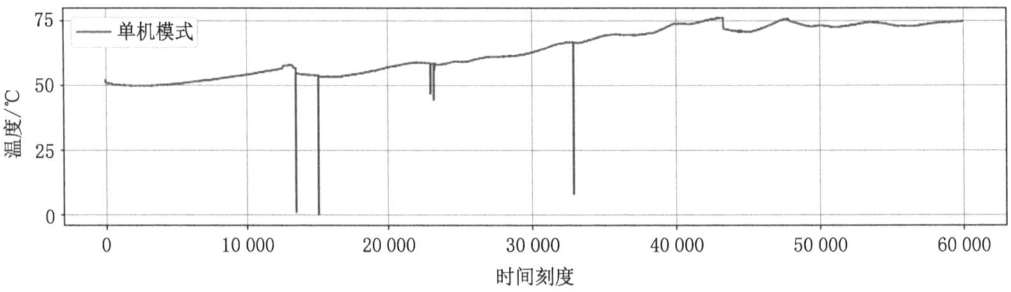

图 2-34　牵引变频器温度数据

将 Topology 的 jar 文件提交给 Storm 平台的主控节点，最终清洗结果如图 2-35 所示。可以看出数据中的若干个噪声点已经被剔除并恢复。

针对 Bolt 组件制定了三种参数配置方案，分别对三种方案中 Bolt 组件的 Tuple 处理速度做测试，实时性信息从 StormUI 界面获得，本节所展示的界面中 Executors 表示并行度，Tasks 表示任务数，Capacity 表示负载，Execute latency 表示处理一个 Tuple 所花费的时间。以 ARIMA 数据清洗 Topology 为例做实时性检测实验。

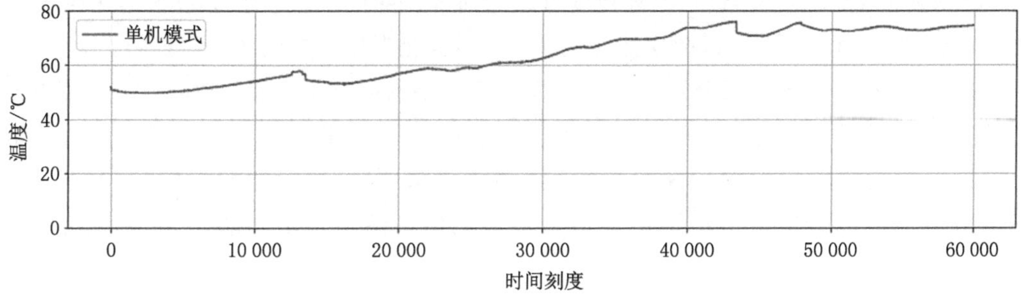

图 2-35　牵引变频器温度数据清洗结果

并行任务数为 1 时，ARIMA 与 SAVE Bolt 的处理速度如图 2-36 所示。ARIMA 与 SAVE Bolt 处理一个 Tuple 的平均时间分别为 1.066 ms 和 0.733 ms，相当于每秒钟处理约 558.8 个 Tuple。

Id	Executors	Tasks	Capacity (last 10m)	Execute latency (ms)
ARIMA Bolt	1	1	1.030	1.066
SAVE Bolt	1	1	0.717	0.733

图 2-36　并行任务数为 1 时的 Bolt 处理速度

并行任务数为 2 时，ARIMA 与 SAVE Bolt 的处理速度如图 2-37 所示。ARIMA 与 SAVE Bolt 处理一个 Tuple 的平均时间分别为 0.521 ms 和 0.509 ms，相当于每秒钟处理约 970.8 个 Tuple。

Id	Executors	Tasks	Capacity (last 10m)	Execute latency (ms)
ARIMA Bolt	2	2	0.983	0.521
SAVE Bolt	2	2	0.894	0.509

图 2-37　并行任务数为 2 时的 Bolt 处理速度

并行任务数为 3 时，ARIMA 与 SAVE Bolt 的处理速度如图 2-38 所示。ARIMA 与 SAVE Bolt 处理一个 Tuple 的平均时间分别为 0.825 ms 和 0.900 ms，相当于每秒钟处理约 576.3 个 Tuple。

Id	Executors	Tasks	Capacity (last 10m)	Execute latency (ms)
ARIMA Bolt	3	3	1.197	0.825
SAVE Bolt	3	3	1.231	0.900

图 2-38　并行任务数为 3 时的 Bolt 处理速度

本次实验 Bolt 组件的最佳处理速度可以达到每秒钟约 970.8 个 Tuple，因为温度数据的采集频率为每秒一次，所以数据清洗速率是可以满足温度数据的实时清洗的。

如图 2-39 所示，SAVE Bolt 主要完成了清洗结果的标准化转换，使其格式、精度以及单位标准化，并将转换后的结果存入数据库相应的列中。SAVE Bolt 清洗以及存储后的结果由 eclipse 控制台显示，经过 ARIMA 模型清洗的结果在“清洗及存储结果”栏中显示。从“清洗及存储结果”栏中可以看出，SAVE Bolt 已经将温度数据的格式、精度以及单位标准化。

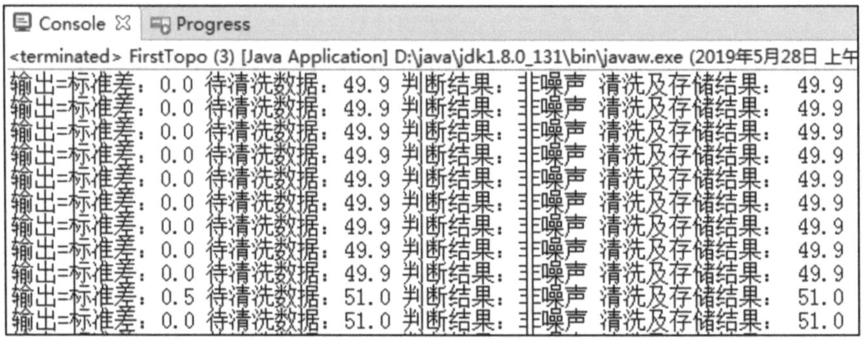

图 2-39 SAVE Bolt 清洗及存储结果显示

2.5.3 基于 Hadoop 的煤矿装备运行数据分布式加载性能测试

为了实现海量 RDF 数据的分布式存储，通过 HBase Shell 命令只能完成建表操作，并不能将大规模数据导入数据表中，因此需要使用 Bulk load 工具将数据统一导入。因为 HBase 是列式存储结构，不支持 RDF 数据直接存储，因此需要使用 Jena 工具将 RDF 数据转换成适合存储的三元组格式，具体操作如下。

(1) HBase Shell 命令操作

根据存储模型，在 HBase 中分别建立对应的表，具体操作如下。

进入 HBase 客户端命令行：hbase shell，如图 2-40 所示。

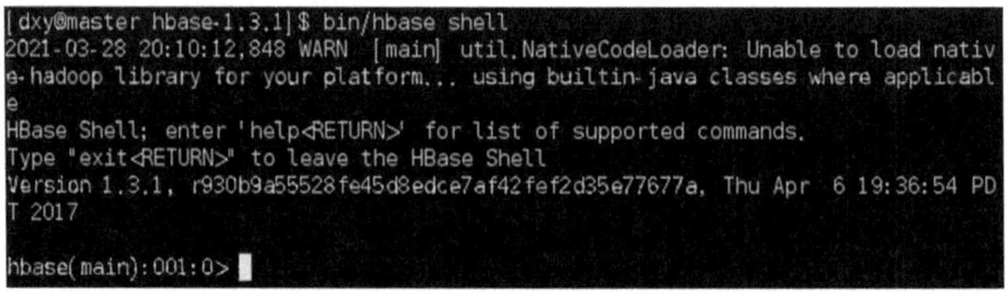

图 2-40 HBase shell 命令行

根据设计的存储模型，分别设计表＜class＞，＜predicate＞，＜SP_O_c＞，＜P_SO_c

>,<P_OS_c>,<OS_P_c>。

图 2-41 是创建表名为 class 的表，行键为 class，有一个列族，分为 predicate 和 subClass 两列。

```
hbase(main):001:0> create 'class','predicate+subClass'
0 row(s) in 2.9950 seconds
```

图 2-41　创建 class 表

通过 list 命令查看 HBase 中已经建立好的表，根据类名的不同创建了不同的<S,P,O>表，如图 2-42 所示。

```
hbase(main):018:0> list
TABLE
OS_P_devicefunction
OS_P_devicestate
OS_P_info
P_OS_devicefunction
P_OS_devicestate
P_OS_info
P_SO_devicefunction
P_SO_devicestate
P_SO_info
SP_O_devicefunction
SP_O_devicestate
SP_O_info
class
predicate
14 row(s) in 0.0680 seconds
```

图 2-42　Hbase 列表

如图 2-43 所示，向 class 表中插入一条数据，其中行键为“WorkingState”，列为“IdleState”，值为 1。

```
hbase(main):023:0> put 'class','WorkingState','predicate+subClass:IdleState','
1'
0 row(s) in 0.2620 seconds

hbase(main):024:0>
```

图 2-43　向 class 表中插入数据

如图 2-44 所示，通过 scan 命令查看 class 表，表中有一条数据，说明数据添加成功。

```
hbase(main):024:0> scan'class'
ROW                    COLUMN+CELL
 WorkingState          column=predicate+subClass:IdleState, timestamp=1616940972
                       633, value=1
1 row(s) in 0.1730 seconds
```

图 2-44　查看 class 表

通过 HBase Shell 命令导入数据只能逐条操作，在实际应用中很少使用这种方法。

(2) RDF 数据批量导入

将 RDF 数据导入 HBase 分布式数据库，通常是将文件先保存为 HBase 可识别的 HFile 文件，通过 HBase 自带的 bulkload 工具将 HFile 文件批量导入。

RDF 数据的解析与划分需要借助于 MapReduce 的并行处理，生成三元组，HFile 文件对生成的三元组文件进行读取，然后会生成对应的 HFile 文件，生成的文件还要借助于 bulkload 模块上传至数据库。

因为 Jena 可以对 XML 格式的语义数据做一个解析并生成三元组数据，所以，第一步就是要借助于 Jena 解析所有的 RDF 文档，遍历所有的三元组，将每一个三元组按照主语所属的类进行分类，在数据解析的过程中，选择 MapReduce 的并行化计算能够提高其分类速度。

解析后的三元组数据如图 2-45 所示，三元组数据主要来自设备状态监测数据统一描述后生成的 RDF 的数据，由于数据量非常大，只展示部分数据。

〈202000018，Name，DS18B20型温度传感器〉
〈202000018，Dataformat，float〉
〈202000018，DataUnit，℃〉
〈202000018，DataAccuracy，0.01〉
〈202000018，Protocol，MQTT〉
〈202000018，Type，DS18B20〉
〈202000018，Component，采煤机摇臂〉
〈202000018，CommunicationMode，串口〉
〈202000018，CommunicationProtocol，RS485〉
〈202000018，CommunicationType，电流〉
〈202000018，MeasurementRange，(-25, 125)〉
〈202000018，MeasurementMethod，非接触〉
〈202000018，MeasurementFrequency，1s〉
〈202000018，MeasurementAttributes，温度〉
〈202000018，WorkingState，工作〉
〈202000018，HealthStatus，健康〉
〈202000018，SenseName，温度〉
〈202000018，SenseTime，2020/1/18〉
〈202000018，SenseValue，36℃〉
〈202000018，MeasurementError，±0.1〉
〈202000018，Longitude，108.978477〉

图 2-45　部分三元组数据

生成的三元组数据需要转化为 HBase 支持的 HFile 文件，通过 MapReduce 处理，再借助于 HBase 提供的 Complete Bulkload 将 HFile 文件导入。Bulkload 遍历所有的 HFile 文件，导入的文件都存在对应的 HBase region 中，并通知 region 所属的 region server 将文件拷贝至指定的存储区域中，通知客户端获取此数据。

如图 2-46、图 2-47 所示，通过 HBase 可视化工具连接 HBase 数据库，查看<SP_O_info>表中数据，数据成功导入。

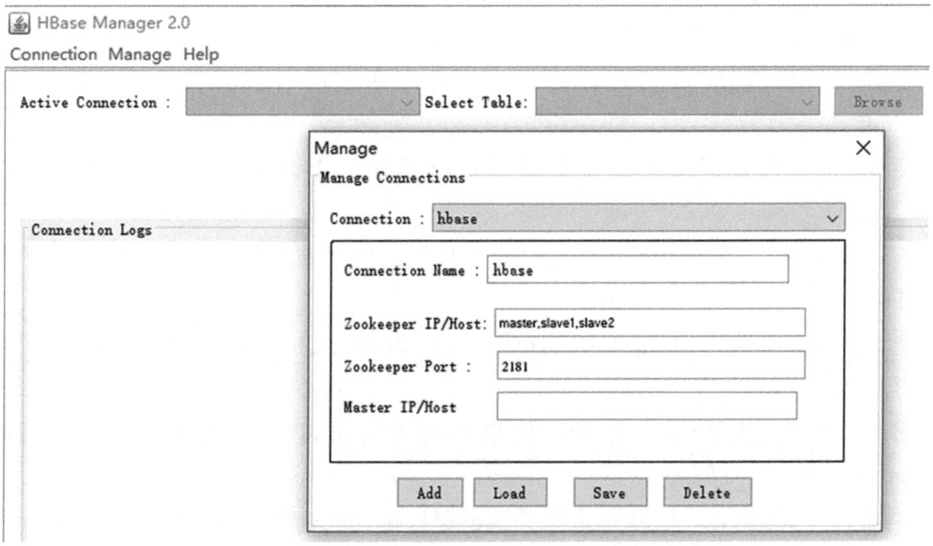

图 2-46　连接 HBase 数据库

图 2-47　查看<SP_O_info>表

参考文献

[1] 丰宇.设备“零故障”与精细化管理[J].设备管理与维修,2012(6):6-7.

[2] 雷亚国,贾峰,孔德同,等.大数据下机械智能故障诊断的机遇与挑战[J].机械工程学报,2018,54(5):94-104.

[3] 贺晓勇.多源异构大数据跨源调度方法仿真研究[J].计算机仿真,2019,36(3):339-342.

[4] 梁艳华.基于大数据的智能企业管理系统设计[J].现代电子技术,2019,42(6):158-161.

[5] 杨冬菊,徐晨阳.大数据环境下基于元模型控制的数据质量保障技术研究[J].计算机工程与科学,2019,41(2):197-206.

[6] 朱敏,程佳,柏文阳.一种基于 HBase 的 RDF 数据存储模型[J].计算机研究与发展,2013,50(S1):23-31.

[7] 杨阳.一种异构数据描述与转换框架的研究与实现[D].西安:西安电子科技大学,2014.

[8] 宋杰,谢海宁,杨增辉,等.基于多源异构数据挖掘的配电网故障信息统计分析[J].电力系统保护与控制,2016,44(3):141-147.

[9] DAI J J,SONG H,YANG Y,et al. Cleaning method for status data of power transmission and transformation equipment based on stacked denoising autoencoders[J]. Automation of Electric Power Systems,2017,41(12):224-230.

[10] 田震,荆双喜,赵丽娟,等.采煤机噪声与振动特性研究[J].工矿自动化,2019,45(3):23-28.

[11] 张春露,白艳萍.ARIMA 时间序列模型和 BP 神经网络组合预测在铁路客座率中的应用[J].数学的实践与认识,2018,48(21):105-113.

[12] 赵朝文,罗璟,邱晨.基于 ARIMA 模型与 Winter 模型的水运货运量预测比较[J].软件,2019,40(1):172-178.

[13] 郝爽,李国良,冯建华,等.结构化数据清洗技术综述[J].清华大学学报(自然科学版),2018,58(12):1037-1050.

[14] KADLEC P,GABRYS B,STRANDT S. Data-driven soft sensors in the process industry[J]. Computers & Chemical Engineering,2009,33(4):795-814.

[15] 鲁亮,于炯,卞琛,等.大数据流式计算框架 Storm 的任务迁移策略[J].计算机研究与发展,2018,55(1):71-92.

[16] 颜冰,王钟雷.基于 Storm 的大数据指标实时计算方法[J].计算机系统应用,2019,28(4):90-95.

[17] 蒲勇霖,于炯,鲁亮,等.storm 平台下工作节点的内存电压调控节能策略[J].通信学报,2018,39(10):97-117.

[18] 周志阳，冯百明，杨朋霖，等. 基于 Storm 的流数据 KNN 分类算法的研究与实现[J]. 计算机工程与应用，2017，53(19)：71-75.

[19] 杨素素. 基于 Storm 的城市消防联网远程监控系统的实时数据处理应用[J]. 计算机测量与控制，2017，25(3)：55-59.

[20] 王铭坤. 基于 Storm 云平台的电网设备报警数据快速处理的研究[D]. 北京：华北电力大学，2015.

[21] 南海京. 一种基于 STORM 的交通流数据实时处理系统设计与实现[D]. 北京：北方工业大学，2015.

[22] 李团结，从新法，李光明. 日志综合管理平台基于 Storm 框架的实现[J]. 中国新通信，2017，19(6)：3-4.

[23] 张辉，王成龙，王伟. 分布式实时日志密度数据流聚类算法及其基于 Storm 的实现[J]. 中国新通信，2017，19(6)：71-73.

[24] 韩福霞，储志高，舒彬，等. 基于 storm 云平台的电力信息系统实时监理的研究[J]. 电气应用，2015，34(增刊)：310-314.

[25] 王铭坤，袁少光，朱永利，等. 基于 Storm 的海量数据实时聚类[J]. 计算机应用，2014，34(11)：3078-3081.

[26] 杜方，陈跃国，杜小勇. RDF 数据查询处理技术综述[J]. 软件学报，2013，24(6)：1222-1242.

[27] KLYNE G，CARROLL J J. Resource Description Framework (RDF)：Concepts and Abstract Syntax[J]. World Wide Web Consortium Recommendation，2004，10.

第3章 数据驱动的煤矿装备状态评估方法

3.1 引言

煤矿装备的安全、高效运行不仅影响企业的经济效益，更是工作人员的生命安全保障。煤矿装备健康状态评估是其故障预测和健康管理的前提[1-2]，主要包括特征提取、指标构建、模型建立三部分。信号特征有效提取是准确、及时评估设备状态微弱变化的前提。在实际生产中，煤矿装备工作于井下复杂的开采环境，同时受限于变速、重载等恶劣工况，导致大量的状态监测信号面临着特征提取困难、提取信息不完备等问题，使得煤矿装备状态评估难以进行[3-5]。

针对现有煤矿装备健康状态识别特征提取困难、评估模型准确率低等问题，结合信号处理、特征提取、特征融合等相关技术，探索了煤矿装备监测信号、数据特征与健康状态之间的关系，构建了基于多域特征的煤矿装备健康状态评估模型；详细介绍了所提出方法的流程以及实施步骤，展示了该方法在实际应用中的案例分析，通过与传统评估方法比较，突出其优势和创新之处。通过本章节的学习，读者将能够深入了解完备特征对煤矿装备健康状态评估的影响，以及如何利用最新研究成果来提高煤矿装备健康状态评估的准确性和可靠性，对其他行业也具参考价值。

3.2 基于多尺度混合特征的煤矿装备健康状态评估方法

3.2.1 煤矿装备振动信号多尺度混合特征提取

原始振动信号的单一尺度特征提取，往往会忽略某些重要退化特征的信息，而忽视不同特征对旋转机械健康状态识别准确度的贡献度差异，给识别煤矿装备的健康状态带来严重影响[6]。煤矿装备的振动信号会随着其运行退化的状态发生变化，包括时域的幅值和概率分布、频域的不同频率的能量和主能谱前缘的位置、时频能量的结构分布等。振动信号因其获取方便和具有丰富的退化特征信息被广泛应用于健康状态识别。常见的特征提取方法有时域、频域及时频域特征提取，单一尺度的特征提取往往会忽略煤矿装备退化过程中某些重要特征信息，为了避免单一尺度特征提取造成部分重要信息丢失，从振动信号的多个尺度提取时域、频域和时频域特征，有利于全面表征和准确识别煤矿装备的健康状态。

3.2.1.1　振动信号数据预处理

由于煤矿装备的工作环境恶劣，且振动传感器自身质量精度等问题，使采集的煤矿装备振动信号中混杂着噪声等异常信号，导致振动信号分析和特征提取困难。因此，夹杂着噪声等异常数据的煤矿装备振动信号降噪预处理是特征提取的前提。

由于传感器采集的煤矿装备原始振动信号不可避免地夹杂着各种噪声信号，可通过小波阈值降噪方法去除一定的噪声干扰信号。假设煤矿装备的原始振动信号表达式为：

$$F(x)=S(x)+N(x) \tag{3-1}$$

其中，$S(x)$是指煤矿装备原始振动信号中的有效信号；$N(x)$是指煤矿装备原始振动信号中的噪声信号，服从正态分布。

煤矿装备振动信号中夹杂的噪声信号一般随机性较大，且没有连续性，振动信号经小波分解后的小波变换系数要远大于噪声信号的小波变换系数。因此，小波阈值降噪方法通过选择合适的阈值，当小波变换系数小于该阈值则为无用的噪声信号。通过使用合理的阈值函数对煤矿装备振动信号进行降噪处理，再经过小波逆变换得到降噪后的振动信号。小波阈值降噪方法的基本步骤如图 3-1 所示。

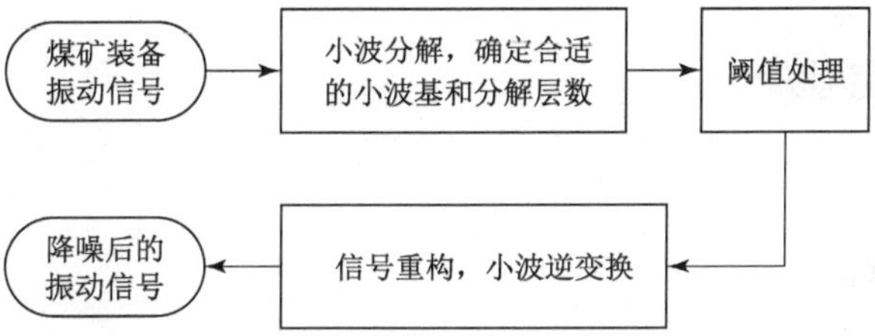

图 3-1　小波阈值降噪流程图

（1）小波分解，通过选择合适的小波基函数和分解层数对煤矿装备的原始振动信号进行分解；

（2）阈值处理，通过选择合适的阈值和阈值函数处理小波系数；

（3）信号重构，对新的小波系数进行小波逆变换后得到降噪后的煤矿装备振动信号。

小波阈值降噪方法中的阈值函数包括硬阈值和软阈值两类，硬阈值的规则要满足当小波系数的绝对值大于阈值时，则保持不变；当小波系数的绝对值小于阈值时，则使其为零。软阈值的规则要满足当小波系数的绝对值大于阈值时，则减去阈值；当小波系数的绝对值小于阈值时，则令其为零。一般小波降噪方法通常选用一种阈值处理方法，降噪效果差，而本章通过软硬阈值折中的方法来进行煤矿装备振动信号的降噪处理。

3.2.1.2　基于多尺度分段及经验小波的振动信号分解

针对以往特征提取方法中对煤矿装备振动信号挖掘不充分、忽略不同退化特征贡献度大小，从而影响煤矿装备健康状态识别准确率的问题，提出基于多尺度分段及经验小波的振动信号分解方法。振动信号多尺度分段及经验小波振动信号分解是指对原始信号数据进行多个尺度的分段，每个子分段信号再进行经验小波多阶分解，煤矿装备振动信号的多尺度分段及分解可以更深层次挖掘信号信息，基于分段的信号分别提取每个分解信号的信号特征，实现对煤矿装备振动信号的多尺度混合特征提取。提取的多尺度混合特征包含了有关煤矿装备退化过程的更丰富信息，兼顾了原始振动信号的全局和局部特征，有效避免了单一尺度特征造成的信息丢失问题。

信号多尺度分段根据数据样本的大小来确定多尺度的数量，多尺度的分段数为 $2^k(k=0,1,2,3,\cdots,\infty)$。假设煤矿装备振动信号长度为 32 768，分别对其进行不分段、2 分段、4 分段、8 分段等操作，对应尺度一、尺度二、尺度三、尺度四等多个尺度。然后，取各个尺度下的一个子分段振动信号，分别提取其时域、频域及时频域的若干特征。煤矿装备振动信号多尺度分段的具体过程如图 3-2 所示。

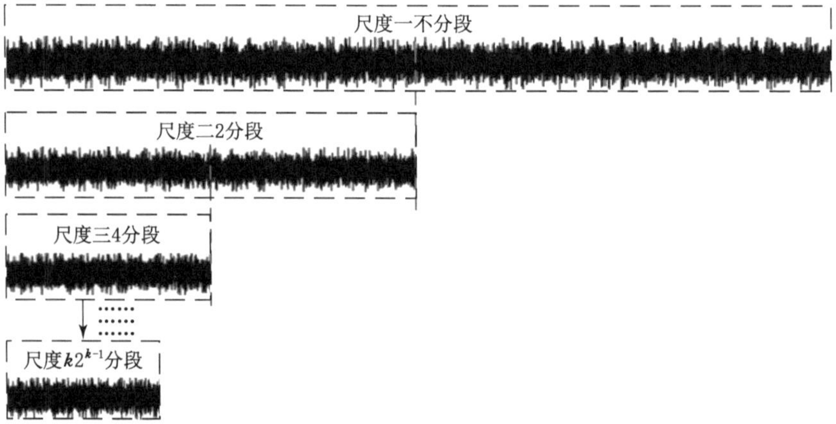

图 3-2　信号多尺度分段

经验小波分解(empirical wavelet transform，EWT)通过傅里叶频谱的自适应分割来构造一组滤波器组，获得具有正交性质的经验小波函数，对分割的区间进行经验小波变换，从而提出具有紧支撑傅里叶频谱的调幅调频单分量成分，相比小波变换和经验模态分解，其自适应更好，不存在模态混叠、计算量较大等问题。EWT 方法[7-9]实质是把信号分解成 $N+1$ 个本征模态函数之和，具体计算公式如下：

$$X(t)=\sum_{i=0}^{N}X_i(t) \tag{3-2}$$

式中，$X(t)$为时域信号；$X_i(t)$为有用的调幅调频成分。

首先，分割信号频谱 $X(w)$，建立小波滤波器组，将信号傅里叶谱归一化为$[0,\pi]$，再将其分解成 N 个连续空间，用 w_n 来表示每个连续空间的边界，每一个区间定义为 $\Lambda_n=[w_{n-1},w_n]$，显然有 $\bigcup_{n=1}^{N}\Lambda_n=[0,\pi]$，然后以 w_n 为中心频率，以 $2\tau_n$ 作为相邻区间的过渡段。对于确定好的 N 个区间，经验小波定义为每个区间上的带通滤波器，Gilles 根据 Meyer 小波的构造方法来构造经验小波，利用经验小波函数和经验尺度函数对信号进行 EWT 分解。经验尺度函数和经验小波函数计算公式为：

$$\phi_n(w)=\begin{cases}1, w_n+\tau_n \leqslant |w| \leqslant w_n-\tau_{n+1} \\ \cos\left[\frac{\pi}{2}\beta\left(\frac{1}{2\tau_n}(|w|-w_n+\tau_n)\right)\right], w_{n+1}-\tau_{n+1} \leqslant |w| \leqslant w_{n+1}+\tau_{n+1} \\ \sin\left[\frac{\pi}{2}\beta\left(\frac{1}{2\tau_n}(|w|-w_n+\tau_n)\right)\right], w_n-\tau_n \leqslant |w| \leqslant w_n+\tau_n \\ 0,\text{其他}\end{cases}$$

$$\psi_n(w)=\begin{cases}1 \\ \cos\left[\frac{\pi}{2}\beta\left(\frac{1}{2\tau_n}(|w|-w_n+\tau_n)\right)\right] \\ \sin\left[\frac{\pi}{2}\beta\left(\frac{1}{2\tau_n}(|w|-w_n+\tau_n)\right)\right] \\ 0\end{cases} \tag{3-3}$$

其中，β 是一个任意的$C^k([0,1])$函数（$C^k([0,1])$函数是一类集列紧函数），满足：

$$\beta(x)=\begin{cases}0, x \leqslant 0 \\ 1, x \geqslant 1\end{cases} \tag{3-4}$$

信号重构经过 EWT 分解后得到 IMF 成分 $f_i(t)$，定义为：

$$f_0(t)=W_{\mathrm{J}}^{\varepsilon}(0,t) * \phi_1(t) \tag{3-5}$$

$$f_i(t)=W_{\mathrm{J}}^{\varepsilon}(i,t) * \phi_n(t) \tag{3-6}$$

其中，$f_0(t)$为原始信号重构得到的信号；$f_i(t)$为固有模态分量；$W_{\mathrm{J}}^{\varepsilon}(0,t)$为近似系数，通过经验尺度函数$\phi_n(w)$与信号 $X(t)$内积得到；$W_{\mathrm{J}}^{\varepsilon}(i,t)$为细节系数，通过经验小波函数$\psi_n(w)$与信号 $X(t)$内积得到。

3.2.1.3　煤矿装备时域特征提取

时域特征是指信号随时间的变化而改变，其幅值与周期包含了大量煤矿装备运行退化的有效信息[10]。时域特征包括有量纲和无量纲特征指标：有量纲特征易受负载大小的影响；无量纲特征对故障退化信息敏感度不高。为了提取特征的全面性与互补性，本章在时域提取 12 个特征指标。有量纲特征指标包括均值、方差、标准差、最大值、最小值、峰峰值、均方根值、绝对平均值和方根幅值，无量纲特征指标包括波形指标、峰值指标和脉冲指标，其表达式如表 3-1 所示。

表 3-1　时域特征指标表达式

参数表达式	参数表达式
$F_1=\frac{1}{N}\sum_{i=1}^{N} x_i$	$F_7=\sqrt{\frac{1}{N}\sum_{i=1}^{N} x_i^2}$
$F_2=\frac{1}{N}\sum_{i=1}^{N} x_i^2$	$F_8=\max\{\lvert x_i \rvert\}$
$F_3=\frac{1}{N}\sum_{i=1}^{N}(x_i-F_1)^2$	$F_9=\lvert \max(x_i)-\min(x_i) \rvert$

表 3-1(续)

参数表达式	参数表达式
$F_4=\sqrt{\frac{1}{N-1}\sum_{i=1}^{N}(x_i-F_1)^2}$	$F_{10}=\frac{F_7}{F_1}$
$F_5=(\frac{1}{N}\sum_{i=1}^{N}\sqrt{\mid x_i\mid})^2$	$F_{11}=\frac{F_8}{F_7}$
$F_6=\frac{1}{N}\sum_{i=1}^{N}\mid x_i\mid$	$F_{12}=\frac{F_8}{F_1}$

为了方便实验统计，将 X 方向的原始振动信号多尺度-不分段提取的时域特征命名为 XV-0-F1 至 XV-0-F12，其一阶 IMF 分量提取的时域特征命名为 XIMF1-0-F1 至 XIMF1-0-F12，其二阶和三阶 IMF 分量提取的时域特征按同一阶 IMF 分量命名。将 X 方向的原始振动信号多尺度 $K+1$、$2k$ 分段提取的时域特征命名为 XV-2k-F1 至 XV-2k-F12，其一阶 IMF 分量提取的时域特征命名为 XIMF1-2k-F1 至 XIMF1-2k-F12，其二阶和三阶 IMF 分量提取的时域特征按同一阶 IMF 分量命名。煤矿装备原始振动信号 Y 方向上提取的时域特征命名同上，依次类推。

3.2.1.4 煤矿装备频域特征提取

频域特征描述了信号在频率方面的特性，是指时域信号通过快速傅里叶变换得到频域信号，反映了振动信号的不同频率成分的幅值大小[11]。频域特征频率与煤矿装备的退化故障特征频率相关，比如煤矿装备振动信号在频域内的平均能量值与均值频率相关，频谱的集中或分散程度能够用均方根频率很好地呈现等。因此，频域特征能够从不同角度反映煤矿装备振动信号的频率变化[12]，识别煤矿装备的健康状态。本章在频域提取 10 个特征指标，包括频谱均值、频谱均方根值、频域频率歪度、频域频率峭度、重心频率、均方根频率和频率幅值方差等，反映了频域振动能量的大小。振动信号频域分析首先需要把信号的时域波形借助离散傅里叶变换转换为频谱信息，公式如下：

$$S(k)=\sum_{k=0}^{N-1}x(k\Delta tz)\mathrm{e}^{\frac{-2\pi jnk}{N}},(n=1,2,\cdots,N-1) \tag{3-7}$$

其中，$x(k\Delta tz)$为振动信号的采样值；N 为采样点数；Δt 为采样间隔；k 为时域离散值的序号。

求得频谱信息后，频域特征指标表达式如表 3-2 所示。为了方便实验统计，将 X 方向的原始振动信号多尺度-不分段提取的频域特征按为 XV-0-F13 至 XV-0-F22 命名，其一阶 IMF 分量提取的频域特征命名为 XIMF1-0-F13 至 XIMF1-0-F22，其二阶和三阶 IMF 分量提取的频域特征按同一阶 IMF 分量命名。将 X 方向的原始振动信号多尺度 $K+1$、$2k$ 分段提取的频域特征命名为 XV-2k-F13 至 XV-2k-F22，其一阶 IMF 分量提取的频域特征命名为 XIMF1-2k-F13 至 XIMF1-2k-F22，其二阶和三阶 IMF 分量提取的频域特征按同一阶 IMF 分量命名。煤矿装备原始振动信号 Y 方向上提取的频域特征命名同上，依次类推。

表 3-2　频域特征指标表达式

参数表达式	参数表达式
$F_{13}=\frac{\sum_{k=1}^{K}S(k)}{K}$	$F_{18}=\sqrt{\frac{\sum_{k=1}^{K}(f_k-F_{17})^2S(k)}{K-1}}$
$F_{14}=\sqrt{\frac{\sum_{k=1}^{K}[S(k)-F_{13}]^2}{K-1}}$	$F_{19}=\sqrt{\frac{\sum_{k=1}^{K}f_k^2S(k)}{\sum_{k=1}^{K}S(k)}}$
$F_{15}=\frac{\sum_{k=1}^{K}[S(k)-F_{13}]^3}{(K-1)F_{14}^3}$	$F_{20}=\sqrt{\frac{\sum_{k=1}^{K}f_k^4S(k)}{\sum_{k=1}^{K}f_k^2S(k)}}$
$F_{16}=\frac{\sum_{k=1}^{K}[S(k)-F_{13}]^4}{(K-1)F_{14}^4}$	$F_{21}=\frac{\sum_{k=1}^{K}f_k^2S(k)}{\sqrt{\sum_{k=1}^{K}S(k)\sum_{k=1}^{K}f_k^4S(k)}}$
$F_{17}=\frac{\sum_{k=1}^{K}f_kS(k)}{\sum_{k=1}^{K}S(k)}$	$F_{22}=\frac{F_{18}}{F_{17}}$

3.2.1.5　煤矿装备时频域特征提取

时频域特征是从时域和频域两个角度来反映煤矿装备的振动信号，时频域分析方法一般包括小波变换、局部特征尺度分解和经验模态分解等。小波变换简单快速，但处理非平稳信号效果差，其分解层数和小波函数选取缺少统一理论标准。经验模态分解、局部特征尺度分解等具有很高的聚集性，但容易出现模态混叠和边际效应等问题。本章从时频域角度提取 8 个连续小波能谱特征，为了方便实验统计，将 X 方向的原始振动信号多尺度-不分段提取的时频域特征命名为 XV-0-F23 至 XV-0-F30，其一阶 IMF 分量提取的时频域特征命名为 XIMF1-0-F23 至 XIMF1-0-F30，其二阶和三阶 IMF 分量提取的时频域特征按同一阶 IMF 分量命名。将 X 方向的原始振动信号多尺度 $K+1$、$2k$ 分段提取的时频域特征命名为 XV-2k-F23 至 XV-2k-F30，其一阶 IMF 分量提取的时频域特征命名为 XIMF1-2k-F23 至 XIMF1-2k-F30，其二阶和三阶 IMF 分量提取的时频域特征按同一阶 IMF 分量命名。煤矿装备原始振动信号 Y 方向上提取的时频域特征命名同上，依次类推。其计算公式如下：

$$F_{tfl}=E_l/\sum_{i=1}^{n}E_i, l\in[1,n] \tag{3-8}$$

其中，F_{tfl} 是 n 个尺度上原始信号的小波能量谱。当尺度为 a 时，小波能量谱计算公式如下：

$$E(a)=\int_{-\infty}^{\infty}|W_f(a,b)|^2d \tag{3-9}$$

其中，$W_f(a,b)$ 是小波变换的振幅。

3.2.2 煤矿装备退化指标构建

煤矿装备退化指标构建主要包括特征选择、基于核主成分分析(kernel principal component analysis,KPCA)的健康指标(HI)构建、健康指标毛刺去除、健康状态样本划分四部分。具体框架如图 3-3 所示。

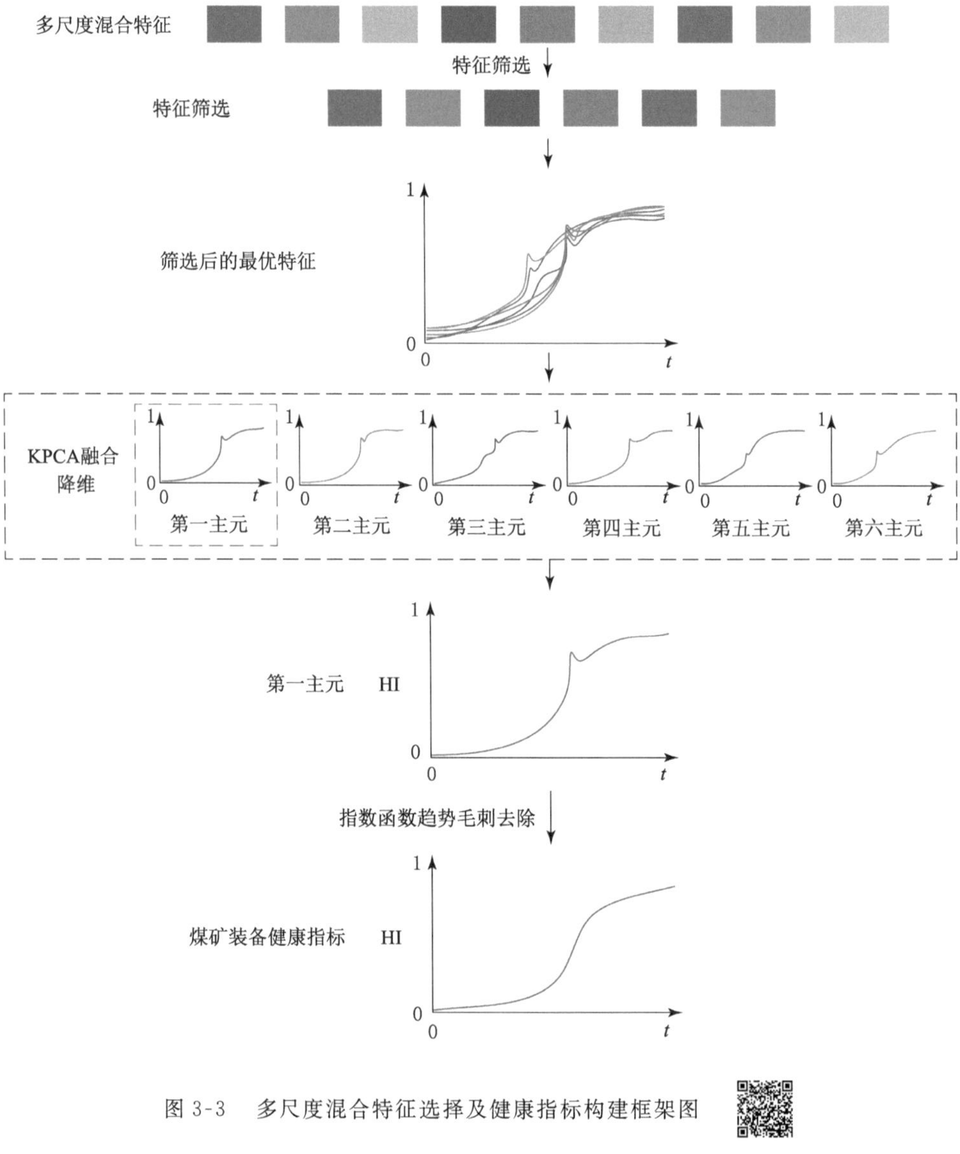

图 3-3　多尺度混合特征选择及健康指标构建框架图

3.2.2.1　多尺度混合特征选择

基于多尺度分段及经验小波振动信号分解提取的多个时域、频域和时频域特征,特征维度大,并不是所有的特征对煤矿装备的退化过程敏感。因此,选择最优的多尺度混合特征对煤矿装备的健康状态识别准确度至关重要。在研究多个特征评判准则的基础上,提出了特征优选的综合评判准则,实现了多尺度混合特征的选择。

退化特征曲线的单调性反映了煤矿装备振动信号退化特征单调递增、单调递减的特性。煤矿装备运行时，从健康到故障的大部分时间都处于平稳阶段，但随着运行时间的不断增加，煤矿装备的退化趋势也越来越明显，能够表征煤矿装备退化性能特征的特征值大小也会呈现出单调递增或递减的退化趋势。单调性的定量评估计算公式如下：

$$\mathrm{Mon}=\left|\frac{\mathrm{Num}(\mathrm{d}F>0)}{T-1}-\frac{\mathrm{Num}(\mathrm{d}F<0)}{T-1}\right| \tag{3-10}$$

其中，T 是指退化特征序列长度；$\mathrm{Num}(\mathrm{d}F>0)$ 是指退化特征中差分值大于零的个数；$\mathrm{Num}(\mathrm{d}F<0)$ 是指退化特征中差分值小于零的个数。

单调性评价准则的大小取值范围是 0 到 1，单调性指标的大小越靠近 1，则单调性越好，单调性指标的大小越靠近 0，则单调性越差。

相关性评价准则描述的是煤矿装备振动信号退化特征与时间序列的相关性程度。随着煤矿装备全生命周期的退化过程，相关性指标的大小也会随着改变，退化特征的相关性指标越大越能反映煤矿装备的退化趋势。相关性指标大小的定量评估计算公式如下：

$$\mathrm{Corr}=\frac{\left|\sum_{i=1}^{N}(T_i-\overline{T})(t_i-\bar{t})\right|}{\sqrt{\sum_{i=1}^{N}(T_i-\overline{T})^2\sum_{i=1}^{N}(t_i-\bar{t})^2}} \tag{3-11}$$

其中，N 是指退化特征样本总个数；t_i 是指第 i 个样本对应的煤矿装备运行时刻；T_i 是指当前时刻下的第 i 个样本的特征值；$\bar{t}$ 是指时间序列均值；$\overline{T}$ 是指退化特征的特征值序列均值。

相关性评价准则的大小取值范围是 0 到 1，相关性指标的大小越靠近 1，则相关性越好，相关性指标的大小越靠近 0，则相关性越差。

本章在多尺度混合特征优选时，将单调性评价准则和相关性评价准则进行综合考虑，通过两者的线性组合得到综合性评判准则 E，具体计算公式如下：

$$E=\alpha\,\mathrm{Mon}+\beta\,\mathrm{Corr} \tag{3-12}$$

$$\alpha=\beta=0.5 \tag{3-13}$$

其中，α 指单调性评价准则的权重系数；β 指相关性评价准则的权重系数。

煤矿装备振动信号的多尺度混合特征构建好后，利用综合性评判准则及相关性系数在多尺度混合特征向量集中选择可以较好表征煤矿装备的故障退化过程的特征，本章选择 60 个评分较高的多尺度混合特征构成的最优特征向量集。最优与最差的特征示意对比如图 3-4所示。

从图 3-4 中得分较高的优特征可以看出，这些特征的变化趋势与时间保持着良好的相关性，在退化过程中总体呈现增长趋势，几乎涵盖了退化过程中的所有阶段，能够较好地反映煤矿装备健康状态的退化过程。从图 3-4 中得分较低的差特征可以看出，差特征的变化趋势与时间的相关性差，在退化过程中不具备总体增长或者总体降低趋势，且差特征具有较大的波动，不能反映煤矿装备健康状态的退化过程。

3.2.2.2　基于核主成分分析的退化指标构建

主成分分析（principal component analysis，PCA）算法是在多维特征正交线性变化的基

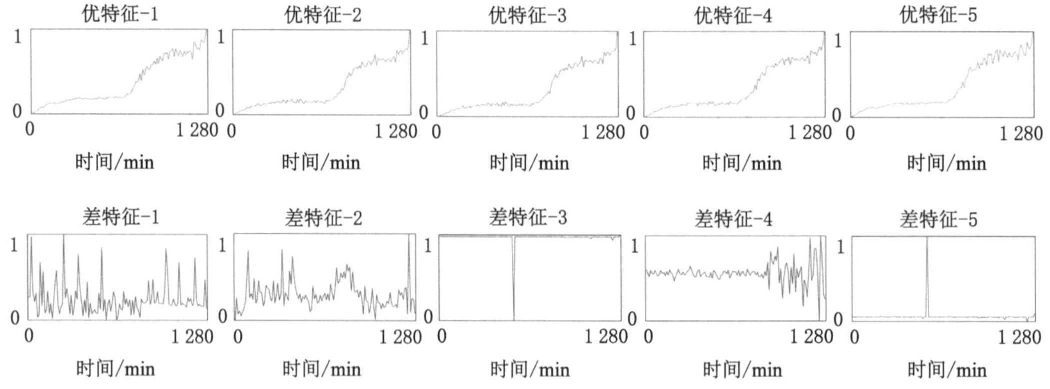

图 3-4　多尺度混合特征优差对比示意图

础上进行线性统计，通过去除高维数据间的相关性来获取低维数据特征，达到高维特征降维的目的。PCA 算法由于对线性可分数据具有良好的降维效果，且几乎不使用参数，被广泛应用于数据处理与模式识别等领域。PCA 算法降维的本质是将振动信号数据向统一的正交基上转换，在数据协方差为零的基础上，尽可能增大其方差，利用拉格朗日数乘法将求解最大方差的问题转换为求解数据矩阵的特征值。PCA 算法的具体过程如下。

假设振动信号特征向量集 $X=\{x_1,x_2,x_3,\cdots,x_n\}$，维数为 n，PCA 降维成 m 维。首先，对特征向量集 X 进行中心化处理，第 k 个特征去均值的计算公式为：

$$x_k = x_k - \mu \tag{3-14}$$

$$\mu = \frac{1}{n}\sum_{k=1}^{n} x_k \tag{3-15}$$

其中，μ 为特征值均值。然后计算特征向量集的协方差矩阵 $\sum = XX^{\mathrm{T}}$，对其做特征值分解，取 m 个最大特征值组成转换矩阵 $U=\{u_1,u_2,u_3,\cdots,u_m\}$，降维后的特征集为 Y，其计算公式为：

$$Y = XU^{\mathrm{T}} \tag{3-16}$$

主成分分析法对于线性可分数据具有良好的降维能力，但是，无法进行非线性数据降维。煤矿装备振动信号一般为非线性非平稳数据，PCA 算法由于无法确定其主成分，不能进行降维处理。为了解决此类问题，在传统的 PCA 算法的基础上与核函数相结合，提出了 KPCA 方法。

核函数是一种非线性特征映射函数，一般用到的核函数有高斯核函数、线性核函数和多项式核函数等。KPCA 方法[13]引入了核函数，可将非线性特征数据映射为高维数据，更好地表达非线性信号特征，解决煤矿装备振动信号线性不可分的问题。KPCA 方法通过计算各主成分的贡献率来确定算法的目标维数。因此，KPCA 方法的出现扩大了 PCA 方法的应用领域及范围。KPCA 方法对高维特征数据降维的本质是利用核函数将高维特征向量集映射到一个特征高维空间中，利用 KPCA 方法对其降维。KPCA 方法的具体步骤如下。

首先，将数据从空间非线性映射到高维空间中：

$$\phi : R \rightarrow H \tag{3-17}$$

样本的协方差矩阵表示为：

$$C^H = \frac{1}{Z}\sum_{i=1}^{Z}\phi(x_i)\phi(x_i)^{\mathrm{T}} \tag{3-18}$$

其中，$x_i(i=1,2,\cdots,Z)$为序列样本，Z 为输入的序列长度，$\phi(x_i)$为特征样本点。

随后，对 C^H 进行特征方程求解，计算公式为：

$$C^H V = \lambda_q V \tag{3-19}$$

其中，V 为特征向量，λ_q 为特征值。在上式等号两边同乘 $\phi(x_i)$，即：

$$\phi(x_i)C^H V = \lambda_q \phi(x_i) V \tag{3-20}$$

将 V 细化后，上式表示为：

$$\frac{1}{Z}\sum_{\gamma=1}^{Z}\alpha_\gamma\left\{\sum_{\omega=1}^{Z}\left[\phi(x_i)\phi(x_\omega)\phi(x_\omega)\phi(x_\gamma)\right]\right\} = \lambda_q\sum_{\gamma=1}^{Z}\left[\phi(x_i)\phi(x_\gamma)\right] \tag{3-21}$$

其中，γ 与 ω 为不同空间信号样本，α_γ为存在系数。

为避免求解无法具体表示的 $\phi(x_i)$，引入核矩阵$K_{\gamma\omega}=[\phi(x_\gamma)\phi(x_\omega)]$，上式简化为：

$$Z\lambda_q\alpha_\mu = K_{\gamma\omega}\alpha_\mu \tag{3-22}$$

其中，$\alpha_\mu=(\alpha_1,\alpha_2,\cdots,\alpha_n)^{\mathrm{T}}$。

最后，进行特征降维融合，按特征值降序排列，η 为累积贡献率阈值，前 J 个特征在总数为 Q 的特征累积贡献率为：

$$\sum_{q=1}^{J}\lambda_q / \sum_{q=1}^{Q}\lambda_q \geqslant \eta \tag{3-23}$$

根据专家经验，为了使 KPCA 筛选退化特征取得良好效果，一般设定阈值 $\eta \geqslant 85\%$来确定 J 个最重要的主特征。

为选取最具代表性的退化特征，剔除冗余信息，保证选取的特征具有较好的退化性能，提高分类准确率，本章采用相关系数[14]完成对退化敏感特征的选择。为了更好地完成健康状态划分，需建立性能良好的健康退化指标，选用 KPCA 方法融合选择最优的多尺度混合特征，根据主元累积贡献率，构建健康指标，将第一主元特征作为健康指标完成健康状态划分。

3.2.2.3　煤矿装备状态等级划分

煤矿装备健康状态在工业领域健康状态识别与健康管理系统的应用中具有重要作用。管理者与维修人员都希望煤矿装备的健康状态能直观准确地在系统上反映，从而制订故障维修计划。随着煤矿装备运行时间的推移，其健康状态不断变化，往往不只有正常和故障两种状态。合理的健康状态等级划分能更好地描述煤矿装备的退化过程，是健康状态识别的重要前提。煤矿装备健康状态指标曲线示意图如图 3-5所示。

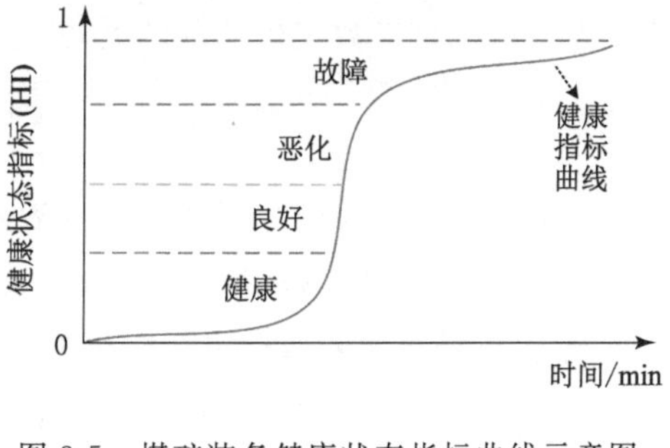

图 3-5　煤矿装备健康状态指标曲线示意图

根据构建好的健康状态指标,分析国内外研究设备健康识别领域相关文献发现,设备性能退化通常可以分为4种状态[15-16]。因此,结合滚动轴承真实运行情况及专家经验,将煤矿装备健康状态划分为4个等级[17],各等级与对应健康状态指标区间对应关系如表3-3所示。

表3-3 煤矿装备健康状态等级

健康状态等级	运行情况	健康状态指标区间	等级标签
健康	运行状态正常,无需检修	$0.0 \leqslant x < 0.3$	0
良好	运行状态稳定,计划检修	$0.3 \leqslant x < 0.5$	1
恶化	运行状态出现恶化迹象,及时检修	$0.5 \leqslant x < 0.8$	2
故障	无法正常运行,停机维修	$0.8 \leqslant x \leqslant 1.0$	3

3.2.3 基于多尺度混合特征的健康状态评估模型

煤矿装备状态识别是设备维护与健康管理的关键内容。基于深度学习的健康状态识别方法可以对大量数据进行学习、表征,实现自适应特征提取,能处理复杂的机器感知问题,相比于浅层机器学习网络,深度学习可依据大量输入数据,对构建煤矿装备的退化特征和健康状态间的非线性关系更敏感,能处理更复杂的问题。本节提出了基于改进卷积神经网络的煤矿装备健康状态识别方法,在传统卷积神经网络模型的基础上,通过集成多尺度卷积、注意力机制,以及自定义损失等方式,改进网络学习模型、提升信号特征的学习能力。

3.2.3.1 MSCCNN模型简介

卷积神经网络[18](convolutional neural network,CNN)的结构有很多种,但基本框架类似,一般由输入层、卷积层、池化层、全连接层及输出层组成,不同层之间通过特征映射的方式连接[19]。

每一层的基本原理为:

① 输入层负责将原始数据输入神经网络的开端。输入层特征为M维。

② 卷积层是CNN的核心层,通过卷积核提取输入样本的特征并输出到下一层。卷积相对于传统的全连接神经网络,具有两个新的特点:一个是稀疏连接,即只与前一层的部分神经元进行连接,被连接神经元的这块区域被称为感受野;另一个是权重共享,即每一个卷积核只用一组权重参数完成全部的处理。卷积运算公式为:

$$X_j^n = f\left(\sum_{i=1}^{M} X_i^{n-1} \times W_{ij}^n + b_j\right) \tag{3-24}$$

其中,X_j^n表示n层的第j个特征映射,f表示激活函数,M表示输入的特征映射数,X_i^{n-1}表示$n-1$层的第i个特征映射,W_{ij}^n表示权重,b_j表示偏置。

③ 池化层是对输入数据进行降维的一种处理方式,用高质量的特征表示信号,降低了下一层数据的处理量,可以防止模型的过拟合。常见的池化方式主要有最大值池化、均值池化、随机池化和中值池化等。本章选用最大池化,具体计算公式为:

$$y^n = \max(a_i^n), i = 1, 2, \cdots, k \tag{3-25}$$

其中，n 表示特征层数，a_i^n 表示第 n 层的第 i 个特征。

④ 全连接层是将池化后的特征连接在一起转换成 $1\times N$ 维矩阵，分别对应 N 种分类结果。全连接层中每个神经元都与上一层的所有神经元相连，因此该层的训练参数占比也较大。

⑤ 输出层则与全连接层相连，将最终分类结果输出。卷积神经网络结构如图 3-6 所示。

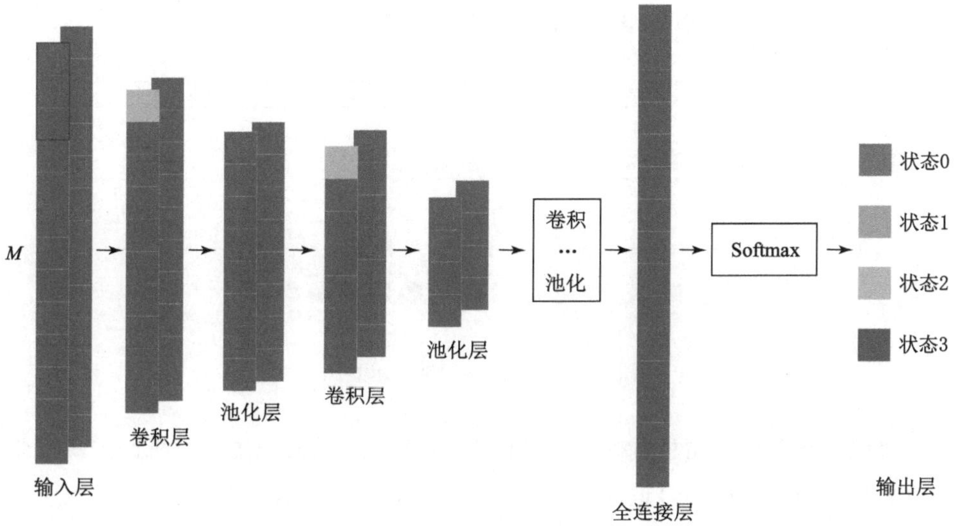

图 3-6　卷积神经网络结构示意图

在深度卷积神经网络中，多尺度卷积层通过不同大小的卷积核对某一时刻输入特征图进行卷积操作，得到新的大小不同的特征图，然后在不同大小的特征图上采样，输入特征图的大小。简言之，多尺度卷积层具有丰富图像特征和图像分割性能好的优势，不会改变原有特征图的大小。仅通过多尺度卷积操作，从全局视角对图像中重要特征信息进行挖掘。

多尺度卷积具有以下几个优势：

① 在多尺度信息方面，能在不同深度的网络中充分提取特征，获得多尺度信息。在目标检测任务中，目标往往以不同的尺寸大小出现在被测图像中，因此，以不同尺度进行定位及检测十分必要。多尺度卷积后，通过合并不同层次的特征图，能很好检测出不同的尺寸目标。

② 保留重要信息，减少信息丢失。在深度神经网络模型中，特征图的尺寸大小会随着卷积神经网络层数的增加而逐步减小，可能会造成重要信息的丢失，在较小的检测目标或细节中此类问题更严重。因此，在深度网络模型中使用多尺度卷积，可以通过融合多个尺度的特征来减小信息丢失带来的不利影响，提高网络的性能。

③ 获得更多的上下文信息。多尺度卷积通过在不同深度网络模型中提取更深层次特征，避免重要信息的损失，获得更广泛的上下文信息。利用多尺度卷积操作在不同层级上

保留全局与局部信息，以便更好地表达图像内容。因为较深层次的特征往往能更好地保留全局语义信息，较浅层次的特征在局部细节信息保留上更好。

多尺度卷积可以丰富数据特征提取，从全局的视角出发提取输入数据中敏感特征信息，提高数据的分割性能。多尺度卷积结构如图 3-7 所示。

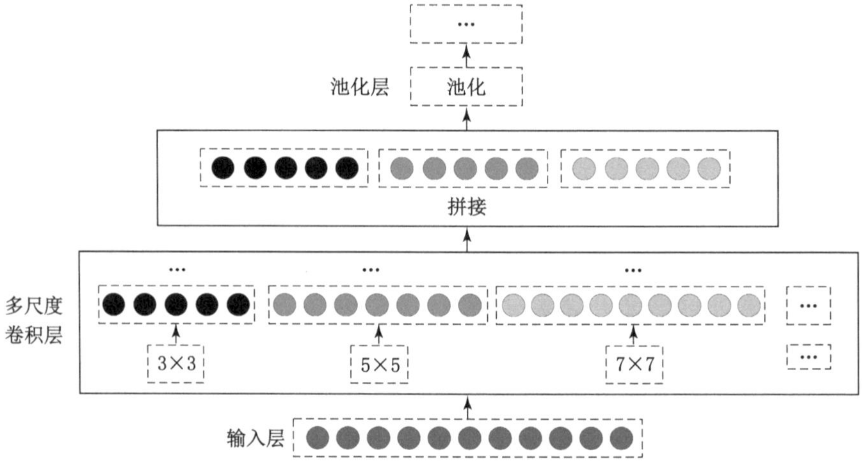

图 3-7　多尺度卷积结构示意图

在计算机视觉领域中注意力机制发展较快，逐渐产生了融合注意力机制的深度学习网络。注意力机制是网络进行自适应注意的方法，通过扫描整幅图像，获取需重点关注的目标范围及细节信息，过滤掉背景、噪音等其他干扰。在一般神经网络中特征图的像素点均是等价处理，无论像素点属于目标范围还是目标背景并无较大区别，网络只是学习如何区分样本的类别，并不会特意集中注意力去关注目标样本的部分区域。将注意力机制融合到卷积神经网络中，可以让网络更多关注对分类结果有用的目标区域，降低背景及其他无用信息对网络模型精度的影响。一般而言，注意力机制主要包括通道域、空间域、混合域三种。

通道域注意力模型捕获通道间不同特征的关联关系来学习注意力权重，基于此判断各个通道上特征的重要性，找出最具代表性的特征，提高模型分类能力。经典的通道域注意力机制结构如图 3-8 所示。

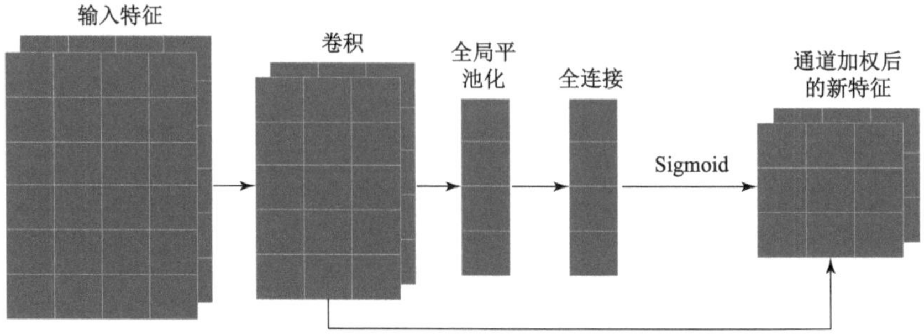

图 3-8　通道域注意力机制结构

空间域注意力模型学习特征图与空间像素长距离依赖间的关系，提高空间域的重要信息。空间域注意力模块通过调整特征图每个区域的注意力，使模型更多地重视与任务相关的区域，而非将全幅图像所有区域视为同等重要。在图像中，网络感兴趣的区域往往只是其中一小部分，因此，空间域注意力模块通过对目标信息进行定位，让目标区域的像素得到更多的权重去提升模型精度。比较经典的空间域注意力机制结构，如图 3-9 所示。神经网络模型中一般会使用较多的最大池化或平均池化，导致特征提取过程中遗失过多特征信息，使特征变得更加模糊不清，因此，通过空间转换器将图像变换到空间域内，可以保留更多的关键信息。

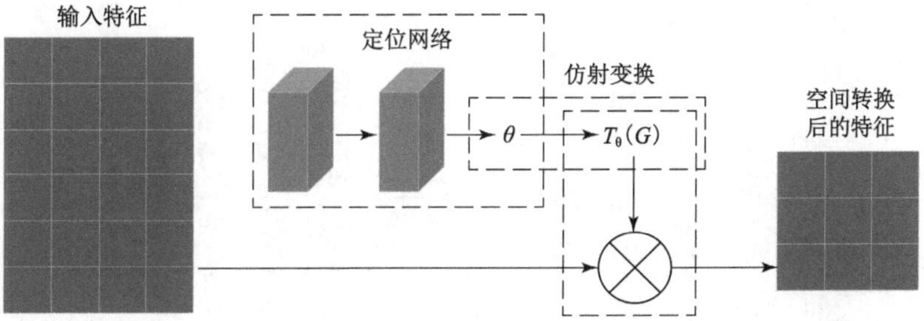

图 3-9　空间域注意力机制结构

通过结合空间域和通道域注意力可构建混合域注意力模型，根据不同层次的注意力对特征加以重标定来达到强化关键特征信息的目的。卷积块注意力模块(convolutional block attention module，CBAM)是一个简洁而高效的经典混合域注意力模块，具有通用性和轻量化的优点，所以可以不考虑该模块的计算成本，并且将其集成到网络结构中进行训练，发挥优化特征的作用。如图 3-10 所示，网络输入的特征先后通过通道域注意力模块及空间域注意力模块生成各自的注意力，然后与各自模块输入的特征相乘得到优化后的特征张量，优化后特征将更加关注特定通道和区域的特征，抑制不重要的信息。

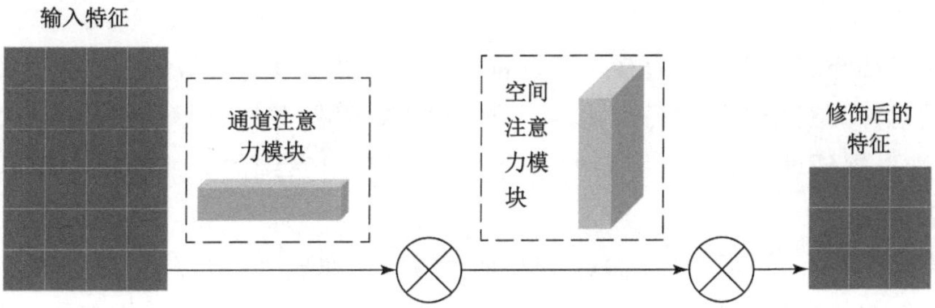

图 3-10　混合域注意力机制结构

3.2.3.2　基于多尺度混合特征的健康状态评估模型

基于多尺度混合特征的煤矿装备健康状态识别模型结构如图 3-11 所示。具体步骤如下：首先，将混合特征拼接成 1 维数组并输入模型，搭建多尺度卷积层，提取不同视野大小下多尺度特征；其次，将多尺度卷积之后的混合特征进行拼接融合，进行连续的卷积及池化，得到特征；然后，将特征输入注意力机制模块，实现自适应的特征提取，将提取的特征再进行卷积及池化提取更抽象的特征；最后，通过全连接层输出特征，通过 Softmax 函数得到分类结果，通过改进损失优化模型参数，得到最优健康状态评估模型。

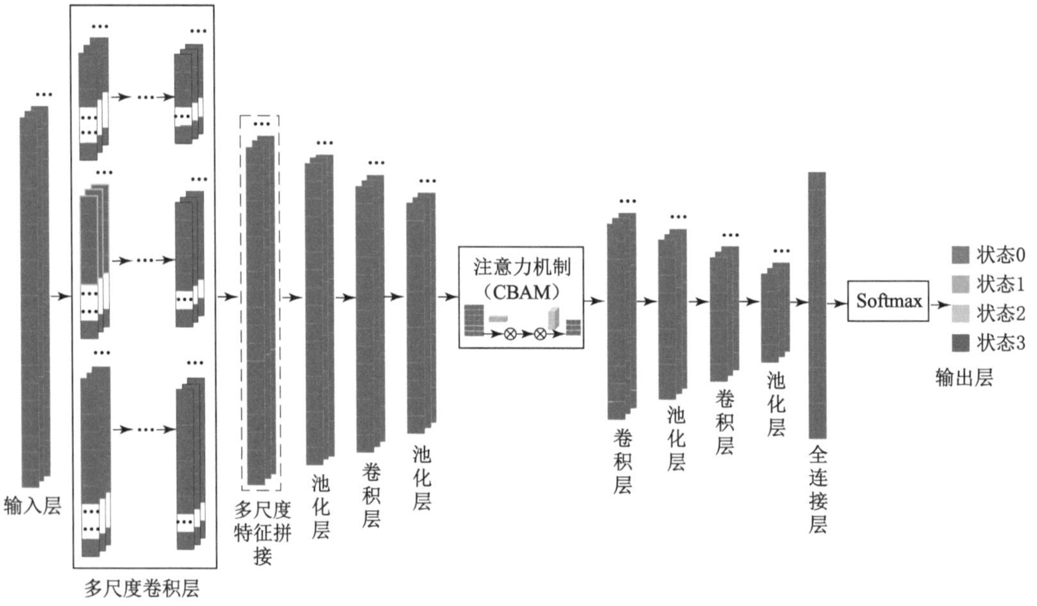

图 3-11　基于多尺度混合特征的煤矿装备健康状态识别模型结构

3.3　基于多域混合特征及集成学习的煤矿装备健康状态评估方法

3.3.1　煤矿装备振动信号多源混合特征提取

监测信号趋势改变或异常直接反映设备的健康状态波动，不同特征信号可反映设备丰富的状态信息。为充分表征设备退化信息，通过提取时域、频率、时频域、复杂度、相对相似性等信号特征，保证设备信息的完备性及有效性，提高对系统的非线性行为及早期微弱状态变化的表征能力。

时域有量纲特征，包括均值、绝对平均值、方差、标准差、方根幅值、均方根值、峰值、峰峰值、最大值、最小值等，用于分析信号的振动幅度、趋势项、能量大小、离散程度等特性，直观得到系统随时间变化规律。无量纲特征包括波形指标、峰值指标、脉冲指标、裕度指标、偏度指标、峭度指标等特征，其不受外界物理量的影响，可较好地反映波形极端程度、冲击特性等。时域特征分别由表 3-4 中 $F_{t1}-F_{t16}$ 表示。

表 3-4　时域特征参数表

时域特征			
$F_{t1}=\frac{1}{n}\sum_{i=1}^{n}x_i$	$F_{t2}=\frac{1}{n}\sum_{i=1}^{n}\lvert x_i\rvert$	$F_{t3}=\frac{1}{n}\sum_{i=1}^{n}(x_i-F_{t1})^2$	$F_{t4}=\sqrt{\frac{\sum_{i=1}^{n}(x_i-\overline{x})^2}{n}}$
$F_{t5}=(\frac{1}{n}\sum_{i=1}^{n}\sqrt{\lvert x_i\rvert})^2$	$F_{t6}=\sqrt{\frac{1}{n}\sum_{i=1}^{n}x_i^2}$	$F_{t7}=\max\lvert x_i\rvert$	$F_{t8}=X_{\max}-X_{\min}$
$F_{t9}=\max(x_i)$	$F_{t10}=\min(x_i)$	$F_{t11}=\frac{F_{t4}}{F_{t1}}$	$F_{t12}=\frac{F_{t7}}{F_{t6}}$
$F_{t13}=\frac{F_{t7}}{F_{t1}}$	$F_{t14}=\frac{F_{t7}}{F_{t5}}$	$F_{t15}=\frac{\sum_{i=1}^{n}(x_i-F_{t1})^3}{(n-1)F_{t4}^3}$	$F_{t16}=\frac{\sum_{i=1}^{n}(x_i-F_{t1})^4}{(n-1)F_{t4}^4}$

注：表中 x_i 为信号的时域序列，$i=1,2,\cdots,n$；n 为样本点数。

表 3-5 为 13 个主要频域特征，由 $F_{f1}\sim F_{f13}$ 表示，根据特征所反映的振动能量大小、主频带位置及频谱分散或集中程度等，可对系统内部属性进行识别。

表 3-5　频域特征参数表

频域特征		
$F_{f1}=\frac{1}{k}\sum_{k=1}^{K}s(k)$	$F_{f2}=\sqrt{\frac{1}{K-1}\sum_{k=1}^{K}[s(k)-F_{f1}]^2}$	$F_{f3}=\frac{\sum_{k=1}^{K}[s(k)-F_{f1}]^3}{(K-1)F_{f2}^3}$
$F_{f4}=\frac{\sum_{k=1}^{K}[s(k)-F_{f1}]^4}{(K-1)F_{f2}^4}$	$F_{f5}=\frac{\sum_{k=1}^{K}f_k\cdot s(k)}{\sum_{k=1}^{K}s(k)}$	$F_{f6}=\sqrt{\frac{1}{k}\sum_{k=1}^{K}(f_k-F_{f5})^2\cdot s(k)}$
$F_{f7}=\sqrt{\frac{\sum_{k=1}^{K}f_k\cdot s(k)}{\sum_{k=1}^{K}s(k)}}$	$F_{f8}=\sqrt{\frac{\sum_{k=1}^{K}f_k^4\cdot s(k)}{\sum_{k=1}^{K}f_k^2\cdot s(k)}}$	$F_{f9}=\frac{\sum_{k=1}^{K}f_k^2\cdot s(k)}{\sqrt{\sum_{k=1}^{K}s(k)\sum_{k=1}^{K}f_k^4\cdot s(k)}}$
$F_{f10}=\frac{F_{f6}}{F_{f5}}$	$F_{f11}=\frac{\sum_{k=1}^{K}(f_k-F_{f5})^3\cdot s(k)}{(K-1)F_{f6}^3}$	$F_{f12}=\frac{\sum_{k=1}^{K}(f_k-F_{f5})^4\cdot s(k)}{(K-1)F_{f6}^4}$
$F_{f13}=\frac{\sum_{k=1}^{K}(f_k-F_{f5})^{\frac{1}{2}}\cdot s(k)}{(K-1)F_{f6}^{\frac{1}{2}}}$		

注：表中 $s(k)$ 为信号 x_i 的频谱，$k=1,2,\cdots,K$；K 为谱线数；f_k 是第 k 条谱线的频率值。

小波包变换是一种自适应的非线性信号分解方法，用于平稳或非平稳信号的多尺度细化分析，能有效提取微弱、强噪干扰下信号非线性特征。时频域特征由信号小波包分解后的 8 个连续小波能谱特征组成，即对信号进行 3 层小波包分解，得到 8 个子带。

$$E(a)=\int_{-\infty}^{\infty}\left|W_f(a,b)\right|^2\mathrm{d}b \tag{3-26}$$

其中，$W_f(a,b)$是小波变换后的幅值。8 个能量特征由 $F_{\mathrm{tf1}}\sim F_{\mathrm{tf8}}$ 表示。

熵作为一种复杂度测度，对于量化系统动态变化过程、分析信号的分布特征和复杂度、区分不同的系统状态有一定的优势[20-21]，主要提取时域信息熵、频域信息熵、排列熵、样本熵 4 种熵特征，由 $S_1\sim S_4$ 表示。

相似度特征通过计算设备实时监测数据与初始时间数据的距离，可较好地反映设备状态的变化情况，实现对系统非线性表示。时域 RS 特征可体现时间上信号的整体波动情况，可降低噪声干扰，避免信号突变、异常而引起的明显波动。频域 RS 特征对序列信号进行分解，计算不同成分之间的距离，发挥降噪除杂和分类比较的作用，主要提取欧氏距离、曼哈顿距离、余弦距离、皮尔逊距离等 5 种 RS 特征，分别由 $F_{\mathrm{rs\_t1}}\sim F_{\mathrm{rs\_t5}}$，$F_{\mathrm{rs_f1}}\sim F_{\mathrm{rs_f5}}$表示。

本节共提取各领域特征 51 个，其中时域、频域、时频域、熵、相似度特征数量分别为 16、13、8、4、10 个。

增强特征完整性时，特征过多会分散部分重要特征的权重，因此需剔除非敏感特征和干扰特征。单一评价指标难以全面度量备选特征对设备退化的适应性，由文献[22]，退化特征需与时间保持一定相关性，应在退化过程中呈现整体递增或递减趋势，并对异常值保持一定的鲁棒性。因此，采用相关性、单调性、鲁棒性等指标融合的特征选择方法选择最优特征。

3.3.2 考虑多时空特性的煤矿装备健康状态指标构建

3.3.2.1 自注意力(self-attention)机制简介

注意力机制核心是使神经网络在不同时间节点上注意到需要着重注意的地方，从而提高模型的准确性。自注意力机制是注意力机制的改进，减少对外部信息的依赖，更擅长捕捉数据或特征的内部相关性。基本结构如图 3-12 所示。

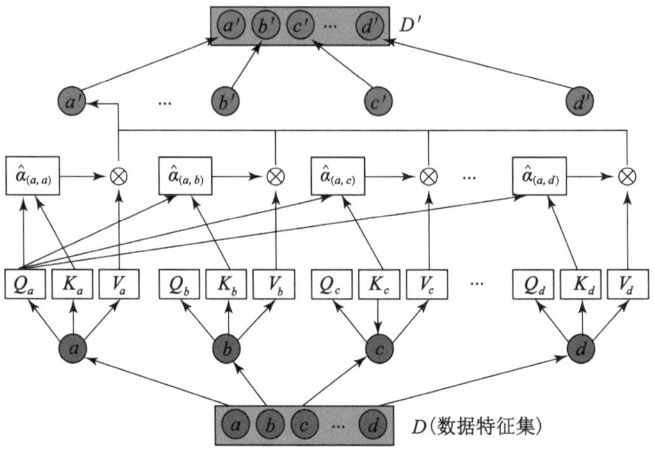

图 3-12　自注意力机制结构图

3.3.2.2　长短期记忆神经网络

长短期记忆神经网络(long short term memory,LSTM)是递归神经网络的改进版本,通过引入门控结构控制信息传递的路径,有效记忆保存时序数据特征。LSTM 网络的循环单元结构如图 3-13 所示。

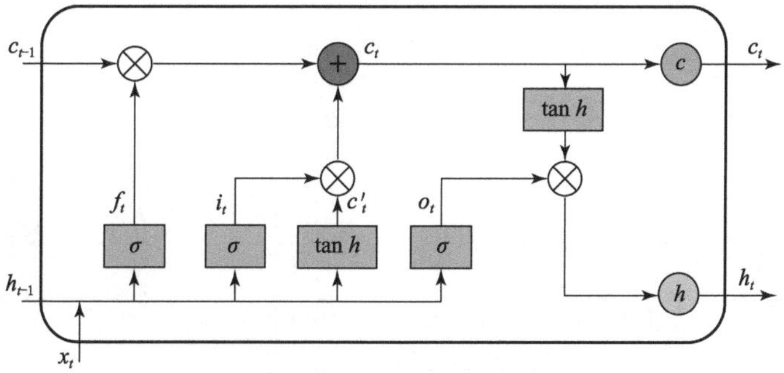

图 3-13　LSTM 循环单元结构结构图

3.3.2.3　卷积自编码器

卷积自编码器采用卷积层代替全连接层,对输入的特征进行降采样以提供较小维度的潜在表示,并强制自编码器学习特征的压缩版本。相比较于自编码器,卷积自编码器(convolutional autoencoder,CAE)可以对特征进行深入挖掘,而不是简单映射,可得到局部特征间更深层次的内在联系。CAE 结构如图 3-14 所示,主要包括卷积层、池化层的卷积部分及反卷积部分。

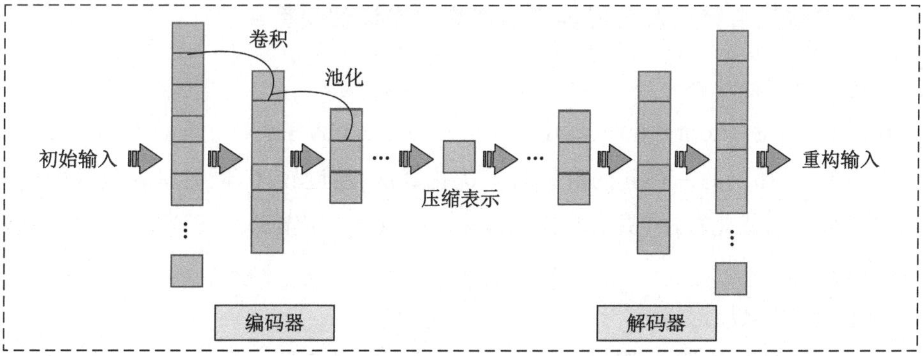

图 3-14　CAE 结构图

3.3.2.4　最小二乘平滑滤波

最小二乘平滑滤波[23]是一种在时域内基于局域多项式最小二乘法拟合的滤波方法,能在不改变信号趋势、宽度的情况下提高数据的精度,对于不同阶段时序数据的序列处理具有明显优势,能较好地处理非周期和非线性来源的噪音样本。因此,将其应用于 HI 曲线“毛刺”消除,可较大地提升设备 HI 整体性能。

3.3.2.5 基于 SALICAE 的健康指标构建模型

提出一种考虑多时空特性的设备健康指标构建方法，构建模型及流程，如图 3-15 所示。SALICAE 包括自注意力机制提取全局特征关联关系及特征重组、LSTM 提取时间序列关系、CAE 网络深度提取局部特征及融合、最小二乘平滑滤波并生成 HI 指标 4 部分。由于绝对时间特性在上述特征提取阶段已有体现，主要涉及时域、频域的相似度度量，因此在 HI 指标构建中不再考虑。

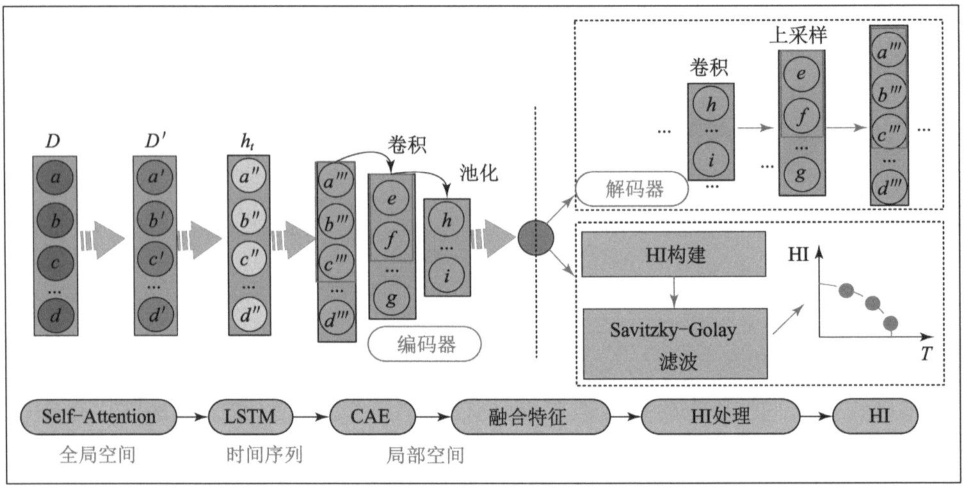

图 3-15 Self-Attention-LSTM-CAE 指标构建模型

3.3.3 基于多域混合特征及集成学习的健康状态评估模型建立

3.3.3.1 乌燕鸥算法简介

乌燕鸥优化算法（sooty tern optimization algorithm，STOA）是由 G. Dhiman 和 A. Kaur[25] 于 2019 年提出的一种新的群体智能优化算法，精度较高，同时具有很强的全局搜索能力，相比于传统的优化算法，具有较强的竞争力。因此，本节采用 STOA 算法解决评估算法的参数寻优问题。

(1) 迁徙行为(全局探索)

迁徙行为，属于探索部分，主要分为冲突避免、聚集和更新。

冲突避免：

$$c_{st} = S_A \times P_{st}(Z) \tag{3-27}$$

其中，P_{st} 表示乌燕鸥的当前位置；c_{st} 表示在不与其他乌燕鸥碰撞的情况下应当处于的位置，S_A 代表一个避免碰撞的变量因素，用来计算避免碰撞后的位置，其约束条件为：

$$S_A = C_f - (Z \times (C_f / Z_{max})) \tag{3-28}$$

其中，C_f 是用来调整 S_A 的控制变量；Z 表示当前迭代次数，$Z=0,1,2,\cdots,Z_{max}$。因此 S_A 从 C_f 到 0 线性递减。将 C_f 的值设置为 2，S_A 将从 2 到 0 逐渐减小。

聚集：指在避免冲突的前提下向相邻乌燕鸥中最好的位置靠拢，向最优解的位置靠拢，其数学表达式如下：

$$m_{st} = C_B \times [P_{bst}(Z) - P_{st}(Z)] \tag{3-29}$$

其中，m_{st}表示在不同位置的 P_{st}向最优解的位置 P_{bst}移动的过程；C_B 是一个使探索更加全面的随机变量，按照以下公式变化：

$$C_B = 0.5 \times R_{rand} \tag{3-30}$$

其中，R_{rand}是 0 到 1 之间的随机数。

更新：指在朝向最优解的位置更新轨迹，其轨迹 d_{st}的数学表达式为：

$$d_{st} = c_{st} + m_{st} \tag{3-31}$$

(2) 攻击行为(局部探索)

在迁移过程中，乌燕鸥可以通过翅膀提高飞行高度，也可以调整自身的速度和攻击角度，在攻击猎物的时候，它们在空中的盘旋。行为数学模型为：

$$x' = R \times \sin i \tag{3-32}$$

$$y' = R \times \cos i \tag{3-33}$$

$$z' = R \times i \tag{3-34}$$

$$R = u\mathrm{e}^{kv} \tag{3-35}$$

其中，R 表示每个螺旋的半径；i 表示$[0 \leqslant k \leqslant 2\pi]$之间的变量；$u$ 和 v 是定义其螺旋形状的常数，均设定为 1；e 则是自然对数的基底。乌燕鸥的位置将按照下面的公式不断更新：

$$P_{st}(Z) = (d_{st} \times (x' + y' + z')) \times P_{bst}(Z) \tag{3-36}$$

3.3.3.2　极端梯度提升算法简介

极端梯度提升算法[25](extreme gradient boosting，XGBoost)是一种基于决策树的集成机器学习算法，在传统 Boosting 基础上，将正则化项引入逻辑回归和线性回归，将损失函数进行二阶泰勒展开，能自动学习分裂方向且支持列抽样，具有较强的拟合能力及泛化能力。XGBoost 以 CART 决策树作为基分类器，通过往模型中不断添加 CART 树对特征进行分裂，以新增树形成的新函数拟合之前预测的残差，把所有树预测的结果相加，作为最终的预测结果[26]。

XGBoost 的预测模型为

$$\hat{y}_i = \sum_{k=1}^{K} f_k(x_i) \tag{3-37}$$

其中，x_i 为第 i 个样本的特征，$f_k(x_i)$为第 k 棵树预测值，$\hat{y}_i$ 为模型的预测值。

XGBoost 的目标函数由衡量训练误差的损失函数和控制复杂度的正则化项两部分组成，将损失函数按照泰勒级数展开获取近似目标函数。

$$\mathrm{obj}^K \approx \sum_{i=1}^{n} [g_i f_K(x_i) + \frac{1}{2} h_i f_K^2(x_i)] + \Omega(f_K) \tag{3-38}$$

其中，g_i 为损失函数的一阶导数，h_i 为损失函数二阶导数，$\Omega(f_k)$为第 k 棵树的复杂度。

3.3.3.3　基于 STOA-XGBoost 的健康状态评估模型

STOA-XGBoost 模型优化步骤如下：

步骤 1：建立样本集，完成训练、测试集划分。

步骤 2:设定种群规模 N 及迭代次数,设置初始化参数,产生初始化种群。

步骤 3:构造 STOA-XGBoost 模型,将 XGBoost 算法学习率、树的最大深度、最小叶子节点样本权重等重要参数输入模型,完成训练和测试,得到初始适应度值(识别准确度)。

步骤 4:完成乌燕鸥算法迁徙行为及攻击行为,完成位置更新。计算新一轮迭代参数及适应度值,与历史最优进行对比,得出本次迭代后最优参数及适应度值。

步骤 5:判断是否达到最大迭代次数,若达到则输出最优值,否则继续运行步骤 4。

基于 STOA-XGBoost 的健康状态评估模型主要分为数据处理、特征提取、指标构建、状态评估等,具体流程如图 3-16 所示。具体步骤包括:

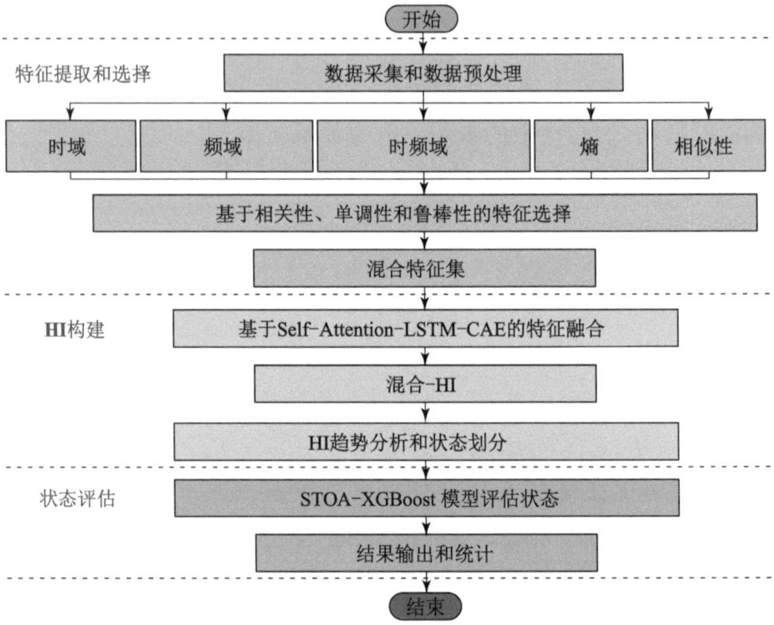

图 3-16 设备健康状态识别流程

(1) 确定监测参数,采用小波包阈值降噪完成数据降噪;

(2) 提取包括时域、频域、时频域、复杂度等多领域特征及信号时域、频域相似度特征,基于特征选择指标完成最优特征选择;

(3) 基于 Self-Attention-LSTM-CAE 模型,完成设备 HI 指标构建;

(4) 根据不同评估任务进行状态划分,基于 STOA-XGBoost 模型,得出识别结果。

3.4 实例研究

3.4.1 基于多尺度混合特征的健康状态评估方法实验对比

3.4.1.1 XJTU-SY 数据集介绍

利用 XJTU-SY 轴承加速寿命实验数据验证所提方法的有效性,实验台由交流电机、转速控制器、转轴、支撑轴承和测试轴承等组成[27]。西安交通大学 XJTU-SY 轴承加速寿命实验数据由三种不同工况共15个轴承的故障数据组成。西安交通大学 XJTU-SY 轴承加速寿命实验平台如图3-17所示，轴承数据集信息如表3-6所示。

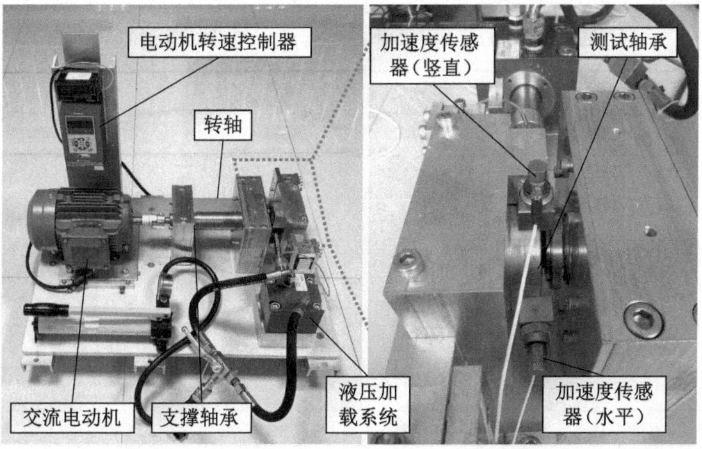

图3-17 西安交通大学 XJTU-SY 轴承加速寿命实验平台

表3-6 XJYU-SY 轴承数据集信息

工　况	数据集	样本总数	数据集	样本总数
1. 35 Hz，12 kN	Bearing1_1	123	Bearing1_4	122
	Bearing1_2	161	Bearing1_5	52
	Bearing1_3	158		
2. 37.5 Hz，11 kN	Bearing2_1	491	Bearing2_4	42
	Bearing2_2	161	Bearing2_5	339
	Bearing2_3	533		
3. 40 Hz，10 kN	Bearing3_1	2 538	Bearing3_4	1 515
	Bearing3_2	2 496	Bearing3_5	114
	Bearing3_3	371		

选用工况1下的轴承1、2、3、4的实验数据和工况2下的轴承1、3、4、5的实验数据作为训练集，共1 969个样本数据。将训练集的样本数据分成验证与测试两部分，验证样本与测试样本的比例为8∶2。

3.4.1.2 XJTU-SY 数据集实验验证及分析

（1）多尺度特征提取及选择

以工况1下轴承1为例，提取并构建多尺度混合特征集。首先，将轴承的原始振动信号进行不分段、2分段、4分段及8分段的信号多尺度分段处理，取每个尺度分段信号下的一个子段振动信号。其次，利用EWT对其各尺度下的子段信号进行3阶分解处理。然后，对各尺度下的子段振动信号与其三阶IMF分量分别提取时域、频域与时频域共30个特征，共计

120 个特征。由于测试轴承有水平与竖直两种原始振动信号，水平信号分别在 4 个尺度上完成特征提取，共提取 480 个特征，竖直信号同样提取 480 个特征，因此在两个方向的信号上共提取 960 个多尺度混合特征。其处理结果按照得分排序如表 3-7 所示。

表 3-7　XJTU-SY 轴承多尺度混合特征处理结果

序号	特征	得分	序号	特征	得分
1	XIMF2-0-F_{24}	0.808 01	……	……	……
2	XIMF2-0-F_{28}	0.806 73	946	XIMF2-8-F_{21}	0.028 89
3	XIMF2-0-F_{27}	0.799 73	947	XV-4-F_{15}	0.027 13
4	XIMF2-0-F_{25}	0.791 56	948	XIMF3-0-F_{1}	0.027 04
5	XIMF2-2-F_{24}	0.789 15	949	YV-2-F_{11}	0.026 53
6	XIMF2-2-F_{25}	0.780 56	950	XIMF2-8-F_{20}	0.024 51
7	XIMF2-2-F_{27}	0.772 18	951	XIMF3-2-F_{11}	0.024 12
8	XIMF2-4-F_{24}	0.766 25	952	XV-2-F_{15}	0.021 23
9	XIMF2-4-F_{25}	0.766 13	953	XV-8-F_{1}	0.019 13
10	XIMF3-0-F_{18}	0.763 20	954	XIMF1-8-F_{1}	0.018 64
11	YV-2-F_{18}	0.759 63	955	XIMF2-8-F_{17}	0.016 69
12	XIMF3-2-F_{18}	0.758 58	956	YIMF3-8-F_{12}	0.016 05
13	XIMF2-4-F_{27}	0.757 84	957	XIMF3-0-F_{11}	0.015 39
14	YIMF3-2-F_{18}	0.750 93	958	XIMF2-4-F_{11}	0.014 54
15	XIMF2-2-F_{10}	0.748 23	959	XIMF2-8-F_{19}	0.013 50
……	……	……	960	YIMF1-4-F_{11}	0.009 95

利用相关性系数在多尺度混合特征集中选择能较好表征轴承 1 退化过程的特征，共选择 60 个评分较高的多尺度混合特征构成最优特征向量集。前五个最优与最差的特征如图 3-18所示。

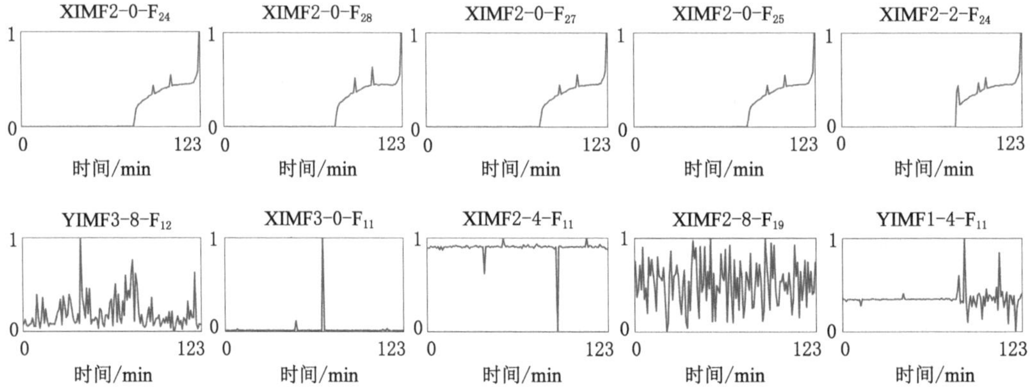

图 3-18　XJTU-SY 轴承多尺度混合特征选择

从图 3-18 可以看出，得分较高的特征变化趋势与时间保持着良好的相关性，在退化过程中总体呈现增长的趋势，几乎涵盖了轴承退化过程中的所有阶段，能够较好地反映轴承健康状态的退化过程。得分较低的特征变化趋势与时间的相关性差，在退化过程中不具备总体增长或者总体降低的趋势，特征具有较大的波动，不能较好地反映轴承健康状态的退化过程。

由图 3-19 可以看出，提取出的 60 个最优特征的变化趋势与时间保持着良好的相关性，在退化过程中总体呈现增长趋势，能较好地反映轴承健康状态的退化过程。

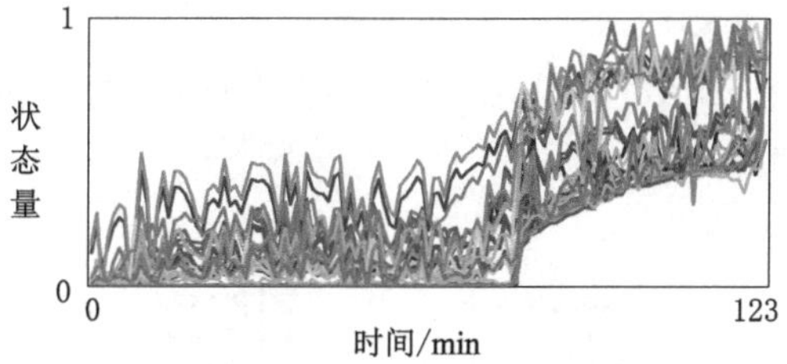

图 3-19　XJTU-SY 轴承 KPCA 降维融合之前的特征曲线

(2) 健康指标构建及状态样本划分

将得到的 60 个最优特征通过 KPCA 融合降维后第一主元作为轴承的健康指标，构建轴承健康状态指标曲线，如图 3-20 所示。通过指数函数趋势毛刺去除之后构建的轴承健康状态指标曲线，如图 3-21 所示。由图中轴承的健康指标曲线可以看出，指数函数趋势毛刺去除后，健康指标曲线变得光滑，单调性增强。构建的 HI 变化趋势与时间保持着良好的相关性，在退化过程中总体呈现单调递增趋势，能较好地划分轴承退化过程的四个阶段，为后续轴承的健康状态识别提供了可靠的基础。

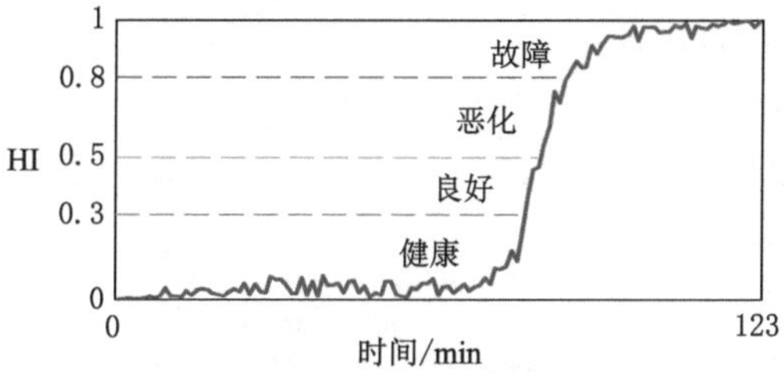

图 3-20　毛刺去除前 XJTU-SY 轴承健康状态指标曲线

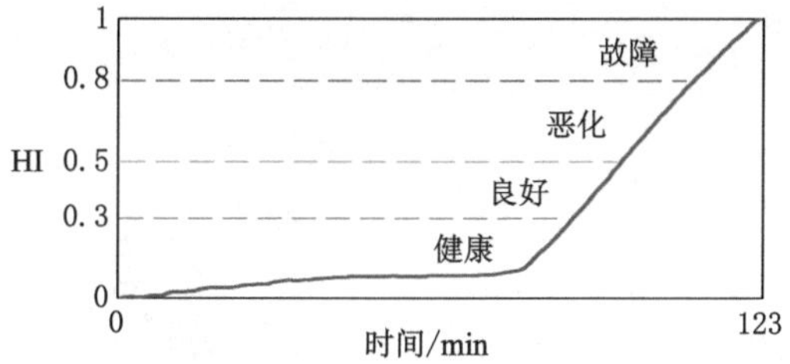

图 3-21　毛刺去除后 XJTU-SY 轴承健康状态指标曲线

(3) MSCCNN 模型实验验证

① 模型参数设置与调试

实验过程中，模型的优化器、损失函数等对于模型训练的好坏具有重大影响。模型训练时，首先，先选用改进的自定义损失函数，对比 SGD、RMSprop 与 Adam 优化器性能，通过实验，模型选用 Adam 优化器时达到最优，模型准确率最高。不同优化器的识别准确率结果如图 3-22 所示。

模型的优化器确定后，损失函数选用“MAE”、“MSE”、“Log cosh”与改进的自定义损失函数“LM”作对比，通过实验选用改进的自定义损失函数(LM)所构建模型的准确率最高。这证明了改进的自定义损失函数“LM”优于“MAE”、“MSE”和“Log cosh”损失函数。不同损失函数的识别准确率如图 3-23 所示。

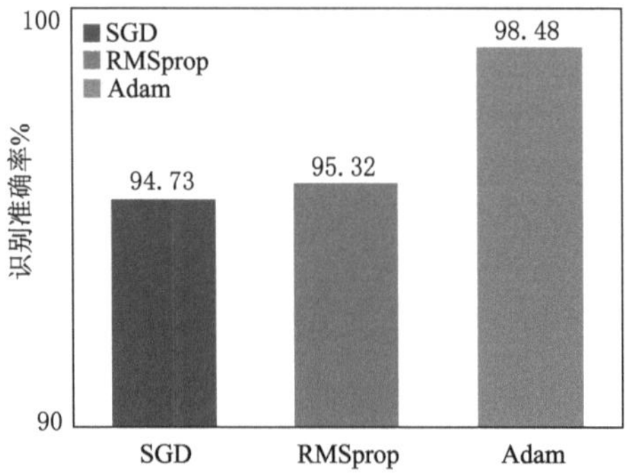

图 3-22　不同优化器的识别准确率

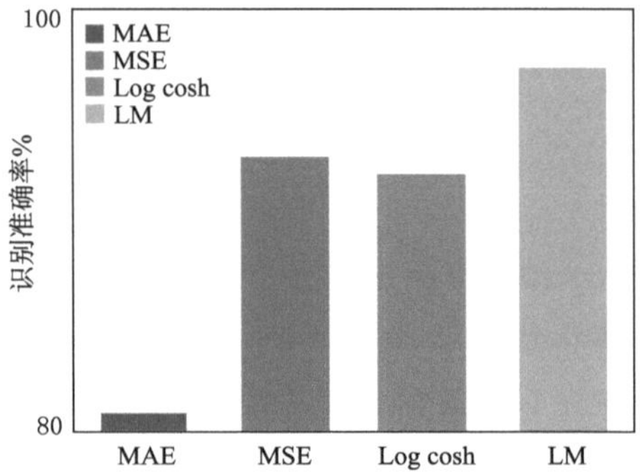

图 3-23　不同损失函数的识别准确率

综上所述，MSCCNN 模型最终确定的优化器为 Adam，选用改进的自定义损失函数“LM”作为本实验模型的损失函数。

② MSCCNN 模型验证及对比

当 MSCCNN 模型的参数达到最优时，该模型在训练集中对轴承健康状态识别的测试结果混淆矩阵如图 3-24 所示。

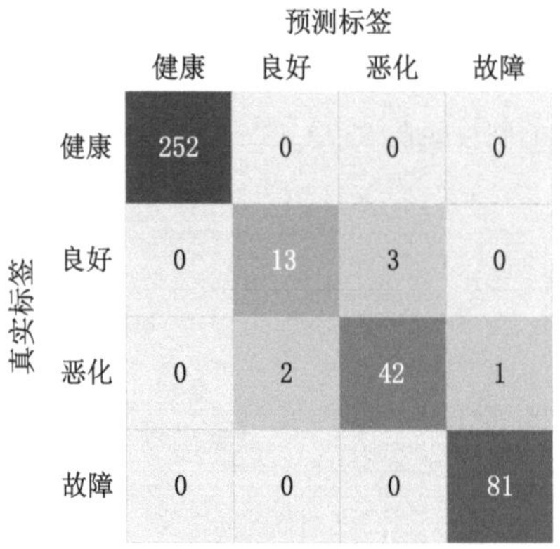

图 3-24　XJTU-SY 训练集测试识别结果混淆矩阵

通过训练集测得模型对轴承的健康状态评估准确率高达 98.48%，并在每种状态下均有较好的识别准确度。

为进一步验证所提的 MSCCNN 健康状态评估模型的准确率和优越性，分别与支持向量机(SVM)、CNN、CNN+CBAM、MSCNN 和 MSCCNN+传统特征(时域、频域和时频域共 60 个特征)[28]作对比，对比训练集结果，各方法对轴承健康状态识别准确率的结果如图 3-25所示，具体识别结果数据如表 3-8 所示。

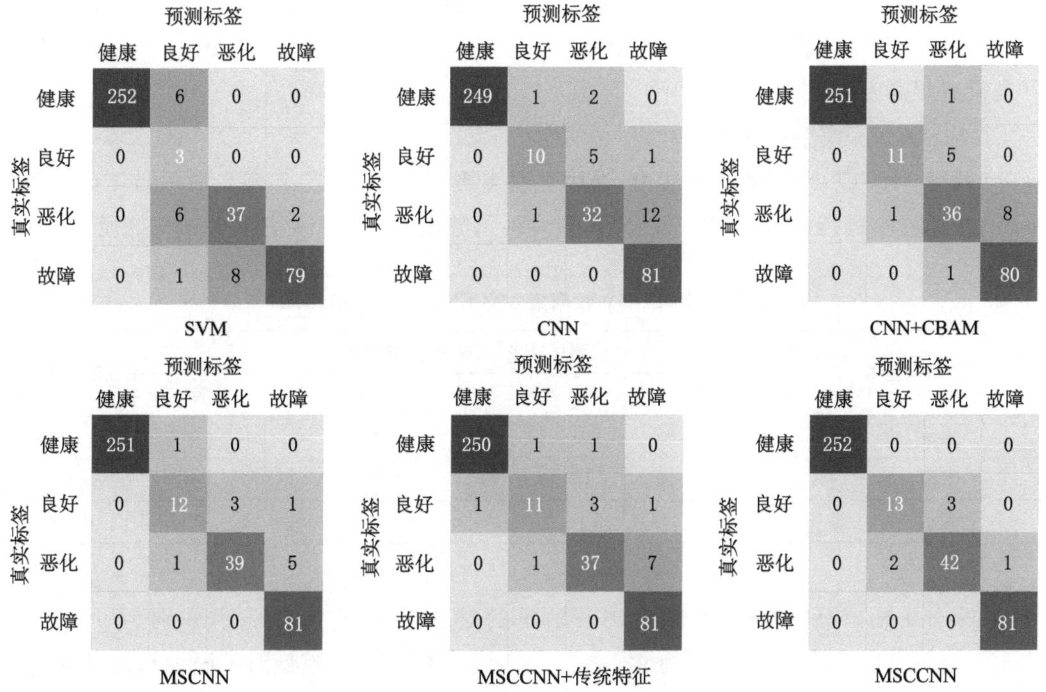

图 3-25　XJTU-SY 训练集识别方法结果混淆矩阵

表 3-8　XJTU-SY 训练集识别方法结果对比

方法	测试结果(正确个数/总个数)								准确率/%
	健康		良好		恶化		故障		
SVM	252	258	3	3	37	45	79	88	94.16
CNN	249	252	10	16	32	45	81	81	94.42
CNN+CBAM	251	252	11	16	36	45	80	81	95.94
MSCNN	251	252	12	16	39	45	81	81	97.20
MSCCNN+传统特征	250	252	11	16	37	45	81	81	96.19
MSCCNN	252	252	13	16	42	45	81	81	98.48

由表 3-8 中具体的轴承健康状态识别结果数据可知，与其他方法相比，MSCCNN 模型对轴承健康状态识别具有更高的准确率。相比 SVM 识别方法，MSCCNN 模型识别准确率提高了 4.32%。相比于 CNN 识别方法，MSCCNN 模型中加入多尺度卷积与注意力机制，

可有效提高模型健康状态识别的准确率，准确率提高了 4.06%。相比于 CNN+CBAM 方法，MSCCNN 模型准确率提高了 2.54%，这是由于 MSCCNN 模型多尺度卷积可以在不同层级上有效保留全局与局部信息，提高对重要特征信息的挖掘，进而可提高健康状态识别的准确率。相比于 MSCNN 识别方法，MSCCNN 模型准确率提高了 1.28%，结果表明加入注意力机制模块能有效提高对重要特征的表达，提高识别的准确率。通过分析 CNN 与 CNN+CBAM 识别方法准确率，验证了网络模型加入注意力机制的优势。通过将 MSCCNN 与“MSCCNN+传统特征”识别方法进行对比，多尺度混合特征提取优于只考虑单一尺度特征提取的传统方法，验证了多尺度混合特征的优势，MSCCNN 比“MSCCNN+传统特征”准确率提高了 2.29%。

③ MSCCNN 模型泛化性能验证

为验证 MSCCNN 模型泛化能力，选用工况 1 第 5 轴承、工况 2 第 2 轴承与工况 3 第 3 轴承的数据样本进行测试。MSCCNN 模型对轴承健康状态的识别结果如表 3-9 所示。

表 3-9　XJTU-SY 数据集 MSCCNN 模型识别结果

不同测试样本	测试结果(正确个数/总个数)								准确率/%
	健康		良好		恶化		故障		
轴承 1-5	35	35	2	4	0	1	10	12	90.38
轴承 2-2	51	58	15	22	3	4	74	77	88.82
轴承 3-3	342	343	1	1	0	1	26	26	99.46

由表 3-9 知，MSCCNN 模型对 3 个轴承的健康状态识别准确率分别为 90.38%、88.82%和 99.46%，平均准确率为 92.89%，证明了 MSCCNN 模型对不同轴承的健康状态识别具有较好的泛化能力。

3.4.2　基于多域混合特征及集成学习的健康状态评估方法

XJTU_SY 轴承数据集[29]包含 3 类工况，每类工况下有 5 个轴承。实验轴承为 LDK UER204 滚动轴承，进行振动信号采集时，两个 PCB 352C33 单向加速度传感器分别固定于测试轴承的水平和竖直方向上，设置采样频率为 25.6 kHz，采样间隔为 1 min，每次采样时长为 1.28 s。

本实验主要采用 Bearing1-1 数据集完成相关算法分析，Bearing1-1 数据集共采集样本 123 组，原始信号如图 3-26(a)所示，采用小波阈值降噪对原始信号进行降噪处理，得到处理

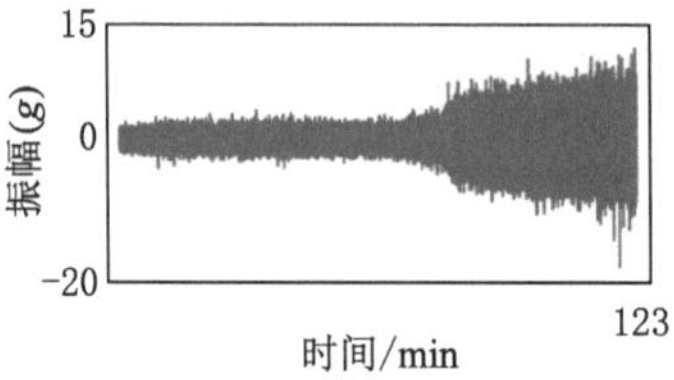

(a) 垂直振动信号

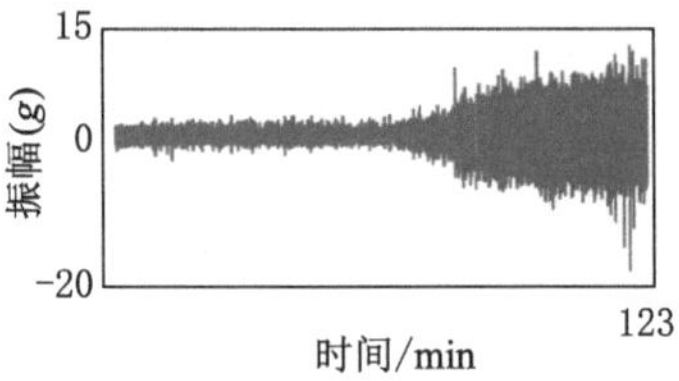

(b) 过滤后的数据

图 3-26　原始信号及信号降噪

后的信号如图 3-26(b)所示，其中小波基选用 db8 小波，分解层数为 5 层。

对该轴承水平、垂直两路振动信号进行多域特征提取，得到 102 个特征参量，对特征参量进行评分，以评分前 10 为例，得到各特征曲线如图 3-27 所示。

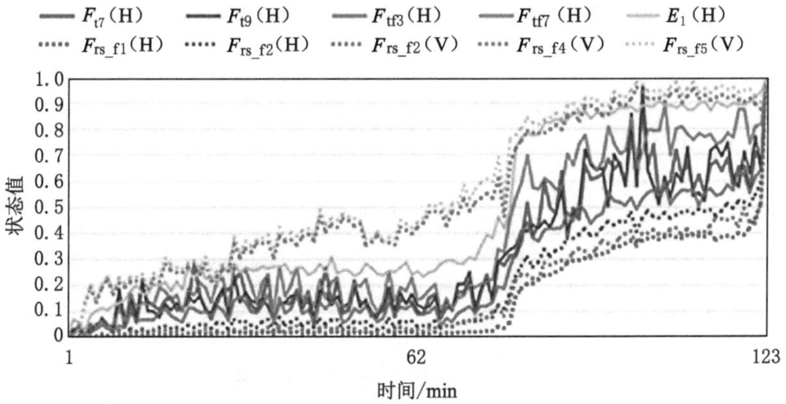

图 3-27　特征曲线

由图 3-28 可知，得分较高的信号特征均具有总体单调、与时间呈正相关的趋势，具体物理意义可全面解释为设备退化过程。经过筛选，本实验最终选择水平(H)、垂直(V)方向得分前 40 的特征，共构成 40 维特征参与轴承的退化评估。基于 Self-Attention-LSTM-CAE 模型构建 HI 指标，相关参数及结果如表 3-10 所示。

表 3-10　模型参数及结果

	模型参数及结果
输入	特征为 40
Self-Attention	新的 40 个特征
LSTM	新的 40 个特征(隐藏层大小为 40)
CAE	特征为 1(3 次 Conv1D 卷积；2 次 AveragePooling1D 池化；Adam 优化器，采用 mse 损失函数)
输出	特征为 1

通过模型计算得出轴承 1-1 HI 指标如图 3-28 所示，分别与 Euclidean 距离、CAE、LSTM-AE、Self-Attention-CAE、Self-Attention-LSTM-AE、Self-Attention-LSTM-CAE、Self-Attention-LSTM-AE＋Self-Attention-CAE 进行对比，如表 3-11。

由表 3-11 可知，上述指标构建方法能较好表示设备退化趋势，Self-Attention-LSTM-CAE 方法相比于其他方法具有较高的相关性(仅比 Euclidean 低)及鲁棒性，并且单调性最高，具有最高的综合得分，更能表示设备的退化趋势。对比各方法的损失，所提方法具有最小的均方误差，损失为 0.001 9，证明其融合效果最好。

将第一组 5 个轴承数据进行特征提取、选择并进行融合评分，如表 3-12 所示。

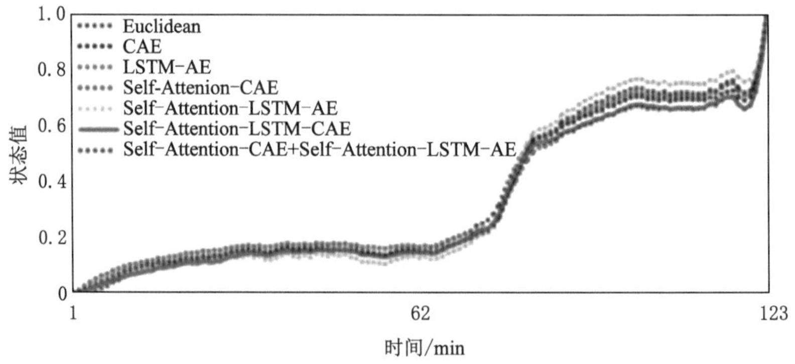

图 3-28　不同方法 HI 对比

表 3-11　不同 HI 指标评分对比

	方法	相关性	单调性	鲁棒性	综合得分
1	Euclidean	0.930	0.590	0.802	0.756
2	CAE	0.918	0.557	0.821	0.745
3	LSTM-AE	0.911	0.540	0.812	0.733
4	Self-Attention-CAE	0.921	0.607	0.833	0.769
5	Self-Attention-LSTM-AE	0.910	0.525	0.811	0.726
6	Self-Attention-CAE＋Self-Attention-LSTM-AE	0.916	0.557	0.823	0.745
7	Self-Attention-LSTM-CAE	0.925	0.623	0.815	0.771

表 3-12　不同轴承融合方法评分对比

	方法	评分					
		轴承 1-1	轴承 1-2	轴承 1-3	轴承 1-4	轴承 1-5	平均值
1	Euclidean	0.756	0.838	0.827	0.524	0.635	0.716
2	CAE	0.745	0.914	0.863	0.527	0.677	0.745
3	LSTM-AE	0.733	0.810	0.843	0.620	0.692	0.740
4	Self-Attention-CAE	0.769	0.907	0.862	0.545	0.733	0.763
5	Self-Attention-LSTM-AE	0.726	0.815	0.845	0.622	0.695	0.741
6	Self-Attention-CAE＋Self-Attention-LSTM-AE	0.745	0.877	0.852	0.575	0.721	0.754
7	Self-Attention-LSTM-CAE	0.771	0.926	0.871	0.615	0.683	0.773

由表 3-12 可知，与传统的距离度量比较，网络融合方法具有更高的综合得分；将模型 4、5 与模型 2、3 进行对比，可知 Self-Attention 模型评分较 CAE、LSTM-AE 有一定的提升；相比于模型 2、3、4、5，Self-Attention-LSTM-CAE 对不同轴承 HI 均有较高评分，平均综合

得分最高，证明该模型具有更高的准确度及稳定性；该模型比模型 6 平均综合得分高了 0.019，证明了将 CAE 与 LSTM-AE 串行融合比并行融合效果更好。

为验证所提 HI 构建方法的合理性，以轴承 1-1 为例，将 HI 指标与轴承均方根值(RMS)进行比较，如图 3-29 所示。

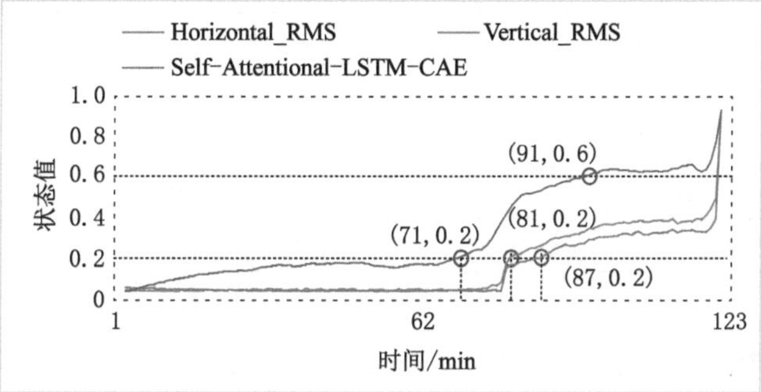

图 3-29　HI 指标与 RMS 指标对比

由图 3-29 可知，相比较单一的 RMS 指标，构造的 HI 指标可以较好地表达轴承的渐变过程。由文献[30]知，轴承 1-1 故障为外圈故障，故障频率为 107.9 Hz，对 71 min 时轴承数据进行频谱分析，如图 3-30 所示，在 71 min 时轴承已经具有初期外圈故障特征，出现故障频率及其高倍频。本实验 HI 指标判定轴承初始劣化时间比水平振动 RMS、垂直振动 RMS 分别提前 10 min 和 16 min，可更早找出轴承微弱故障及轴承初始劣化时间，有利于确定早期故障，防患于未然。

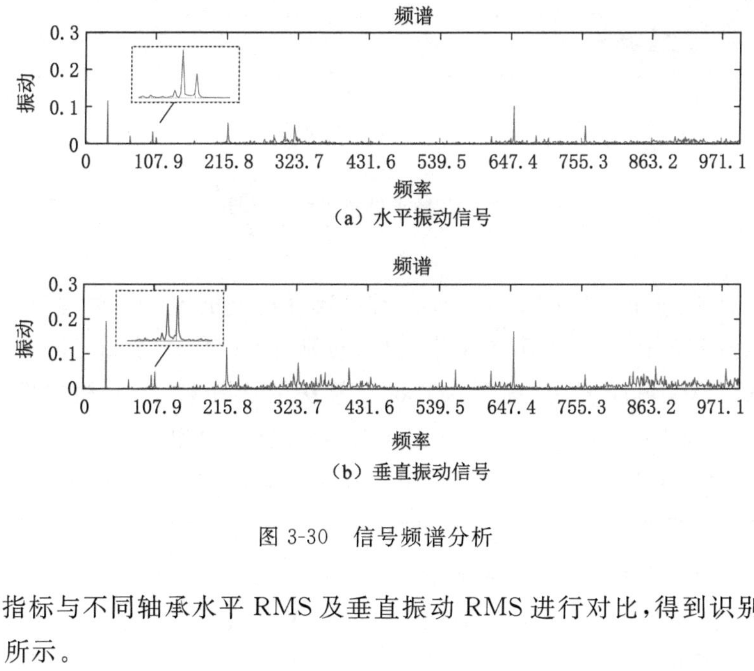

图 3-30　信号频谱分析

使用 HI 指标与不同轴承水平 RMS 及垂直振动 RMS 进行对比，得到识别初始劣化时间，如表 3-13 所示。

由表 3-13 可知，所提方法较轴承单一 RMS 评价指标，均能较好地提前识别初始劣化时间，证明了多特征融合的有效性。

表 3-13　识别初始劣化时间　　单位：min

	Horizontal_RMS	Vertical_RMS	HI	时间差	平均值
轴承 1-1	81	87	71	13	35.9
轴承 1-2	63	64	44	19.5	
轴承 1-3	116	132	58	66	
轴承 1-4	122	122	45	77	
轴承 1-5	40	40	36	4	

同理，分析不同工况下的轴承 2-5，3-5，Self-Attention-LSTM-CAE 较其他方法具有较高的综合评分，分别为 0.818、0.841；对比分析其识别初始劣化点，相比于两种轴承单一指标 RMS，平均提前 25 min，8.5 min，证明该方法对于不同工况下的轴承同样有效。

以轴承 1-1、1-2、1-3、1-4、1-5、2-5、3-5 为对象进行评估实验，各轴承健康指标如图 3-31 所示。

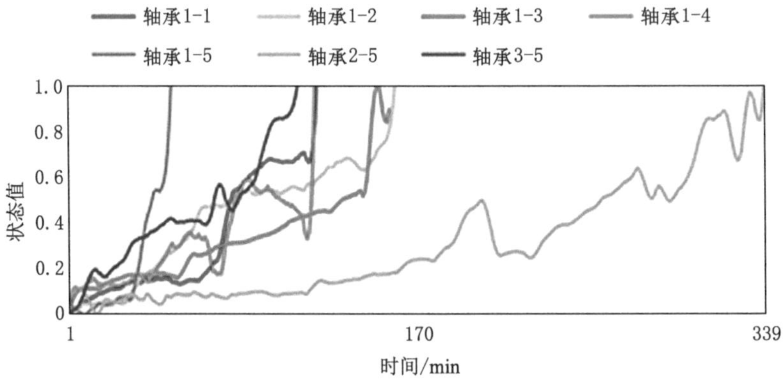

图 3-31　各轴承健康指标

根据划分规则，轴承 1-1、1-2、1-3、1-4 三种状态样本分别为 214 个、268 个、82 个，其中训练样本分别为 149 个、188 个、57 个，测试样本分别为 65 个、80 个、25 个。

构造 STOA-XGBoost 模型，选取 XGBoost 算法中学习率(eta)、树的最大深度(max_depth)、最小叶子节点样本权重(min_child_weight)三种参数作为重要参数，对模型进行优化。为验证 STOA 算法的有效性，引入传统的粒子群算法(PSO)及遗传算法(GA)进行对比。算法初始种群设置为 20，寻优迭代次数均取 100。实验结果如图 3-32 所示。

由图 3-32 可知，三种算法均可完成参数的寻优，相比较于 PSO 算法，STOA 算法寻优能力更强，迭代次数更少；相比较于 GA 算法，STOA 算法具有更稳定的迭代过程，一定程度上可避免局部最优，优化后得到的模型准确率更高。因此，证明 STOA 算法对于该类问

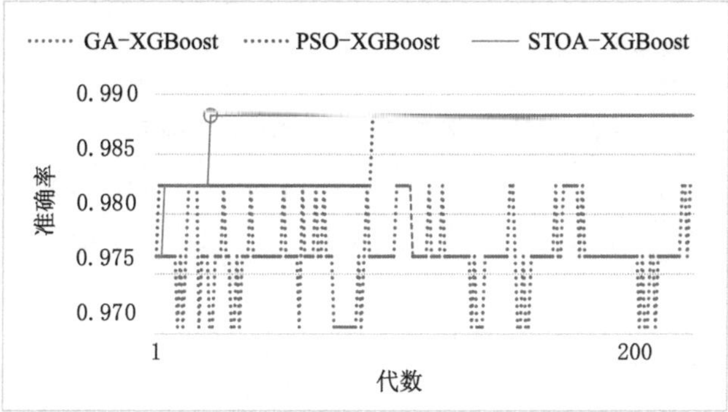

图 3-32　XGBoost 参数寻优迭代

题具有更好的使用效果。最终选取模型最佳参数为 eta＝0.3，max_depth＝8，min_ child_ weight＝8，评估准确率如表 3-14 所示。

由表 3-14 可得，基于 STOA-XGBoost 的状态识别方法对于三种状态均有较高的识别准确率，平均准确率为 98.8%，相较于未优化的 XGBoost，准确率提高了 2.7%。相较于 BP 神经网络、CNN 网络、SVM 模型，准确率提高了 6.8%、2.7%、3.5%。

表 3-14　状态识别准确率

	训练样本	测试样本	错误数	准确率/%	模型准确率/%
健康	149	65	1	98.5	98.8
劣化	188	80	0	100	
故障	57	25	1	96.0	

选用不同数量特征进行评估实验，准确率如图 3-33 所示。由图 3-33 可知在特征数量为 40 时，评估准确率最高，证明了所选混合特征的有效性，特征过少或过多都会降低评估准确率，但特征过多还会产生特征冗余。

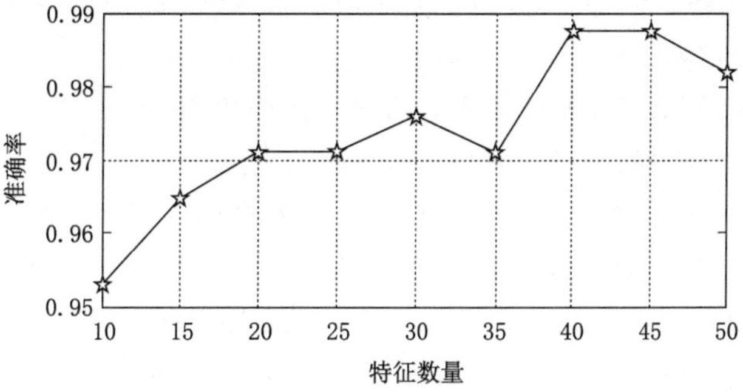

图 3-33　不同特征数量评估准确率

为验证上述模型在不同工况下对不同轴承的评估适应性，选取轴承 1-5、2-5、3-5 进行评估，得到评估准确率如表 3-15 所示。

表 3-15 不同工况不同轴承识别准确率

	样本个数			评估错误数			准确率/%
	健康	劣化	故障	健康	劣化	故障	
轴承 1-5	35	13	4	1	1	0	85.3
轴承 2-5	165	108	66	26	3	20	
轴承 3-5	11	62	41	1	21	1	

如表 3-15 所示，所提方法对于不同工况下轴承健康状态均有较高的评估准确率，平均准确率为 85.3%。实验表明，对轴承振动信号进行多域特征选取，构建考虑时空因素的 HI 指标，并采用 STOA-XGBoost 进行评估，可保证轴承的评估准确率，对不同工况下轴承进行评估，同样具有一定的准确率，证明该方法及相关理论具有可行性。

参 考 文 献

[1] 陈相丞.采煤机摇臂系统维修状态评估方法研究[D].徐州：中国矿业大学，2018.

[2] 王志鹏.我国综合机械化采煤技术装备发展现状与趋势研究[J].矿业装备，2022(1)：178-179.

[3] 缪林和.煤矿机电设备技术故障及对策[J].中国设备工程，2018(21)：46-47.

[4] 赵青.煤矿设备故障诊断模型研究[J].煤矿机械，2023，44(10)：170-172.

[5] 段志昆.煤矿大型设备故障诊断系统分析与研究[J].煤矿机械，2022，43(11)：167-169.

[6] 肖雅静，李旭，郭欣.煤矿机械振动信号预测研究[J].工矿自动化，2020，46(3)：100-104.

[7] 李政，张炜，明安波，等.基于 IEWT 和 MCKD 的滚动轴承故障诊断方法[J].机械工程学报，2019，55(23)：136-146.

[8] 曹仕骏，郑近德，潘海洋，等.基于改进自适应经验傅里叶分解的滚动轴承故障诊断方法[J].振动与冲击，2022，41(15)：287-299.

[9] 刘雁，李宇宸，耿金成，等.基于 EWT 的离心压缩机出口动态压力单重分形特征研究[J].西北工业大学学报，2022，40(4)：771-777.

[10] 柴琴琴，陈舒迪，王武，等.基于改进 GWO-LightGBM 的滚动轴承未知故障诊断[J].航空动力学报，2022，37(4)：848-855.

[11] WANG J R，LI S M，XIN Y，et al. Gear fault intelligent diagnosis based on frequency-domain feature extraction[J]. Journal of Vibration Engineering & Technologies，2019，7(2)：159-166.

[12] LEI Z H，WEN G R，DONG S Z，et al. An intelligent fault diagnosis method based on

domain adaptation and its application for bearings under polytropic working conditions[J]. IEEE Transactions on Instrumentation and Measurement,2020,70:1-14.

[13] 梁胜杰,张志华,崔立林. 主成分分析法与核主成分分析法在机械噪声数据降维中的应用比较[J]. 中国机械工程,2011,22(1):80-83.

[14] 郑智. 基于基尼相关系数的特征选择方法研究与实现[D]. 郑州:郑州大学,2021.

[15] RAI A,UPADHYAY S H. An integrated approach to bearing prognostics based on EEMD-multi feature extraction, Gaussian mixture models and Jensen-Rényi divergence[J]. Applied Soft Computing,2018,71:36-50.

[16] BLAKE M P,MITCHELL W S. Vibration and acoustic measurement handbook. [M]. New York:Spartan Books,1972

[17] CAO X G,XU X,DUAN Y,et al. Health status recognition of rotating machinery based on deep residual shrinkage network under time-varying conditions[J]. IEEE Sensors Journal,2022,22(19):18332-18348.

[18] LYDIA A A,FRANCIS F S. Convolutional neural network with an optimized backpropagation technique[C]//2019 IEEE International Conference on System,Computation,Automation and Networking (ICSCAN),March 29-30,2019,Pondicherry,India. IEEE,2019:1-5.

[19] LAU M M,LIM K H. Review of adaptive activation function in deep neural network [C]//2018 IEEE-EMBS Conference on Biomedical Engineering and Sciences (IECBES),December 3-6,2018,Sarawak,Malaysia. IEEE,2018:686-690.

[20] TIAN J,LIU L L,ZHANG F L,et al. Multi-domain entropy-random forest method for the fusion diagnosis of inter-shaft bearing faults with acoustic emission signals [J]. Entropy,2020,22(1):57.

[21] HUO Z Q,MARTÍNEZ-GARCÍA M,ZHANG Y,et al. Entropy measures in machine fault diagnosis:insights and applications[J]. IEEE Transactions on Instrumentation and Measurement,2020,69(6):2607-2620.

[22] NGUYEN K T P,MEDJAHER K. An automated health indicator construction methodology for prognostics based on multi-criteria optimization[J]. ISA Transactions, 2021,113:81-96.

[23] 徐朗,蔡德所. 基于最小二乘平滑滤波与 CEEMDAN 的光纤陀螺信号处理研究[J]. 振动与冲击,2020,39(10):269-278.

[24] JOHN A,SADASIVAN J,SEELAMANTULA C S. Adaptive savitzky-golay filtering in non-Gaussian noise [J]. IEEE Transactions on Signal Processing, 2021, 69: 5021-5036.

[25] DHIMAN G,KAUR A. STOA:a bio-inspired based optimization algorithm for industrial engineering problems[J]. Engineering Applications of Artificial Intelligence, 2019,82:148-174.

[26] ZHANG X L,NGUYEN H,BUI X N,et al. Novel soft computing model for predicting blast-induced ground vibration in open-pit mines based on particle swarm optimization and XGBoost[J]. Natural Resources Research,2020,29(2):711-721.

[27] YU B,QIU W Y,CHEN C,et al. SubMito-XGBoost:predicting protein submitochondrial localization by fusing multiple feature information and eXtreme gradient boosting[J]. Bioinformatics,2020,36(4):1074-1081.

[28] 雷亚国,韩天宇,王彪,等. XJTU-SY 滚动轴承加速寿命试验数据集解读[J]. 机械工程学报,2019,55(16):1-6.

[29] 刘晨辉,温广瑞,苏宇,等. 基于混合域相对特征和 FOA-XGBoost 滚动轴承退化评估[J]. 振动、测试与诊断,2021,41(5):880-887.

[30] WANG B,LEI Y G,LI N P,et al. A hybrid prognostics approach for estimating remaining useful life of rolling element bearings[J]. IEEE Transactions on Reliability,2020,69(1):401-412.

第 4 章　数据驱动的煤矿装备剩余使用寿命预测方法

4.1　引言

准确评估煤矿装备的运行状态和预测煤矿装备的剩余使用寿命已成为煤矿生产装备管理中的一项关键任务，对于优化维护策略、减少非计划停机时间和降低运营成本具有重要意义。然而，煤矿装备在实际运行过程中常常面临复杂多变的工况环境，导致其状态信息呈现出非平稳、非线性的特征[1]。复杂运行环境使得传统剩余使用寿命预测方法难以深入考虑数据间复杂的时空关系，导致模型预测精度不高、泛化能力差等问题。特别是在数据获取受限、工况信息不充分的情况下，准确捕捉装备性能退化趋势变得尤为困难。鉴于上述问题，本章旨在介绍数据驱动的煤矿装备剩余使用寿命预测方法，该方法能够有效地处理煤矿装备复杂时序退化数据，提高煤矿装备剩余使用寿命预测的准确性和可靠性。

煤矿装备作为现代化矿井安全、高效生产的主要机械设备，当今受到越来越多的关注[1]。煤矿装备经过长时间运行都不可避免地出现性能退化，性能退化达到一定程度，就会发生故障甚至失效，进而影响正常运行[2]。因此，研究煤矿装备的剩余使用寿命对降低装备故障概率、维护装备缺陷、保障生产安全、提升煤矿生产效益具有重大的实际意义。

随着大数据时代的到来，煤矿装备领域中传感技术、大数据集成技术、人工智能技术的发展为研究基于数据驱动的煤矿装备剩余使用寿命预测方法打下了深厚的数据基础[3]。在煤矿装备剩余使用寿命预测过程中，特征冗余问题对模型的准确性和有效性构成了显著挑战。随着设备健康监测数据的不断增加，特征维度也相应增加，这可能导致特征冗余现象的出现[4]。特征冗余不仅会增加数据处理的复杂度，还可能掩盖关键的健康信息，进而影响模型的训练过程和预测准确性。特别是当特征之间存在较高的相关性时，冗余特征的存在可能使模型在训练时陷入过拟合，从而降低预测效果[5]。

因此，本章针对煤矿装备数据清洗效率低下、信号特征提取过程中冗余信息过多且有效性不足、寿命预测模型可靠性不高等问题进行了深入研究。从提升数据清洗效果、减少冗余信息并增强特征的有效性、提升寿命预测模型准确性和可靠性三个方面出发，为后续煤矿装备维护与生产管理提供可靠决策依据。通过本章的学习，将引导读者理解新的煤矿装备剩余使用寿命预测方法，为后续章节的学习奠定坚实的基础。

4.2 基于 AGB 组合模型的煤矿装备运行状态预测方法

4.2.1 煤矿装备运行指标选取

4.2.1.1 基于相关分析法的特征指标筛选方法

相关系数法[6]最早是由统计学家卡尔·皮尔逊(K. Pearson)提出的描述两个变量之间的线性相关程度的重要参数,用来表示衡量两个变量之间的线性关系强度和方向,且满足线性变换无关性。假设存在分别代表不同特征参数的数列 x 和 y,当两者之间相关系数 R 为 1 时,表示两个特征参数冗余度非常高,即完全相关,当 R 为 0 时,则表示两个特征参数完全不相关。相关系数表达式如下:

$$R=\frac{\mathrm{Cov}(x,y)}{\sqrt{DxDy}}=\frac{\sum_{i=1}^{n}[(x_i-\overline{x})(y_i-\overline{y})]}{\sqrt{\sum_{i=1}^{n}(x_i-\overline{x})^2(y_i-\overline{y})^2}} \tag{4-1}$$

特征参数筛选准则:通过上式计算得出两个特征参数的相关系数值,当 $|R|\geqslant 0.65$ 时认为其显著相关,满足成为寿命预测特征参数的要求,当 $|R|<0.65$ 时则不满足要求,且去除该参数。

4.2.1.2 基于 PCA 的特征指标融合方法

通过相关分析法得到了满足寿命预测的多个特征参数,高维样本数据集数据分析的复杂度、计算量较大,样本数据集中的多个特征参数之间存在明显的相关性,冗余信息较多,因此利用数据降维可有效地解决上述问题。

主成分分析(principal component analysis,PCA)是 Pearson 提出的针对高维数据的数据预处理技术,它是以方差最大化为准则,通过线性转换的方式将高维数据映射到低维空间上,在低维空间中找出能够代表高维数据的几个综合变量。这些综合变量可以尽可能地反映该高维数据的信息且彼此之间互不相关,称为主成分(principal components,PC),第一个被提取出的主成分通常包含该高维数据的有效信息最多,也被称为第一主元[7]。假设高维的原始特征数据集为 X 且涉及 p 个随机变量,记作 $X=(x_1,x_2,\cdots x_p)^{\mathrm{T}}$,具体表示为:

$$X=\begin{bmatrix} x_{11} & x_{12} & \cdots & x_{1p} \\ x_{21} & x_{22} & \cdots & x_{2p} \\ \vdots & \vdots & & \vdots \\ x_{n1} & x_{n2} & \cdots & x_{np} \end{bmatrix}=\begin{bmatrix} X_1 \\ X_2 \\ \vdots \\ X_p \end{bmatrix} \tag{4-2}$$

原始数据特征集 X 中的不同特征参数之间存在较大的量纲差异,因此需要对该数据集进行归一化处理,来消除这种量纲差异在信号处理中所带来的影响,计算公式如下:

$$x'=\frac{x-x_{\min}}{x_{\max}-x_{\min}} \tag{4-3}$$

式中,x'为归一化处理后的特征参数,属于无量纲参数;x 为原始特征参数;$x_{\min}$ 为特征参数的最小值；$x_{\max}$ 为特征参数的最大值。

假设 $Y=(Y_1,Y_2,\cdots,Y_p)^{\mathrm{T}}$ 为原始数据特征集 $X=(X_1,X_2,\cdots,X_p)^{\mathrm{T}}$ 通过线性转化后得到的综合变量矩阵，即

$$\begin{cases} Y_1 = l_1^{\mathrm{T}}X = l_{11}X_1 + l_{12}X_2 + \cdots + l_{1p}X_p \\ Y_2 = l_2^{\mathrm{T}}X = l_{21}X_1 + l_{22}X_2 + \cdots + l_{2p}X_p \\ \quad\vdots \\ Y_p = l_p^{\mathrm{T}}X = l_{p1}X_1 + l_{p2}X_2 + \cdots + l_{pp}X_p \end{cases} \tag{4-4}$$

式(4-4)需满足以下 3 个条件：① 系数向量 $l_i = (l_{i1},l_{i2},\cdots,l_{ip})^{\mathrm{T}}$，为常数向量，且是单位向量，即 $l_i^{\mathrm{T}}l_i = l_{i1}^2 + l_{i2}^2 + \cdots + l_{ip}^2 = 1\ (i = 1,2,\cdots,p)$。② Y_i 与 Y_j 彼此之间互不相关，即 $\mathrm{Cov}(Y_i,Y_j) = \mathrm{Cov}(l_i^{\mathrm{T}}X,l_j^{\mathrm{T}}X) = l_i^{\mathrm{T}}\sum l_j = 0\ (i\neq j,i,j = 1,2,\cdots,p)$。③ $Y_1,Y_2,\cdots,Y_p$ 的方差递减，即 $\mathrm{Var}(Y_1)\geqslant \mathrm{Var}(Y_2)\geqslant\cdots\geqslant \mathrm{Var}(Y_p)\geqslant 0$。因此，$Y_1$ 为第一主成分，以此类推，Y_p 为第 p 个主成分，系数 l_i 为主成分系数。

通过式(4-5)计算得到协方差矩阵 $(\sigma_{ij})_p$，其中 $X(X) = (E(X_1),E(X_2),\cdots,E(X_p))^{\mathrm{T}}$。

$$(\sigma_{ij})_p = \mathrm{Cov}(X,X) = E[(X - E(X))(X - E(X))^{\mathrm{T}}] \tag{4-5}$$

将协方差矩阵 $(\sigma_{ij})_p$ 的特征值降序排列，即 $\lambda_1\geqslant\lambda_2\geqslant\cdots\geqslant\lambda_p\geqslant 0$，对应的单位正交特征向量组成的正交矩阵 $P = (e_1,e_2,\cdots,e_p)$，且满足 $P^{\mathrm{T}}(\sigma_{ij})_pP = \Lambda = \mathrm{Diag}(\lambda_1,\lambda_2,\cdots,\lambda_p)$，所以第一个主成分可以表示为：

$$Y_1 = l_1^{\mathrm{T}}X \tag{4-6}$$

令 $h_1=(h_{11},h_{12},\cdots,h_{1p})^{\mathrm{T}}=P^{\mathrm{T}}l_1$，所以有 $h_1^{\mathrm{T}}h_1=1$ 和 $l_1=Ph_1$，通过式(4-7)计算第一主元的方差。

$$\begin{aligned} &\mathrm{Var}(Y_1) = l_1^{\mathrm{T}}(\sigma_{ij})_pl_1 = h_1^{\mathrm{T}}P^{\mathrm{T}}(\sigma_{ij})_pPh_1 = h_1^{\mathrm{T}}\Lambda h_1 = \\ &\lambda_1h_{11}^2 + \lambda_2h_{12}^2 + \cdots + \lambda_ph_{1p}^2 \leqslant \lambda_1h_1^{\mathrm{T}}h_1 \leqslant \lambda_1 \end{aligned} \tag{4-7}$$

只有当 $h_1=(1,0,\cdots,0)^{\mathrm{T}}$ 时满足 $l_1=Ph_1=e_1$，且此时的 $\mathrm{Var}(Y_1)$ 值达到最大值 λ_1，由式(4-8)可以得到原始数据特征集 X 的第一主成分为：

$$Y_1 = e_1^{\mathrm{T}}X = e_{11}X_1 + e_{12}X_2 + \cdots + e_{1p}X_p \tag{4-8}$$

根据上述步骤可以求出第二主成分 Y_2，并且方差 $\mathrm{Var}(Y_2)=\lambda_2$ 达到最大。

$$Y_2 = e_2^{\mathrm{T}}X = e_{21}X_1 + e_{22}X_2 + \cdots + e_{2p}X_p \tag{4-9}$$

以此类推，可以求出原始数据特征集 X 所有的 p 个主成分，其中式(4-10)为第 k 个主成分的表达式，且满足各主成分的方差与相应的特征值相等。

$$\begin{cases} Y_k = e_k^{\mathrm{T}}X = e_{k1}X_1 + e_{k2}X_2 + \cdots + e_{kp}X_p \\ \mathrm{Var}(Y_k) = \lambda_k \quad (k = 1,2,\cdots,p) \end{cases} \tag{4-10}$$

利用特征值 λ 来计算相应主成分的贡献率，式(4-11)为第 k 个主成分的贡献率表达式，它表示第 k 个主成分提供信息的程度。

$$R_k = \frac{\mathrm{Var}(Y_k)}{\sum\limits_{i=1}^{p}\mathrm{Var}(Y_i)} = \frac{\lambda_k}{\sum\limits_{i=1}^{p}\lambda_i} \tag{4-11}$$

通常选取 $m(m\leqslant p)$ 个主成分，使其累计贡献率达到 95% 以上，以此为标准来确定主成分的个数，累计贡献率定义如下：

$$R=\frac{\sum_{i=1}^{m}\lambda_i}{\sum_{i=1}^{p}\lambda_i} \tag{4-12}$$

4.2.2 基于自适应的组合预测模型的煤矿装备寿命预测方法

4.2.2.1 基于固定权重的组合模型的寿命预测方法

固定权重的权重分配方法，顾名思义，每个预测模型的权重值是固定不变的，且该权重值是根据各单一预测模型的预测能力在进行预测时随着数据的变化而产生的。常用的固定权重的权重分配方法有平均值权重法、误差平方和倒数法、误差均方和倒数法、矩阵法[8]。

（1）平均值权重法

平均值权重法是最简单也是最直接的权重分配方法，因为每个单一预测模型的权重值相等，所以采用平均值权重法的组合模型也称为等权组合模型，该组合模型的计算公式如下：

$$y=\frac{1}{k}\sum_{i=1}^{k}y_i \quad (i=1,2,\cdots,k) \tag{4-13}$$

式中，y_i 为第 i 个模型的预测值，k 表示共有 k 个单一预测模型。

（2）误差平方和倒数法

假设 y_1 和 y_2 分别是 ARIMA 预测模型和 Elman 预测模型的预测值，w_1 和 w_2 分别是 ARIMA 预测模型和 Elman 预测模型的权重值，则组合预测模型的计算公式如下：

$$y=w_1y_1+w_2y_2 \tag{4-14}$$

权重计算公式如下：

$$w_i=D_i^{-1}\left(\sum_{i=1}^{2}D_i^{-1}\right)^{-1} \quad (i=1,2) \tag{4-15}$$

$$D_i=\sum_{t=1}^{T}[y_i(t)-y_i^*(t)]^2 \tag{4-16}$$

式中，D_i 为第 i 个模型的误差平方和，T 为预测数据集个数，$y_i(t)$ 为第 i 个预测模型在第 t 个点的预测值，$y_i^*(t)$ 为在第 t 个点的真实值。

（3）误差均方和倒数法

误差均方和倒数法是在误差平方和倒数法的基础上对 D_i 开均方根来实现的，其权重计算公式如下：

$$w_i=D_i^{-\frac{1}{2}}\left(\sum_{i=1}^{2}D_i^{-\frac{1}{2}}\right)^{-1} \quad (i=1,2) \tag{4-17}$$

（4）矩阵法

假设将 n 个单一预测模型的预测结果组成一个矩阵，采用 δ_{ij} 来代替第 i 个预测模型

相对于第 j 个预测模型的预测准确的次数，则第 k 个预测模型的权重计算公式如下：

$$w_k = \frac{\delta_k}{\sum_{i=1}^{k} \delta_i} \quad (k = 1,2,\cdots,n) \tag{4-18}$$

$$\delta_k = \sum_{i=1}^{k-1} \delta_{ki} + \sum_{i=k+1}^{k} \delta_{ki} \tag{4-19}$$

4.2.2.2　基于变权重的组合模型的寿命预测方法

固定权重的权重分配方法虽然简便、成本小，但未能结合数据变量，使得其预测结果的可靠性不高。变权重的权重分配方法将权重取值与变量取值关联起来，从而使得权重的取值更加具有合理性，可以较大程度地提高最终组合预测模型的预测精度。由于变权重的权重分配方法相较于固定权重具有更高的合理性和可靠性，所以使得权重分配方法在该领域逐渐成为研究的重点之一。

变权重分配法的关键在于权重系数的获取，目前最为常用的方法是以误差平方和最小为目标来建立组合优化模型，最终通过优化求解各个模型的权重系数。假设存在 m 个单一预测模型和 n 个时间序列，$g_i(x)(i=1,2,\cdots,m;x=1,2,\cdots,n)$ 为第 i 个预测模型在第 x 个点上的预测值，$w_i(x)(i=1,2,\cdots,m;x=1,2,\cdots,n)$ 为第 i 个预测模型在第 x 个点上的权重系数，则传统的变权重组合预测模型表达式如下：

$$\begin{cases} y(x) = \sum_{i=1}^{m} w_i(x) g_i(x) \\ \sum_{i=1}^{m} w_i(x) = 1 \\ w_i(x) \geqslant 0 \end{cases} \tag{4-20}$$

若 $w_i(x)$ 为连续函数，可以将其表达成多项式形式，计算公式如下：

$$w_i(x) = p_{i0} + p_{i1} x + p_{i2} x^2 + \cdots + p_{it} x^t \tag{4-21}$$

式中，p_{it} 为函数 $w_i(x)$ 的待定系数。

在变权重组合预测模型的基础上，以误差平方和最小为目标来建立的组合优化模型如下：

$$\text{s. t.} \begin{cases} \min \sum_{j=1}^{n} (y^*(x_j) - y(x_j))_2 \\ \sum_{i=1}^{m} w_i(x_j) = 1 \\ w_i(x_j) \geqslant 0 \end{cases} \tag{4-22}$$

式中，$y^*(x_j)(j=1,2,\cdots,n)$ 为在第 j 个点的真实值。

将权重函数表达式代入组合优化模型得到：

$$\begin{cases}\min\sum_{j=1}^{n}(y^{*}(x_j)-\sum_{i=1}^{m}(p_{i0}+p_{i1}x_j+p_{i2}x_j^2+\cdots+p_{it}x_j^t))\\ \sum_{i=1}^{m}p_{i0}+p_{i1}x_j+p_{i2}x_j^2+\cdots+p_{it}x_j^t=1\\ p_{i0}+p_{i1}x_j+p_{i2}x_j^2+\cdots+p_{it}x_j^t\geqslant 0\end{cases} \tag{4-23}$$

经过优化可以得到各单一预测模型的 $w_i(x)$ 函数的待定系数 p_{it}，即

$$\begin{bmatrix} p_{10} & x_{11} & \cdots & x_{1t} \\ p_{20} & x_{21} & \cdots & x_{2t} \\ \vdots & \vdots & & \vdots \\ p_{m0} & x_{m1} & \cdots & x_{mt} \end{bmatrix} \tag{4-24}$$

将这些待定系数代入式(4-25)中，得到最终的变权重组合预测模型：

$$\begin{aligned} y(x) &= \sum_{i=1}^{m}w_i(x)g_i(x)=[g_1(x),g_2(x),\cdots,g_i(x)]\begin{bmatrix} w_1(x)\\ w_2(x)\\ \vdots \\ w_m(x)\end{bmatrix} \\ &=[g_1(x),g_2(x),\cdots,g_i(x)]\begin{bmatrix} p_{10} & p_{11} & \cdots & p_{1t} \\ p_{20} & p_{21} & \cdots & p_{2t} \\ \vdots & \vdots & & \vdots \\ p_{m0} & p_{m1} & \cdots & p_{mt} \end{bmatrix}\begin{bmatrix} x^0 \\ x^1 \\ \vdots \\ x^t \end{bmatrix} \end{aligned} \tag{4-25}$$

4.2.2.3 基于 AGB 组合模型的寿命预测方法

通过在单一预测模型建模的基础上，提出并建立 AGB 组合预测模型，来对煤矿装备运行状态进行预测。在进行煤矿装备运行状态预测时，AGB 组合模型可以将各单一预测模型的优点集合在一起，使得预测结果更加精准。因此，考虑对三种预测模型分别赋予权重，用来表示组合模型的预测方法。

(1) 平均值权重法

获得 AGB 组合模型预测值 y_a 的最简单直接的方法则是计算 k 个预测模型的预测值的算术平均值：

$$y_a=\frac{1}{k}\sum_{i=1}^{k}y_i \tag{4-26}$$

式中，y_a 为 AGB 组合模型的预测值；$i=1,2,\cdots,k$；y_i 为第 i 个模型的预测值。

(2) 方差-协方差权重法

设 y_1 为 ARIMA 模型的预测值，y_2 为 GM(1,1)模型的预测值，y_3 为 BP 神经网络的预测值，则 y_a 为加权组合模型的预测值。相应的三个模型所对应的平均误差为 e_1、e_2、e_3，各模型所对应的权系数为 w_1、w_2、w_3，则有

$$y_a=w_1y_1+w_2y_2+w_3y_3 \tag{4-27}$$

其中，由 y_a 的无偏性，其方差为

$\mathrm{Var}(e_a)=w_1^2\mathrm{Var}(e_1)+w_2^2\mathrm{Var}(e_2)+w_3^2\mathrm{Var}(e_3)+3w_1w_2w_3\mathrm{cov}(e_1,e_2,e_3)$最小，则有

$$w_1=\frac{\mathrm{Var}(e_1)}{\mathrm{Var}(e_1)+\mathrm{Var}(e_2)+\mathrm{Var}(e_3)} \tag{4-28}$$

$$w_2=\frac{\mathrm{Var}(e_2)}{\mathrm{Var}(e_1)+\mathrm{Var}(e_2)+\mathrm{Var}(e_3)} \tag{4-29}$$

$$w_3=\frac{\mathrm{Var}(e_3)}{\mathrm{Var}(e_1)+\mathrm{Var}(e_2)+\mathrm{Var}(e_3)} \tag{4-30}$$

其中，若 $\mathrm{Var}(e_a)_{\min}\leqslant\mathrm{Var}(e_1)$，$\mathrm{Var}(e_a)_{\min}\leqslant\mathrm{Var}(e_2)$，$\mathrm{Var}(e_a)_{\min}\leqslant\mathrm{Var}(e_3)$，则表明 AGB 组合预测模型优于各单一模型。

(3) 最优矩阵法

假设有 n 个单一模型，将 n 个模型预测结果组成最优矩阵。用 δ_{ij} 代替第 i 个模型相对于第 j 个模型预测准确的次数，由此可得出第 k 个模型的预测权重为

$$w_k=\frac{\delta_k}{\sum_{i=1}^{k}\delta_i} \tag{4-31}$$

其中，$\delta_k=\sum_{i=1}^{k-1}\delta_{ki}+\sum_{i=k+1}^{K}\delta_{ki}(k=1,2,\cdots,n)$。

(4) AGB 组合预测建模

针对平均值权重法[9]、单一预测模型预测精度差、适用性差的问题，研究时间序列 ARIMA 预测模型、BP 神经网络、灰色 GM(1,1)模型结构原理，提出一种基于 AGB 组合模型的预测方法。首先获得各模型的预测结果，并对各模型计算出的方差作为 AGB 组合模型的输入，使用方差-协方差权重法对各模型的权重进行计算，最后对组合模型的预测结果进行求解分析。

AGB 组合模型的建模流程如图 4-1 所示。

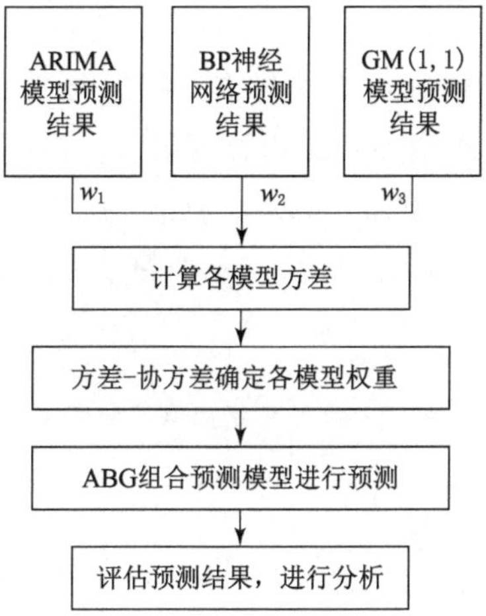

图 4-1　AGB 组合模型建模流程图

① 将 ARIMA 模型、GM(1,1)模型、BP 神经网络模型的预测结果输入。

② 分别对各单个模型的预测方差进行求解，分别表示为 e_1、e_2、e_3。

③ ARIMA 模型、GM(1,1)模型、BP 神经网络模型所对应的各个权重为 w_1、w_2、w_3，则 AGB 组合模型预测值 y_a 为：

$$y_a = w_1 y_1 + w_2 y_2 + w_3 y_3 \tag{4-32}$$

式中，y_1、y_2、y_3 分别为各单个模型的预测值。

④ 根据式(4-32)计算出 w_1、w_2、w_3 的权重。

⑤ 将数据导入 AGB 组合模型中进行预测，得到预测数列。

⑥ 进行误差检验，并对其预测结果进行评价。

4.3 基于核主成分分析及长短期记忆神经网络的煤矿装备剩余使用寿命预测方法

4.3.1 基于 KPCA 的多传感器数据融合方法

多传感器数据融合时，容易丢失与设备退化相关的信息[10]，导致寿命预测准确性下降。但是核主成分分析[11-12]可以有效地融合设备的信息。首先确定要数据处理的数据集 $X=\{x_1,x_2,\cdots,x_n\}$，其中 n 为数据总数，每个样本 x_i 为 d 维向量。非线性函数$\phi(\cdot)$能够将输入数据映射到高维特征空间 F，因此在特征空间 F 中样本的协方差矩阵可以表示为：

$$C^F = \frac{1}{n}\sum_{i=1}^{n}\phi(x_i)\phi(x_i)^{\mathrm{T}} \tag{4-33}$$

对矩阵 C^F 进行特征分解：

$$\lambda\nu = C^F\nu \tag{4-34}$$

式中，λ 为协方差矩阵 C^F 的特征值，ν 为其对应的特征向量。

样本数据的映射 $\phi(x_i)$与式(4-34)做内积可得：

$$\lambda(\phi(x_k)\cdot\nu) = \phi(x_k)\cdot C^F\nu \tag{4-35}$$

由于特征值 $\lambda\neq 0$，在高维度特征空间，特征向量 ν 可以用所有样本的映射 $\phi(x_i)$进行线性表示：

$$\nu = \sum_{i=1}^{n}\alpha_i\phi(X_i) \tag{4-36}$$

将式(4-36)代入式(4-35)中：

$$\lambda(\phi(x_k)\cdot\nu) = \frac{1}{n}\sum_{i=1}^{n}\alpha_i\sum_{j=1}^{n}[\phi(X_k)\cdot\phi(X_j)][\phi(X_k)\cdot\phi(X_i)] \tag{4-37}$$

非线性变换和高维空间内积的计算，可以采用核函数的方法解决，定义：

$$K_{ij} = K(X_i,X_j) = \phi(X_i)\cdot\phi(X_j) \tag{4-38}$$

则式(4-37)可以表示：

$$\lambda K\alpha = \frac{1}{n}KK\alpha \tag{4-39}$$

进一步化简为：

$$n\lambda\alpha = K\alpha \tag{4-40}$$

其中，$\alpha=[\alpha_1,\alpha_2,\cdots,\alpha_n]^{\mathrm{T}}$。对矩阵 C^F 的特征向量的求取可以转换为求取线性表达系数 α，它也是核函数矩阵 K 的特征向量，对于式(4-41)进行求解得到 K 的特征值 $\lambda_1,\lambda_2,\cdots,\lambda_n$ 和对应的特征向量 $\alpha_1,\alpha_2,\cdots,\alpha_n$。一般主元的贡献率通过下式进行评估：

$$\mathrm{Contri}(\lambda_i) = \frac{\lambda_1}{\sum_{i=1}^{n}\lambda_i} \times 100\% \tag{4-41}$$

主元数目 n 可通过累计贡献率(cumulative percent variance，CPV)来选择：

$$\mathrm{CPV}(n) = \frac{\sum_{i=1}^{n}\lambda_i \geqslant CL}{\sum_{i=1}^{n}\lambda_i} \tag{4-42}$$

任一测试样本 x 的主元可通过计算 $\phi(x)$ 在各主元方向上的投影获得，即：

$$t_l = \phi(x) \cdot \nu_l = \sum_{i=1}^{n}\alpha_i^l K(x,x_i) \tag{4-43}$$

核主成分分析的核函数，径向基(radial basis function，RBF)核函数：

$$K(x_i,x_j) = \exp(-\frac{x_i,x_j}{\sigma_{\mathrm{rbf}}^2}) \tag{4-44}$$

将满足条件的主元所对应的数据进行 KPCA 融合。

4.3.2　多域特征信号特征提取和选择方法

4.3.2.1　时域特征提取

时域特征被广泛地用于评估设备性能的下降，时域特征由有量纲时域特征和无量纲时域特征组成[13]。有量纲的时域特征，其特征参数变化与设备状态和设备运行条件有关；无量纲的时域特征，其特征参数只与设备的状态有关，对设备的运行条件不敏感。其中有量纲时域特征包括均值 F_{t1}、方差 F_{t2}、标准差 F_{t3}、峭度 F_{t4}、偏度 F_{t5}。无量纲时域特征包括波形指标 F_{t6}、脉冲指标 F_{t7}、裕度指标 F_{t7}、峰值指标 F_{t9} 和峭度指标 F_{t10}。

4.3.2.2　复杂度特征提取

时域能量熵：煤矿装备发生故障时，具有周期性冲击能量特性[14]，时域能量熵是能表征信号能量复杂程度的指数。用 $E_N = x_n^2$ 表示单个数据点的能量，则信号总能量可表示为：

$$E_{\mathrm{sum}} = E_{n-1}^{N} x_n^2 \tag{4-45}$$

假设信号总能量由单个数据点能量构成，则时域能量熵可定义为：

$$E_{\mathrm{tdee}} = -\sum_{n-1}^{N}(E_n/E_{\mathrm{sum}})\mathrm{In}(E_n/E_{\mathrm{sum}}) \tag{4-46}$$

排列熵：反映了时间序列复杂度的平均熵参数[15]，常用来提取机械故障的特征。熵值越低，表示时间序列越简单和有规律；反之，则熵值越高，时间序列就越是复杂和随机的。

排列熵计算过程如下：

(1) 对一种时间序列数据 X 进行相空间重构，得到矩阵 Y 为：

$$Y=\begin{bmatrix} x(1) & x(1+t) & \cdots & x(1+(m-1)t) \\ x(2) & x(2+t) & \cdots & x(2+(m-1)t) \\ x(j) & x(j+t) & \cdots & x(j+(m-1)t) \\ \vdots & \vdots & & \vdots \\ x(K) & x(K+t) & \cdots & x(K+(m-1)t) \end{bmatrix} \tag{4-47}$$

式中，m 为嵌入维数，t 为延迟时间，$K=N-(m-1)t$。矩阵 Y 中的每一行都是一个重构分量，共有 K 个重构分量。

(2) 将每一个重构分量按照升序重新排列。

$$s(l)=\{j_1,j_2,\cdots,j_m\} \quad (l=1,2,\cdots,k,\text{且 } k\leqslant m!) \tag{4-48}$$

(3) 计算每一种符号的出现概率，其中所有不同的序号出现的总次数为 $m!$，则每一种符号出现的概率 $p_n=\frac{i}{m!}$，其中 i 为该符号总共出现的次数。

$$P=\{p_1,p_2,\cdots,p_n\} \tag{4-49}$$

(4) 时间序列 X 的排列熵的计算公式为：

$$H_{\mathrm{pe}}=-\sum\nolimits_k P_j \mathrm{In}(P_j) \tag{4-50}$$

(5) 排列熵的最大值为 $\mathrm{In}(m!)$，并将获得的排列熵值进行归一化处理，使得排列熵的范围是[0,1]。

$$0\leqslant H_{\mathrm{pe}}=\frac{H_{\mathrm{pe}}}{\mathrm{In}(m)!}\leqslant 1 \tag{4-51}$$

4.3.2.3 退化特征选择

煤矿装备剩余使用寿命预测需要采用对煤矿装备退化状况较敏感的特征进行研究[16]，因此需要对提取的特征进行选择，选择综合性能较优的特征进行剩余使用寿命预测研究。单独的指标只能片面反映备选特征在某方面的敏感性，为了综合利用单调性和预测性指标，可以构建一个加权的线性组合来融合 3 个评估指标，并作为最终的独立评价判据。

(1) 单调性 Mon(Y)指标定义为：

$$\mathrm{Mon}(Y)=\frac{\left|\sum\nolimits_i \varepsilon(y_i-y_{i-1})-\sum\nolimits_i \varepsilon(y_{i-1}-y_i)\right|}{N-1} \tag{4-52}$$

式中，$Y=(y_1,y_2,\cdots,y_N)$，表示性能退化特征；$\varepsilon(x)=\begin{cases}1(x\geqslant 0)\\0(x<0)\end{cases}$，表示单位阶跃函数。单调性趋势越好，才能更好地进行性能退化建模与剩余使用寿命预测。

(2) 鲁棒性定义为：

$$\mathrm{Rob}(Y)=\frac{1}{N}\sum_{i=1}^{N}\exp\left(-\left|\frac{y_i-\tilde{y}_i}{y_i}\right|\right) \tag{4-53}$$

式中，$Y=(y_1, y_2, \cdots, y_N)$表示性能退化特征；$\widetilde{y}_i$ 表示相应性能退化特征的趋势序列。特征序列随时间表现越平滑，则其鲁棒性指标越大，性能退化建模与剩余使用寿命预测的准确度越高。

(3) 预测性指标定义为：

$$\mathrm{Pre}(Y)=\mathrm{Exp}\left(-\frac{\sigma(y_f)}{|\overline{y}_f-\overline{y}_s|}\right) \tag{4-54}$$

式中，$\overline{y}_s$ 表示退化特征 y 在初始时刻的均值；$\overline{y}_f$ 表示退化特征 y 在失效时刻的均值；$\sigma(y_f)$ 为性能退化特征在失效时刻的标准差。

因此综合考虑特征的单调性、鲁棒性和预测性指标并形成综合评价准则对特征进行选择，其中综合评价准则定义表达式如下：

$$\mathrm{Ma}_i=\alpha\mathrm{Mon}_i+\beta\mathrm{Pre}_i+\chi\mathrm{Rob}_i \tag{4-55}$$

式中，$\alpha+\beta+\chi=1$，Ma_i 表示第 i 个特征的综合评价值；Mon_i 表示第 i 个特征的单调性；Rob_i 表示第 i 个特征的鲁棒性；Pre_i 表示第 i 个特征的预测性。

依据综合指标选取综合评价准则评价高的特征形成特征集[17]，然后通过 KPCA 融合、归一化获得煤矿装备的综合健康指标。

4.3.3 基于长短期记忆神经网络的煤矿装备剩余使用寿命预测方法

煤矿装备处于正常期基本不会发生故障，研究价值较低。但是当煤矿装备处于退化期，设备易发生故障和各种异常情况，分析其处于退化期剩余使用寿命值的变化过程，对于保障煤矿装备安全且稳定运行具有重要意义。煤矿装备的剩余使用寿命定义是煤矿装备处于退化点至设备发生故障的时间段。首先对综合健康指标进行一阶求导，确定煤矿装备状态变化区间。然后对综合健康指标进行二阶求导，找到煤矿装备状况不再起伏波动且二阶导数小于零的点，认为该点是煤矿装备状况的转折点，为煤矿装备的退化点。划分煤矿装备状态正常期和退化期。退化点至煤矿装备发生故障的时间为煤矿装备的剩余使用寿命。

4.3.3.1 LSTM 的煤矿装备剩余使用寿命预测方法

深度学习方法中长短期记忆神经网络(long short-term memory，LSTM)[18]，可以有效地预测设备剩余寿命。LSTM 模型的结构如图 4-2 所示。

LSTM 模型具体参数含义如下：

(1) c_{t-1}表示 $t-1$ 时刻的输出状态，c_t 代表 t 时刻的输出状态。

(2) 遗忘门通过控制信息的流动，LSTM 不再只是单纯地更新状态，而是可以选择性地保留、丢弃和添加信息。遗忘门由 $t-1$ 时刻输出 h_{t-1} 与当前时刻输入共同组成，通过计算遗忘门 f_t 来控制存储单元的状态。

$$f_t=\sigma(W_f\cdot[h_{t-1}, x_t]+b_f) \tag{4-56}$$

式中，$\sigma(\cdot)$为激活函数 sigmoid 函数。

(3) 输入门，它需要确定输入的内容，并且更新之前状态的信息。

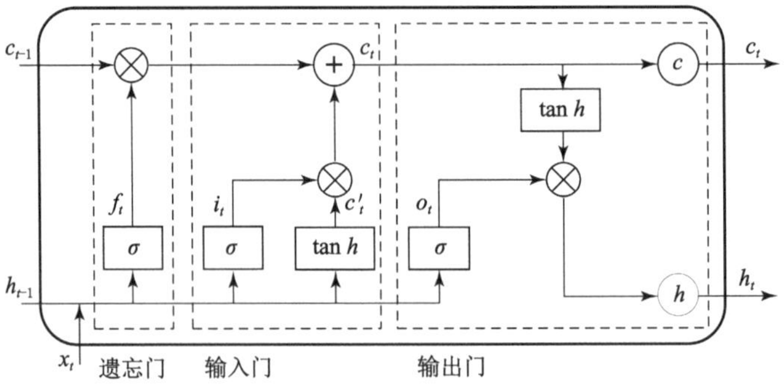

图 4-2　LSTM 网络结构模型

$$i_t=\sigma(W_i\cdot[h_{t-1},S(x_t)]+b_i)$$

$$c'_t=\tan h(W_a\cdot[h_{t-1},x_t]+b_a) \tag{4-57}$$

（4）输出门 O_t 控制更新状态的输出 h_t。

$$O_t=\sigma(W_o\cdot[h_{t-1},x_t]+b_o)$$

$$h_t=\tan h(c_t)\otimes O_t \tag{4-58}$$

式中，W_f、W_i、W_a、W_o 表示模型的权重参数；b_f、b_i、b_a、b_o 表示模型的偏差；h_t 代表当前时间的输出值。

4.3.3.2　基于贝叶斯优化 LSTM 超参数调整方法

贝叶斯优化的原理是使用贝叶斯定理估计目标函数的后验分布[式(4-52)]，然后根据分布选择下一个要采样的超参数组合。设 $X=\{x_1,\cdots,x_n\}$ 为一组超参数组合，f 表示关于超参数 x 的目标函数，贝叶斯优化的原则是找到 $x\in X$，使得其满足使结果向全局最大提升[19]。

贝叶斯优化算法的后验分布：

$$p(f|D)=\frac{p(D|f)p(f)}{p(D)} \tag{4-59}$$

式中，D 表示已观测到的参数和观测值的集合（$D=\{(x_1,y_1)\},\cdots,(x_t,y_t)\}$）；$p(f|D)$ 表示 f 的后验函数；$p(f)$ 表示 f 的先验函数；$p(D|f)$ 表示 y 的似然分布；$p(D)$ 表示 f 的边际似然分布。

假设待优化的超参数组合 $X=\{x_1,\cdots,x_n\}$，贝叶斯优化的目标函数是训练完成的 LSTM 对测试集的误差，将其表示为 $f(x)$，在贝叶斯优化的 $t-1$ 次迭代后获得一组数据 $(x_{t-1},f(x_{t-1}))$，接下来需要预测 x_t 处的观测值 $f(x_t)$，一般认为这 t 个观测点是某个 t 维高斯分布的一个样本：

$$\begin{bmatrix} f_{1,t-1} \\ f_t \end{bmatrix}\cdot P_G\left(\mu,\begin{bmatrix} K, & k^T \\ k, & k(x_t,x_t) \end{bmatrix}\right) \tag{4-60}$$

式中，P_G 为高斯分布；μ 为均值；$k(x,x)$ 为协方差函数；$k=[(x_1,x_1),(x_1,x_2),\cdots,(x_1,x_{t-1})]$。

其中 $K=\begin{bmatrix} k(x_1,x_1) & \cdots & k(x_1,x_{t-1}) \\ \vdots & & \vdots \\ k(x_{t-1},x_1) & \cdots & k(x_{t-1},x_{t-1}) \end{bmatrix}$，由此可得 f_t 的分布

$$P(f_t \mid D,x_t) = P_G[u(x_t),\delta^2(x_t)] \tag{4-61}$$

式中：$u(x_t)=kK^{-1}f_{t,t-1}$ 为预测均值，$\delta^2(x_t)=k(x_t,x_t)-kK^{-1}k^T$ 为协方差。

由此可得第 t 个观测点的数据 $(x_t,f(x_t))$。但是这种选择方法易陷入局部最优解，学者们提出了采样函数(acquisition function，AF)，采样函数的作用是确定下一个 x_t，本节使用期望增量(expected improvement，EI)来确定下一次迭代的超参数 x_t。

$$\mathrm{EI}(x) = E[\max 0, f(x) - f(x')] \tag{4-62}$$

式中，$f(x)$是损失函数，x'是当前最优的额超参数集合。能够使改进目标函数概率最大的 x，即最大采集函数 $\mathrm{EI}(x)$的 x 就是被选取的下一个超参数。

4.4　基于多域混合特征和改进时间卷积网络的煤矿装备剩余使用寿命预测方法

4.4.1　信号降噪处理

针对信号采集过程中由于强背景噪声等因素的影响，掩盖信号中的关键特征，难以准确提取有效特征信息，对信号后续分析处理造成严重干扰等问题，提出一种基于蜣螂算法优化 VMD 的信号降噪算法。变分模态分解算法(variational mode decomposition，VMD)是一种自适应的信号分解方法，不需要预先假设信号的模式或频率，能够适应信号的局部特性，并将信号自动分解成多个具有不同频率的振动模态，可以提供较传统方法更精确的模态分解结果。然而 VMD 的性能对一些参数的选择较为敏感，如模态分解个数 k 和惩罚因子 α。不同的参数选择可能导致不同的分解效果，因此在应用中需要谨慎选择参数。因此，本节采用基于蜣螂算法优化 VMD 的信号降噪算法(signal noise reduction algorithm of dung beetle optimizer VMD，DBOVMD)寻找确定最佳参数组合 k 和 α，对原始数据进行降噪处理。蜣螂优化算法是一种基于昆虫觅食行为的智能优化算法，通过模拟蜣螂在寻找食物时的路径规划过程来解决复杂的优化问题[20]。该算法同时考虑全局寻优和局部搜索，从而具有收敛速度快和准确率高的特点。

DBOVMD 算法中适应度函数的选择对结果具有重要影响，包络熵可以对时间序列信号的时频特性进行分析[21-22]，尤其适用于非平稳和非线性信号，可用于分析信号的时变特性、动态行为以及非线性特征，能够有效表示原始信号的稀疏特性。当 IMF 分量中噪声较多、特征信息较少时，包络熵值较大；反之，则包络熵值较小。

$$\begin{cases} E_p = -\sum_{j=1}^{N} p_j \lg p_j \\ p_j = a(j) / \sum_{j=1}^{N} a(j) \end{cases} \tag{4-63}$$

式中，a_j 是由 VMD 分解的 k 个模态分量经 Hilbert 解调后得到的包络信号；p_j 是通过计算 $a(j)$ 的归一化得到的概率分布序列；N 为采样点数；包络熵 E_p 可通过计算概率分布序列 p_j 的熵值得到。

基于上述包络熵适应度函数，蜣螂优化算法与变分模态分解算法联合后的信号分解降噪过程流程图如图 4-3 所示。具体步骤如下：首先初始化蜣螂种群规模、迭代次数等相关参数并设置参数 k 和 α 取值范围；将种群划分为四种类型，包括滚球蜣螂、繁殖蜣螂、觅食蜣螂和偷窃蜣螂，根据目标函数计算所有蜣螂位置的适应度值；然后判断更新后的蜣螂位置是否越过边界，更新并保存当前最优解，重复上述步骤，达到最大迭代次数后输出最佳参数组合。

$$x_{\mathrm{rms}} = \sqrt{\frac{1}{N}\sum_{i=1}^{N} x_i^2} \tag{4-64}$$

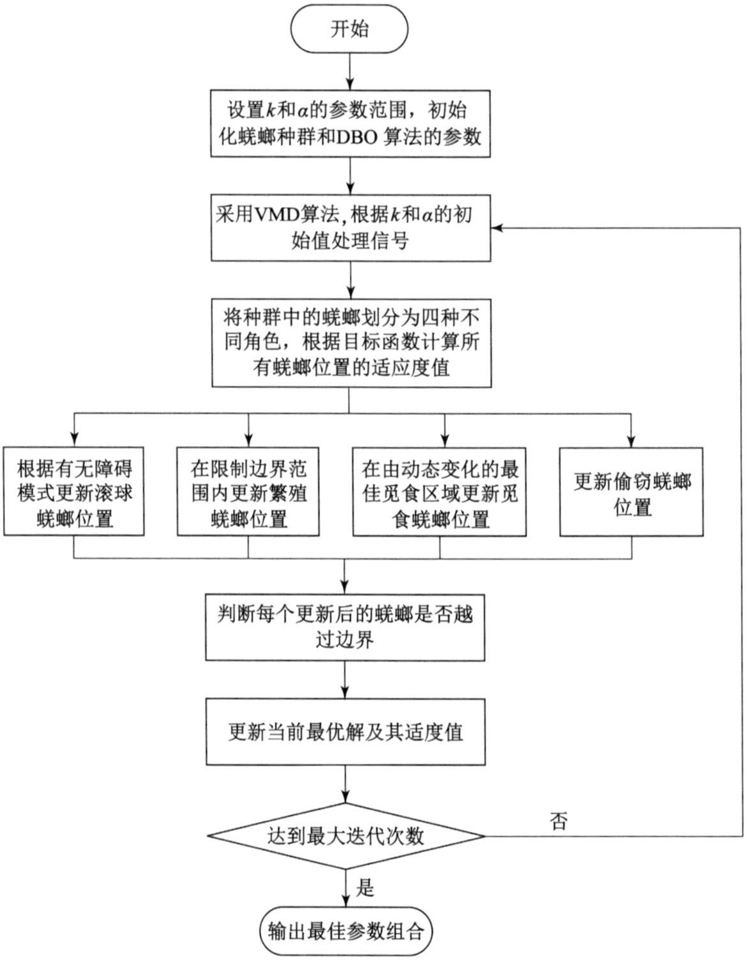

图 4-3　DBOVMD 算法流程图

根据参数 k 和 α 将信号分解成不同频率的模态，对于每个内涵模态分量 IMF，计算其与原始信号的相关系数[23]。根据设定的阈值，选择相关系数高于阈值的有效模态进行叠加重构，保留主要信号特征，去除噪声成分，能够更灵活地根据信号特性实现对振动信号的降噪处理。

4.4.2　多域混合特征提取与选择方法

4.4.2.1　多域混合特征提取

监测信号能够反映煤矿装备实时状态信息与退化趋势，为了充分表征信号的时间变化特性、频率成分、能量分布等信息，本节分别提取信号的有量纲时域特征、无量纲时域特征、频域特征、熵特征构成多域混合特征集，从多维度描述煤矿装备退化过程，进行旋转煤矿装备的剩余使用寿命预测研究。

本节提取降噪处理后振动信号的 29 个特征指标，具体包括最大值、最小值、平均值、中位数、峰峰值、整流平均值、方差、标准差、峭度、偏度、均方根、均方值、方根幅值 13 维有量纲时域特征指标[24]；波形因子、峰值因子、脉冲因子、裕度因子 4 维无量纲时域特征指标；重心频率、均方频率、均方根频率、频率方差、频率标准差 5 维频域特征指标；功率谱熵、奇异谱熵、能量熵 3 维熵特征指标；以及 4 个谱峭度相关特征，包括谱峭度的均值、谱峭度的标准差、谱峭度的偏度、谱峭度的峭度。

从构建的多域混合特征集中选择出合适且有效的退化特征是进行煤矿装备剩余使用寿命预测的重要前提。本节采用综合评价指标初步筛选出敏感退化特征，但在经过初筛得到的特征子集中，仍然存在部分若干相似的冗余特征，这些冗余特征一方面会降低模型的计算性能，同时也不利于后续特征融合及健康指标的构建，因此采用 ISOMAP 非线性特征降维算法构建得到表征煤矿装备退化过程的健康指标。

4.4.2.2　ISOMAP 特征降维

提取出的多域混合特征从多个维度表征煤矿装备运行状态的退化特征，这使得该故障特征集具有高维、非线性、冗余等特性，甚至导致“维数灾难”情况的发生，影响预测模型的结果[25]。流形学习这类非线性降维方法能有效发现嵌入在高维空间中的低维流形成分，完成维数约简或数据可视化，适用于旋转煤矿装备高维故障特征的降维过程。

等距特征映射算法（ISOMAP）基于多维尺度分析（MDS）算法并对其进行改进，利用样本数据点间的测地距离矩阵代替 MDS 算法中的欧氏距离矩阵，将高维数据映射到低维空间中，以得到保持样本间测地距离不变的低维流形成分。相对于 PCA、ICA、LDA 等经典线性降维方法而言，ISOMAP 可以高效地处理具有复杂结构的数据，能更好地挖掘出隐藏在高维数据中的非线性流形成分。因此，本节采取基于多域混合特征的 ISOMAP 算法对特征进行压缩降维处理，从高维特征集中获取对煤矿装备退化过程敏感的特征。ISOMAP 算法基本思想如下：

(1) 构建数据之间的邻接图：首先根据数据点之间的距离或相似度确定每个数据点的 k 个最近邻，并构建一个邻接图。

(2) 计算节点之间的测地距离：使用图论中的最短路径算法计算数据点之间的测地距

离。这个距离不仅考虑了直接相邻的距离，还考虑了经过其他节点路径的距离。

(3) 映射到低维空间：将高维数据映射到一个低维空间，使得映射后的数据在低维空间中的测地距离尽可能保持与原始数据的测地距离相似。

4.4.2.3 退化起始点识别

煤矿装备由正常运行状态向退化状态转变的退化起始时间点（first predicting time, FPT）的确定是建立预测模型的关键。传统方法采用线性函数模拟煤矿装备退化趋势，由于该函数定义的煤矿装备退化速率为一定值，难以表征实际工况中煤矿装备全生命周期的退化速率变化情况，具有一定的缺陷。本节采用分段函数表征轴承的退化过程，该分段函数健康指标表达式如下所示：

$$f(t_i)=\begin{cases}1, & t_i\leqslant t_j\\ \left(\dfrac{1}{t_j-t_n}\right)\cdot t_i+\left(\dfrac{t_n}{t_n-t_j}\right), & t_i\geqslant t_j\end{cases} \tag{4-65}$$

式中，t_j 为初始退化时间。由上式可知健康状态在 t_j 时刻之前保持不变，然后线性下降到 t_n 时刻，即煤矿装备退化至完全失效。

在上式中，退化起始时间点 FPT 的识别是建立寿命预测模型的关键环节。传统方法通过对构建的健康指标使用人为设定的阈值如 3σ 准则识别初始故障点，或者通过对健康指标使用二次求导方式确定退化起始时间点。然而，这类传统方法存在以下问题：需要选取正常部分数据人为建立阈值，引入了主观因素，影响结果可信度；多次求导后所得曲线不易观察确定 FPT 等问题。

本节通过对特征约简降维后获取得到的 HI 曲线，采用基于核的模糊 C 均值聚类方法（kernel fuzzy C-means, KFCM），检测识别煤矿装备正常运行阶段与退化阶段之间的临界点。该方法结合了模糊 C 均值聚类与核函数，通过考虑数据点与聚类中心之间的模糊隶属度和数据点之间的核相似性，能够更准确地刻画数据的复杂结构和内在关联。在确定煤矿装备不同运行阶段之间的临界点时，KFCM 通过最大化聚类中心的模糊隶属度来识别数据点所属的类别，并且通过引入核函数，能够在非线性空间中更好地捕捉数据点之间的相似性，使得煤矿装备早期退化点的确定更具鲁棒性和准确性。

4.4.3 TCNMABG 剩余使用寿命预测网络

4.4.3.1 时间卷积网络介绍

时间卷积网络（TCN）是一种基于扩张因果卷积的神经网络结构，结合了卷积神经网络（CNN）的局部感受野和参数共享优势，以及循环神经网络（RNN）的长期依赖建模能力，基于扩张因果卷积模拟数据中的时序依赖关系，通过其对更大范围时序信息的建模能力、并行计算效率、灵活性以及梯度稳定性等方面的优势，克服了传统时间序列预测模型的限制。此外，TCN 采用残差连接设计，减轻了 RNN 中存在的梯度消失和梯度爆炸问题，使得模型训练过程更加稳定，为煤矿装备剩余使用寿命预测任务提供了更加高效的解决方案。

TCN 模型的基本残差模块包含两层的卷积和非线性映射，本节采用超参数 $k=3$、$d=2$ 进行扩张因果卷积操作，且每层中还加入 WeightNorm 和 Dropout 来正则化网络，具体结构示意图如图 4-4 所示。

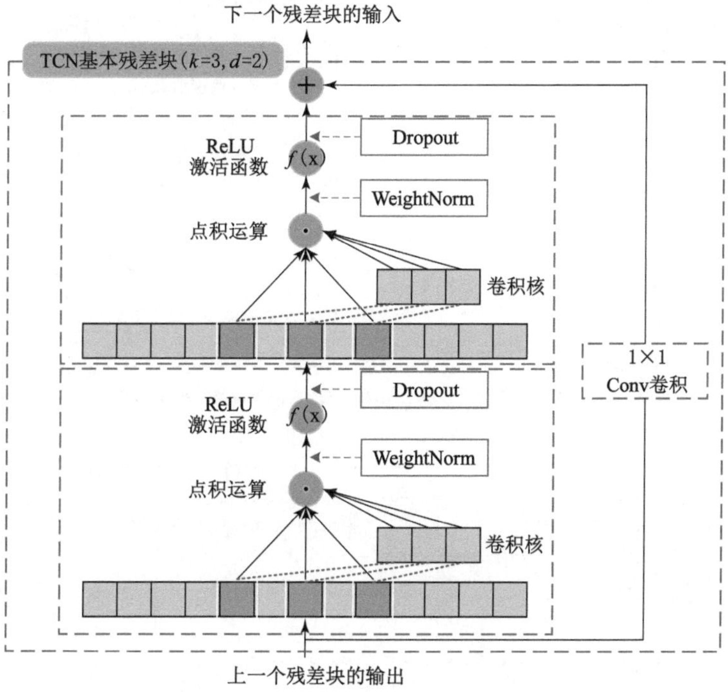

图 4-4　TCN 模型的基本残差模块结构示意图

4.4.3.2　改进的时间卷积网络模型

本节搭建的改进时间卷积网络模型如图 4-5 所示，模型主要由输入数据、TCN 模块、多头注意力模块、双向门控循环单元模块、剩余使用寿命预测模块组成。

该模型通过由多个基本残差模块构成的 TCN 时间卷积网络提取煤矿装备监测数据的退化特征，因此，在构建 TCN 网络时，首先，通过设置扩张因子在标准卷积中注入空洞处理输入时间序列，以增加感受野，捕捉更长的时序依赖关系，从而在一个卷积层内同时处理多个时间步信息。在每个卷积层之间引入了残差连接，将卷积操作的结果与原始输入序列相加，有助于解决梯度消失问题并加速训练过程。通过扩张卷积、残差连接以及池化等技术，实现了对序列数据的高效处理和特征提取。其次在 TCN 层之后引入多头注意力机制，能够实现关注输入序列中的不同部分，每个头都会独立计算注意力权重，以增强模型在不同特征表示之间的学习能力。最后通过引入 BiGRU 结构层，实现同时处理正向和反向的序列信息，增强模型对序列数据中不同时间尺度信息的把握，从而提高模型特征提取能力。剩余使用寿命预测模块通过神经网络模型最后的展平层将高维的输入数据转换为一维向量，并通过全连接层将这些特征映射为最终的剩余使用寿命输出。

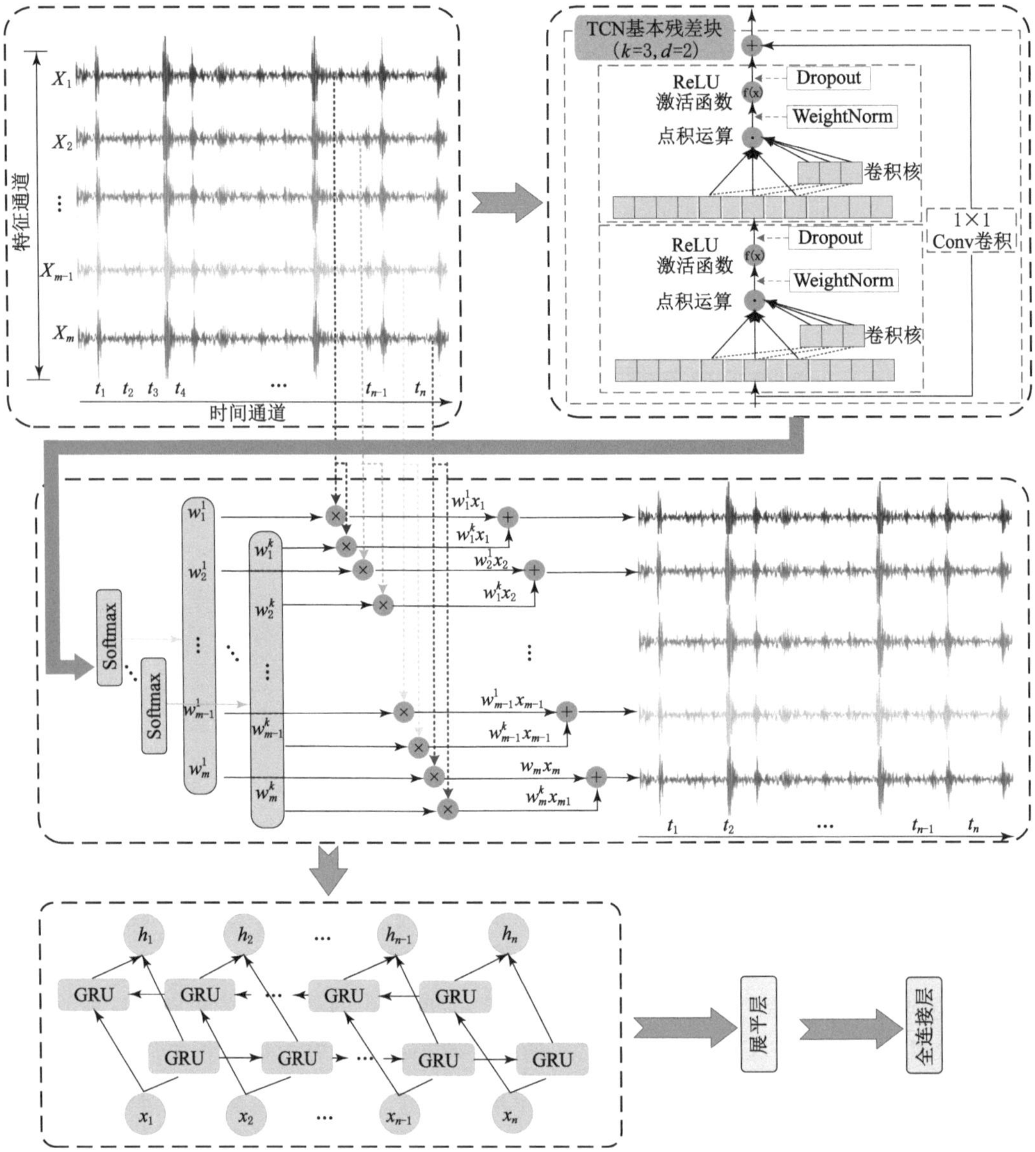

图 4-5　TCNMABG 模型结构简图

4.5　实例研究

4.5.1　基于 AGB 组合模型的寿命预测方法实验对比

利用陕西某煤矿企业采煤机调高调压部位泵冷却水压部分数据(2016-7-26)来验证 MapReduce 挖掘预测模型的精度。使用 pycharm 编写代码，通过导入 matplotlib. pyplot 模块、numpy 模块、sklearn 模块，对原始数据进行标定并进行聚类分析。

聚类后的结果如图 4-6 所示，并进行类别划分，将聚类中心半径为 R 的数据进行提取，最终将特征数据按时序返回。

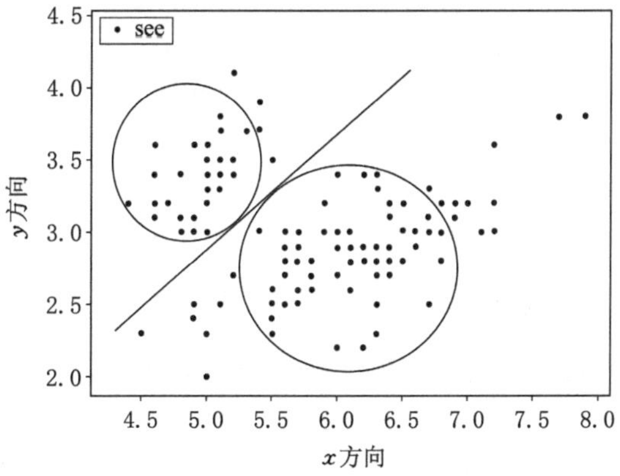

图 4-6　聚类结果显示

将提取后的特征数据导入 ARIMA 模型、GM(1,1)模型、BP 神经网络模型，首先计算出 Var(y_1)、Var(y_2)、Var(y_3)的值分别为 0.05、0.07、0.08，其次根据式(4-28)～式(4-30)计算出 w_1、w_2、w_3 的值分别为 0.26、0.35、0.39，最终根据 AGB 组合预测模型对数据进行预测，结果如表 4-1 所示。表 4-1 中也给出了各种模型的残差方差以及平均相对误差。图 4-7 为单一模型与组合模型的预测结果的对比图。由图 4-7 可以看出，AGB 组合模型预测结果相对单一预测模型比较接近原始数据，进一步对各预测模型残差分布进行求解，如图 4-8 所示。

表 4-1　各模型预测结果　　单位：MPa

时间	实际压强/MPa	GM(1,1)模型	ARIMA 模型	BP 神经网络模型	AGB 组合模型
15:21	1.25	1.25	1.27	1.33	1.29
15:22	1.34	1.37	1.38	1.20	1.31
15:23	1.41	1.43	1.4	1.33	1.38
15:24	1.28	1.48	1.23	1.18	1.28
15:25	1.41	1.54	1.54	1.35	1.47
15:26	1.78	1.60	1.69	1.71	1.67
15:27	1.86	1.66	1.76	1.79	1.75
15:28	1.85	1.72	1.81	1.85	1.80
15:29	1.84	1.79	1.84	1.81	1.82
15:30	1.86	1.86	1.91	1.82	1.86
15:31	1.87	1.93	1.9	1.85	1.89
15:32	1.89	2.01	2.01	1.93	1.98
残差方差		0.005 2	0.001 7	0.001 3	0.001 3
平均相对误差/%		5.72	3.47	4.10	2.81

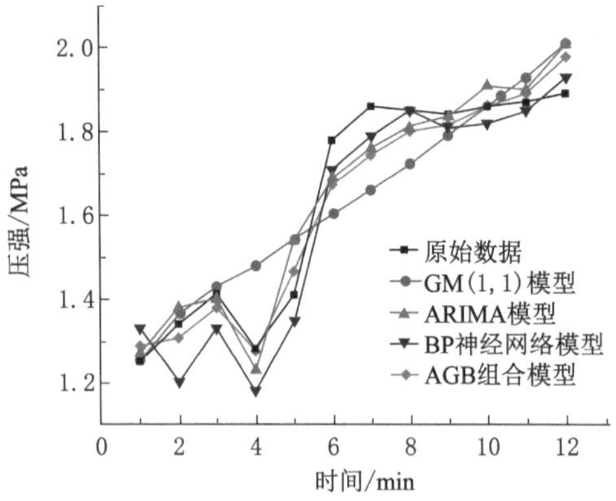

图 4-7　各模型预测结果对比

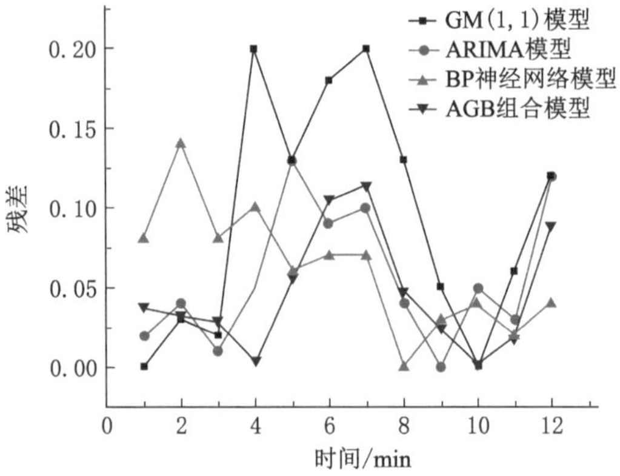

图 4-8　各模型残差结果对比

从上述结果中可以看到，本文提出的 AGB 组合预测模型能够很好对采煤机运行状态进行预测，其预测值与真实值的残差方差为 0.001 3，平均相对误差为 2.81%，精度与残差方差均低于单一模型。

4.5.2　基于长短期记忆神经网络的煤矿装备剩余使用寿命预测方法实验对比

煤矿装备中采掘机械、采煤机摇臂、众多起重机和运输机，需要采用各式矿用减速器，因此研究矿用减速器的故障机理和剩余使用寿命预测，保障煤矿装备的安全稳定运行具有重要意义。通过实验室搭建了典型煤矿装备——矿用减速器退化实验平台，获取矿用减速器的全寿命周期数据集，以验证本实验所提的方法。图 4-9 所示为矿用减速器实验平台，平台机械部分包括电机、矿用减速器和磁粉制动器。

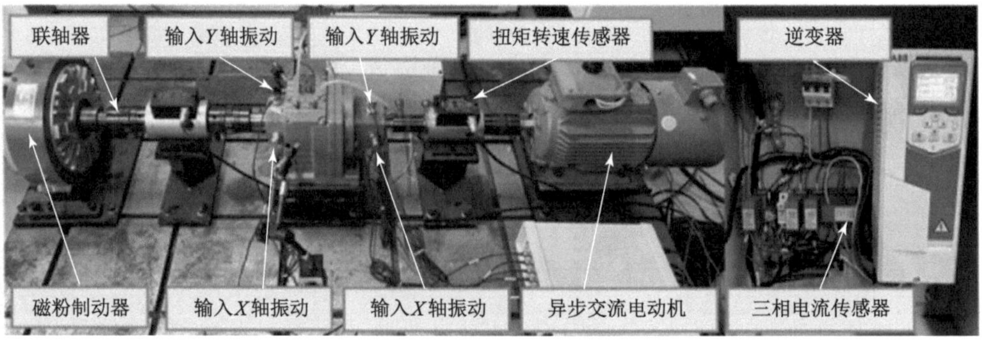

图 4-9　矿用减速器实验平台

实验室矿用减速器已经过了测试和磨合期，开始采集数据时矿用减速器处于正常期，正常期之后是退化期。因为传感器采集的数据量庞大，所以以 0.1 s 为间隔进行数据筛选，设置的采样率是每分钟 600 个采样点，矿用减速器全部运行时间为 2 723 min，采样点总数为 1 633 800。共计筛选 1 633 800 组数据，每组数据有 6 个传感器信息，通过矿用减速器实验平台采集 6 路传感器信号：矿用减速器油液温度、电流信号、输入 X 轴振动、输入 Y 轴振动、输出 X 轴振动、输出 Y 轴振动。图 4-10 所示为矿用减速器输出 X 轴振动传感器数据。

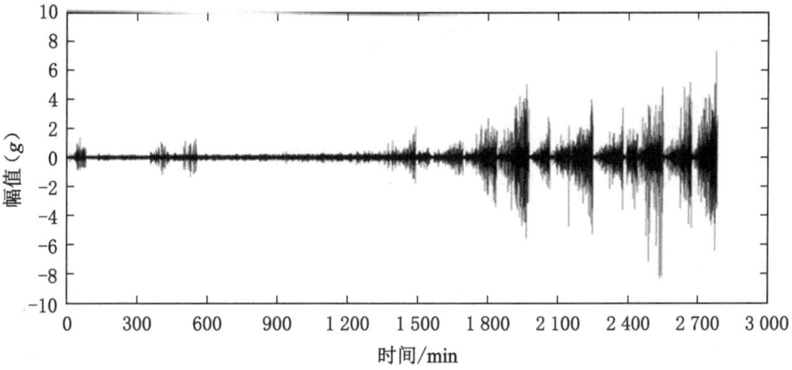

图 4-10　输出 X 轴振动传感器数据

所有采集的传感器数据都通过数据异常值检测和小波阈值降噪进行预处理，避免异常信号对特征提取和模型训练产生影响。通过 K-Meam 聚类方法，将传感器采集信号分为三类（电流、温度、振动），使用 K-Meam 聚类算法找到各自的聚类质心。然后进行 Z-score 标准化处理，把每个传感器数值经过标准化处理之后，选择矿用减速器油液温度、矿用减速器输入轴 Y 方向振动和输出轴 X 方向振动信息作为退化明显的传感器信息，图 4-11为退化趋势明显的经标准化处理传感器信息图。

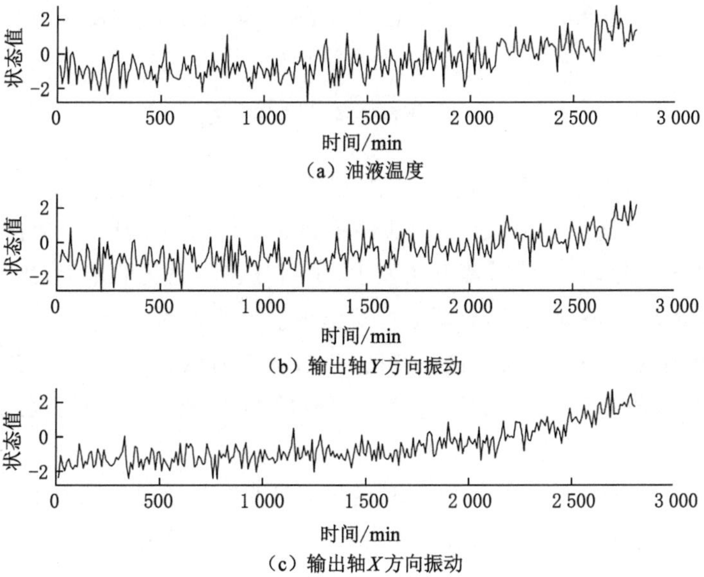

图 4-11　退化趋势明显的经标准化处理的传感器信息

将退化趋势明显的传感器数据进行核主成分分析。通过核主成分分析对所选的 3 个传感器数据进行降维融合处理,其中各主元的贡献率以及累计贡献率如表 4-2 所示。

由表 4-2 可知,第一主元的贡献率已经超过 90%,所以选择第一主元所对应的数据作为降维数据,通过 KPCA 融合后的数据维数大大降低。图 4-12 所示为 KPCA 融合的第一主元。

表 4-2　各主元的贡献率

序号	贡献率/%	累计贡献率/%
1	90.043 1	90.043 1
2	6.522 3	96.565 4
3	3.096 2	99.988 9

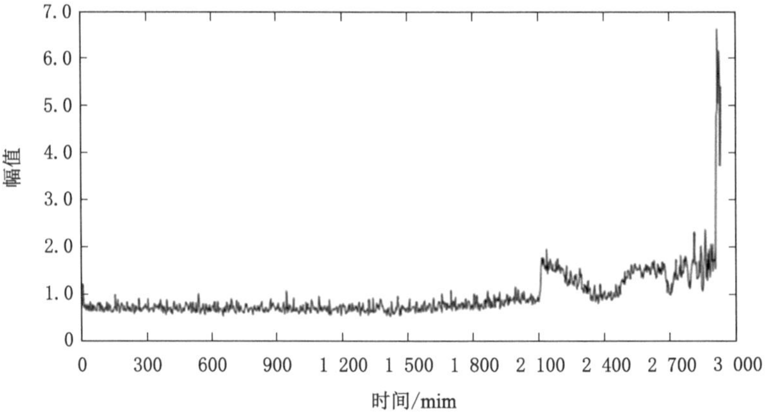

图 4-12　KPCA 融合的第一主元

经过 KPCA 数据融合的第一主元,可以完整地表示出矿用减速器整个退化过程中的特点,在矿用减速器开始运行的阶段,由于部件刚开始运行,故出现了一定的波动,可以明显地看出第一主成分值逐渐增加,故障开始发生;矿用减速器退化的末期,出现了复杂和剧烈的波动,直到寿命结束、波动失真,矿用减速器出现较为严重的故障。

将第一主元所对应的数据集中进行特征提取,其中时域、频域特征均进行归一化处理,为使其趋势明显。图 4-13 所示是时域特征提取的结果;图 4-14 所示是复杂度特征提取结果。

由表 4-3 可知,依据综合评价准则选取退化信息互补且最能反映设备退化的特征,构建的矿用减速器性能退化最优特征集有 6 个特征,分别是:峭度指标、能量熵、均方频率、峰值指标、排列熵和均值。

通过表 4-4 分析各主元的贡献率,前四个主元的贡献率已经超过 90%,包含了设备退化的绝大部分退化信息,故选择第 1 主元、第 2 主元和第 3 主元,融合后的数据作为贝叶斯参数优化 LSTM 剩余使用寿命预测模型的输入数据。

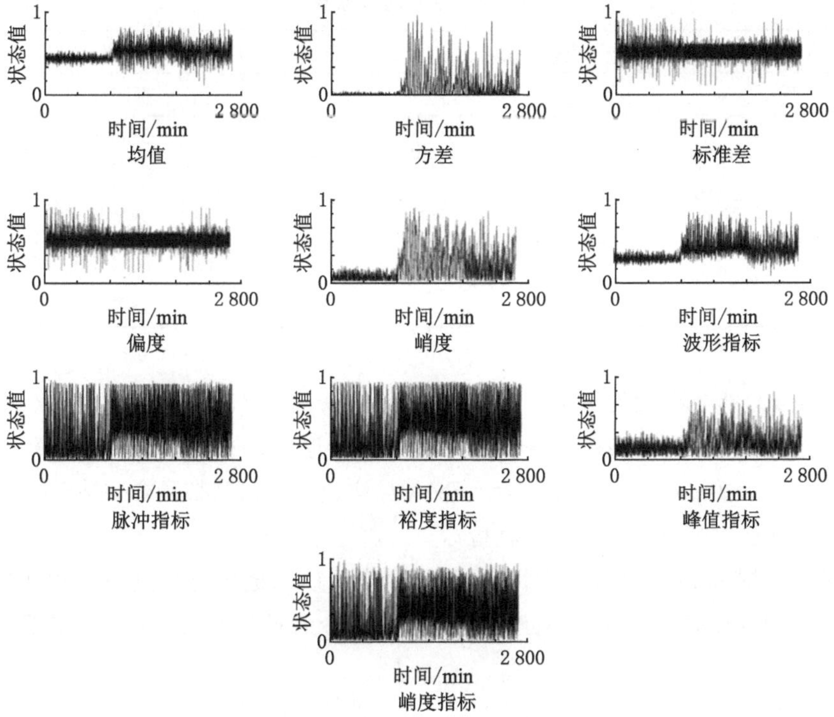

图 4-13　时域特征提取结果

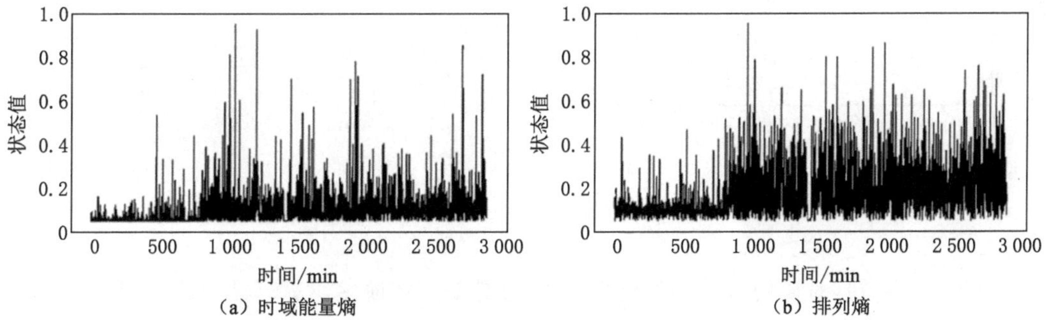

图 4-14　复杂度特征提取

表 4-3　特征综合评价

序号	特征	单调性	鲁棒性	预测性	综合评价
1	峭度指标	0.798	0.832	0.642	0.757
2	能量熵	0.787	0.659	0.632	0.692
3	均方频率	0.758	0.732	0.582	0.691
4	峰值指标	0.834	0.561	0.671	0.689
5	排列熵	0.683	0.720	0.546	0.650
6	均值	0.765	0.745	0.126	0.545

表 4-4　主元的贡献率

序号	贡献率/%	累计贡献率/%
1	75.627 4	75.627 4
2	8.258 7	83.886 1
3	6.435 2	90.321 3
4	5.433 7	95.755 0
5	2.342 8	98.097 8
6	1.809 2	99.907 0

通过表 4-4 分析各主元的贡献率，主元的数目根据式(4-42)来确定，由于第一主元的贡献率已经超过 75%，包含了煤矿装备退化的绝大部分退化信息，因此直接对第一主元元素进行归一化后作为矿用减速器健康指标。PCA 算法选择径向基核函数，核函数宽度参数为 8.0。图 4-15 所示为矿用减速器的健康指标。

为了确定煤矿装备不同的健康状态，需要将煤矿装备健康指标进行多项式拟合，然后通过多阶微分划分煤矿装备的不同健康状态。图 4-16 所示为不同阶数的残差量的对比。

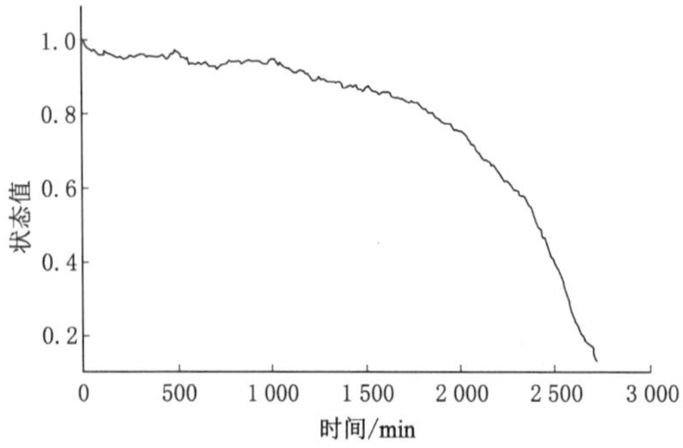

图 4-15　矿用减速器的健康指标

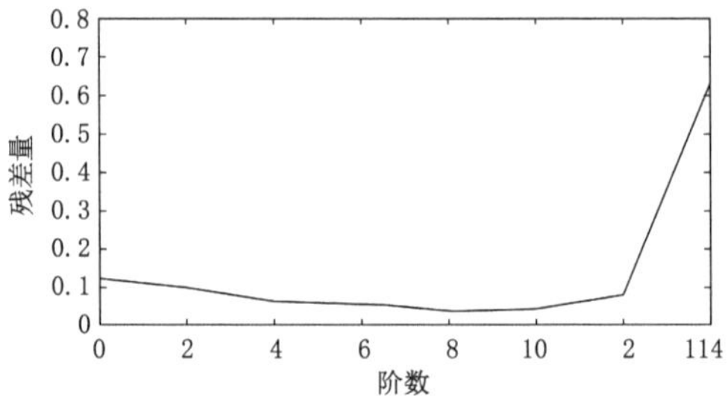

图 4-16　各阶拟合的残差量

由表 4-5 可知，对矿用减速器的健康指标采用 1～20 阶多项式。当阶数为 10 时，残差量最小为 0.051，为所有实验中最小，因此当阶数为 10 时，拟合的曲线为最佳。

表 4-5　各阶多项式拟合的残差量

拟合阶数	5	10	15	20
残差量	0.064	0.051	0.73	0.95

图 4-17 所示为 10 阶多项式拟合的矿用减速器的健康指标。

图 4-18 所示为拟合曲线的一阶导数，从图中可以看出在时间 1 855 min 以前矿用减速器状态趋于平稳，状态值基本在 0.85～1 之间波动，说明矿用减速器处于正常运行期，而在 1 855～2 723 min，矿用减速器状态值明显下降，说明从此开始，减速器的性能在逐渐下降。

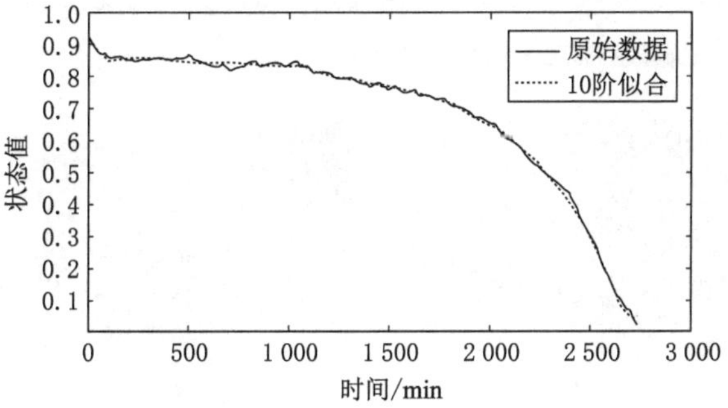

图 4-17　多项式拟合的矿用减速器的健康指标

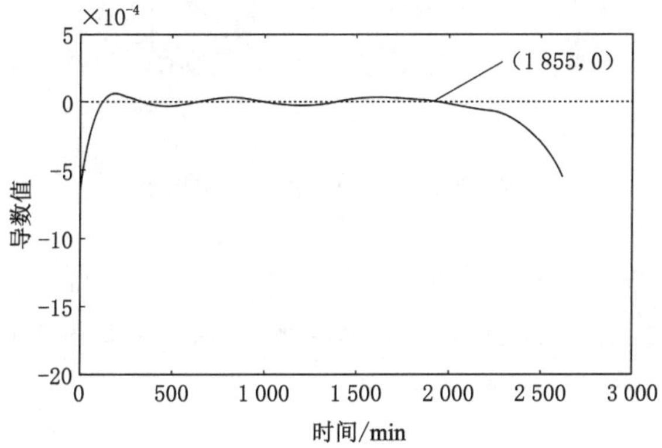

图 4-18　拟合曲线的一阶导数

图 4-19 所示为矿用减速器健康指标的二阶导数,从图中可以看出在 1 785～2 723 min 期间,曲线的二阶导数小于 0 且减速器健康指标不再起伏波动,所以综合健康指标曲线的一阶、二阶曲线,认为当 1 785 min 为减速器的退化点。

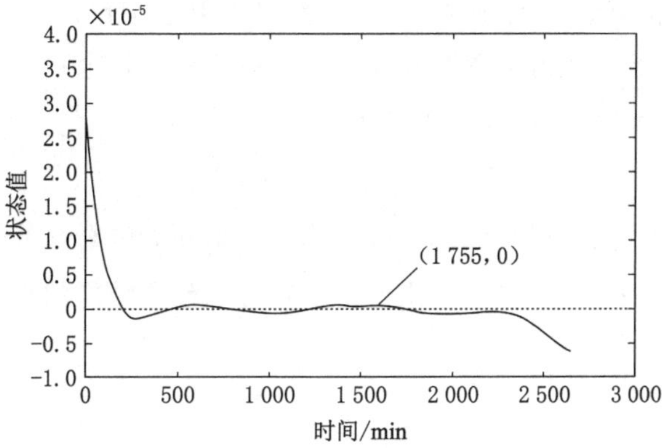

图 4-19　矿用减速器健康指标的二阶导数

图 4-20 是减速器齿轮失效现场图，减速器运行时已经出现齿面磨损、塑性变形以及点蚀等失效形式，因此判定减速器已经处于故障状态。

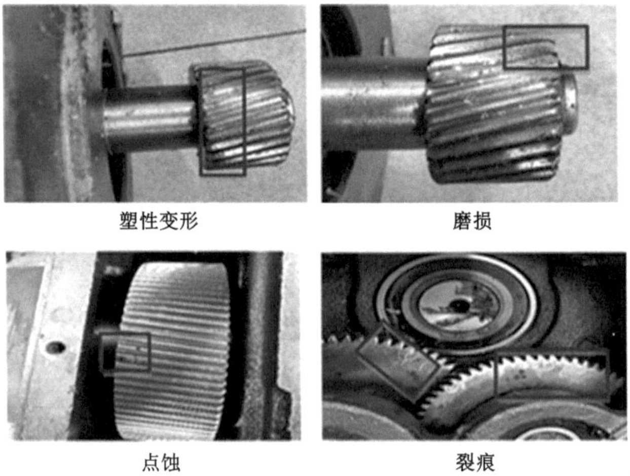

图 4-20　减速器齿轮失效现场图

将 KPCA-LSTM 模型和 LSTM 模型、PSO-LSTM 模型进行比较分析，其中 LSTM 预测模型根据经验进行参数设置。PSO-LSTM 模型[26]易陷入局部最优，导致输出的最优参数为局部最优参数。模型主要参数见表 4-6。

表 4-6　模型主要参数

模型	参数设置
LSTM	学习率为 0.15，批处理大小为 100
PSO-LSTM	学习率为 0.15，隐藏层神经元个数为 50

为了进一步验证各模型预测效果的差异，本实验引入了绝对误差准则、均方根误差、Score 评分函数作为剩余使用寿命预测准确性的判别标准。上述三类判别标准定义如下。

(1) 绝对误差(absolute error，AE)准则[27]

$$AE = |RUL_{predict,i} - RUL_{true,i}| \tag{4-66}$$

式中，$RUL_{true,i}$表示 t 时刻设备的真实寿命；$RUL_{predict,i}$表示 t 时刻设备的预测寿命。

(2) 均方根误差[28]作为评价指标，主要由于其对于预测结果的提前与滞后均有相同的惩罚系数。

$$RMSE = \sqrt{\frac{1}{n}\sum_{i=1}^{h} h_i^2} \tag{4-67}$$

式中，$h_i = RUL_{predict,i} - RUL_{true,i}$；$n$ 是测试样本的个数。

(3) Score 评分函数，定义如下：

$$\text{Score}=\begin{cases}\sum_{i=1}^{n}(e^{-\frac{h_i}{13}}-1),h_i<0\\ \sum_{i=1}^{n}(e^{\frac{h_i}{10}}-1),h_i\geqslant 0\end{cases}\tag{4-68}$$

以上是三种预测结果的评价指标，三者均为数值越小，表示其预测精度越高。

KPCA-LSTM 预测模型第 1 主元、第 2 主元和第 3 主元的特征数据，作为该预测模型的输入数据，进行剩余使用寿命的预测。LSTM 模型、PSO-LSTM 模型的输入是未融合的原始特征数据。图 4-21 所示为各模型迭代损失。

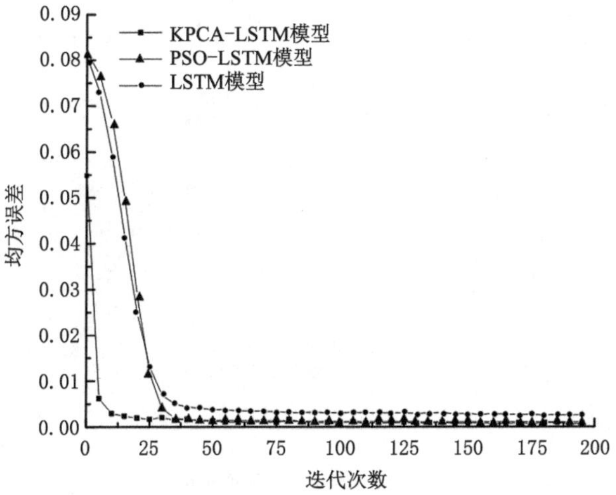

图 4-21　各模型迭代损失

本实验提出的方法首次达到理想损失值的迭代次数最短，经过 200 次迭代后，KPCA-LSTM 模型比 LSTM 模型和 PSO-LSTM 模型的均方误差低，这表明该方法具有更高的预测精度。预测过程中将基于 KPCA 特征融合的主元数据作为预测模型的输入数据，并且将数据前 70%作为训练集，后 30%作为测试集，也就是将数据集 0～1 906 min 的数据作为训练集，1 906 min～2 723 min 的数据作为测试集。如图 4-22 所示，其中 0～1 906 min 时间段，黑色波动曲线为模型的训练过程，1 906 min～2 723 min 时间段，红色波动曲线为模型的剩余使用寿命测试过程，黑色实线为减速器的剩余使用寿命过程。

由图 4-22 可知，LSTM、PSO-LSTM 模型的预测结果显示该方法在前期预测效果偏差较大，使用 LSTM 模型和 PSO-LSTM 模型仅能说明可以学习到煤矿装备的退化趋势，但准确性有待提高。反之本实验所提出的方法，选择 KPCA 融合之后的主元数据作为 BO-LSTM 预测模型的输入数，从开始到结束预测效果保持稳定，可以准确地预测煤矿装备的退化过程。

由表 4-7 可知，本实验采用的 KPCA-LSTM 模型的三种预测误差均小于其他两种预测模型的预测误差，并且模型的训练时间为 784.28 s，相较于其他两个模型的训练时间短，收

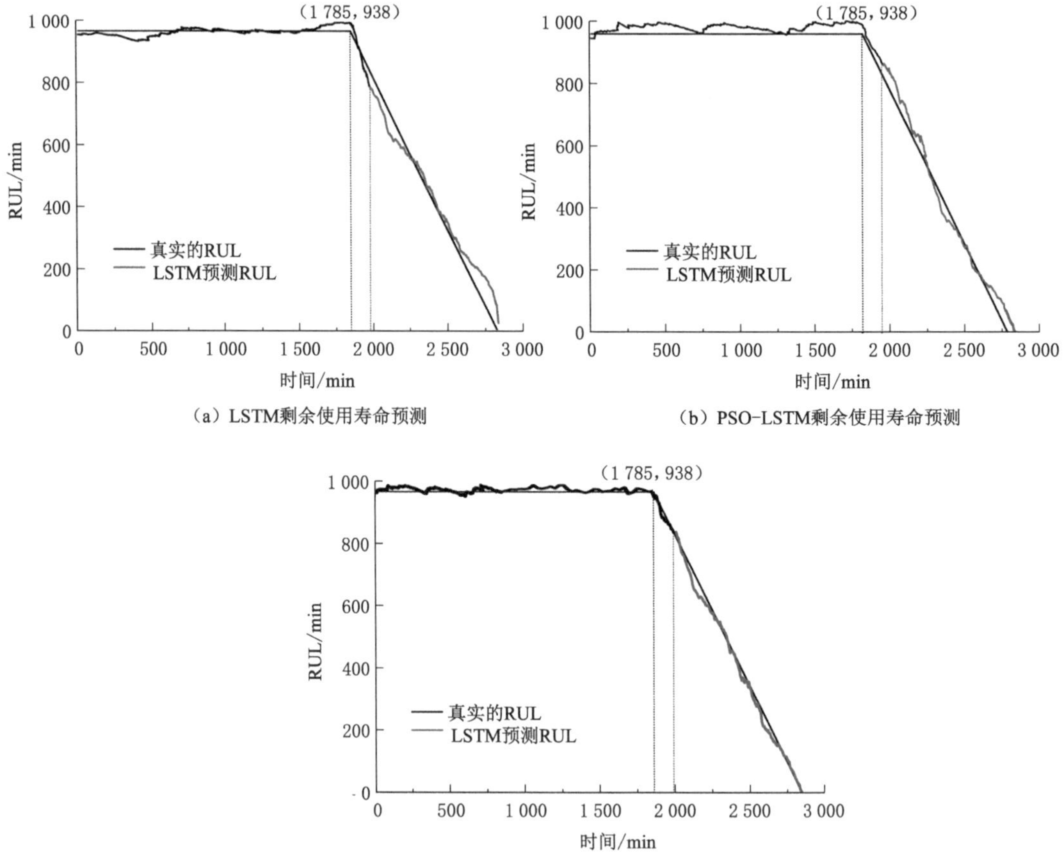

(a) LSTM剩余使用寿命预测

(b) PSO-LSTM剩余使用寿命预测

(c) KPCA-LSTM剩余使用寿命预测

图 4-22 模型剩余使用寿命预测

敛速度更快。结果表明,KPCA-LSTM 模型可以准确地预测煤矿装备的剩余使用寿命。

表 4-7 各模型评价指标结果

模型	AE	RMSE	Score	训练时间/s
LSTM	14.23	19.63	24.23	984.24
PSO-LSTM	16.89	15.10	15.98	947.23
KPCA-LSTM	15.31	12.38	784.2	810.31

4.5.3 基于时间卷积网络的煤矿装备剩余使用寿命预测方法实验对比

为验证所提方法的有效性和可靠性,采用 XJTU-SY 数据集进行实验验证。该平台由交流感应电动机、电机调速器、转轴、支撑轴承、液压加载系统等组成(图 4-23)。被测煤矿装备为 LDK UER204 型号滚动轴承，在不同转速和负载条件下对测试轴承进行加速退化实验，其中液压加载系统对轴承施加不同负载，转速由电机调速器设定并保持。在实验平台被测轴承的水平和垂直方向布置安装两个 PCB 25C6 型加速度传感器，采集轴承全生命周期振动信号数据。该数据集共包含三种工况下 15 个轴承由正常运行至故障的全生命周期数据，数据集记录了水平和垂直两个方向的振动加速度数据，采样频率为 25.6 kHz，采样间隔为 1 min，每次采样可记录 32 768 个数据点。

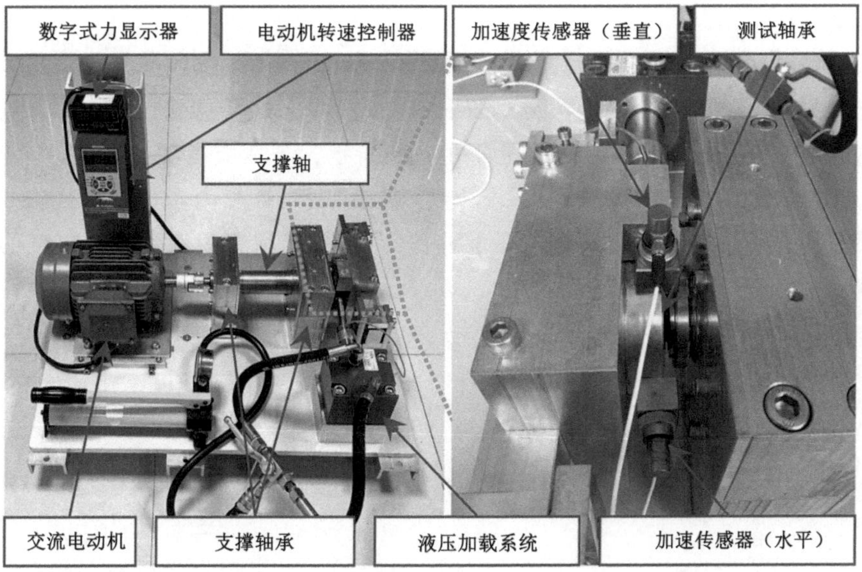

图 4-23　实验平台

本节选取数据集工况一中轴承 1-1、轴承 1-2 和轴承 1-3 作为模型训练集数据，轴承 1-5 作为测试集数据，对模型进行实验验证。由于轴承 1-4 是工况一中唯一保持架故障轴承，无其余轴承进行同类型故障测试，故不参与训练。

为更好地验证本节所提模型的有效性，采用 4 种评价指标对模型预测结果进行评估，其中均方误差 MSE、均方根误差 RMSE、平均绝对误差 MAE 以及决定系数 R^2 具体表达式如下：

$$\mathrm{MSE}=\frac{1}{N}\sum_{i=1}^{N}(Y_i-P_i)^2 \tag{4-69}$$

$$\mathrm{RMSE}=\sqrt{\frac{\sum_{i=1}^{N}(Y_i-P_i)^2}{N}} \tag{4-70}$$

$$\mathrm{MAE}=\frac{\sum_{i=1}^{N}|Y_i-P_i|}{N} \tag{4-71}$$

$$R^2 = 1 - \frac{\sum_{i=1}^{N} (Y_i - P_i)^2}{\sum_{i=1}^{N} (\overline{Y}_i - Y_i)^2} \tag{4-72}$$

式中，Y_i 为剩余使用寿命实际值，P_i 为模型预测值，N 为数据样本总数。上述均方误差、均方根误差、平均绝对误差三个指标值越小，代表模型预测精度越高。决定系数 R^2 用于度量模型对观测数据的拟合程度，取值范围在 0 到 1 之间，R^2 越接近于 1，表示模型对观测数据的拟合程度越好。

对 XJTU-SY 数据集中的原始振动信号采用 DBOVMD 算法进行变分模态分解降噪处理。首先，初始化设置模态分量个数 k 的取值范围为[3,10]，惩罚因子 α 的取值范围为[100,2 500]，得到适应度函数变化曲线如图 4-24 所示。当适应度函数达到最小值时对应的 k 和 α 即为最优参数，即 k 取 10，α 取 2 338。然后，通过计算内涵模态分量 IMF 与原始信号之间的相关系数 r，将相关系数的标准差作为阈值，保留相关系数大于阈值的 IMF 分量进行信号重构，得到降噪后的信号。

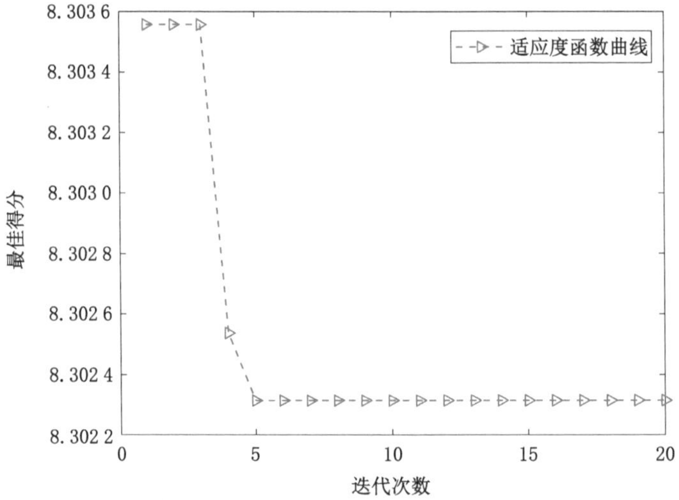

图 4-24　DBOVMD 算法适应度函数变化曲线图

对经过降噪处理后的水平和垂直两通道振动信号分别提取 29 种常用时域、频域及熵特征（17 个有量纲时域特征指标、4 个无量纲时域特征指标、5 个频域特征指标、3 个熵特征指标），共得到 58 维特征指标。

以数据集中轴承 1-1 为例，轴承 1-1 共有 123 个样本数据，采样间隔为 1 min，轴承 1-1 的总寿命为 123 min。选取时间窗长度为 4 096，则轴承 1-1 总共可提取得到 123×8 个特征样本点，对每个时间步数据进行特征提取，得到 $T\times58$ 的多域混合特征二维数组，其中 T 为设备总寿命。首先，对得到的多域混合特征集根据单调性、相关性和综合评价指标进行特征初步筛选，以综合评价指标最大值的 0.9 倍作为阈值，取大于阈值的前 k 个特征进行特征可视化，结果如图 4-25 所示。

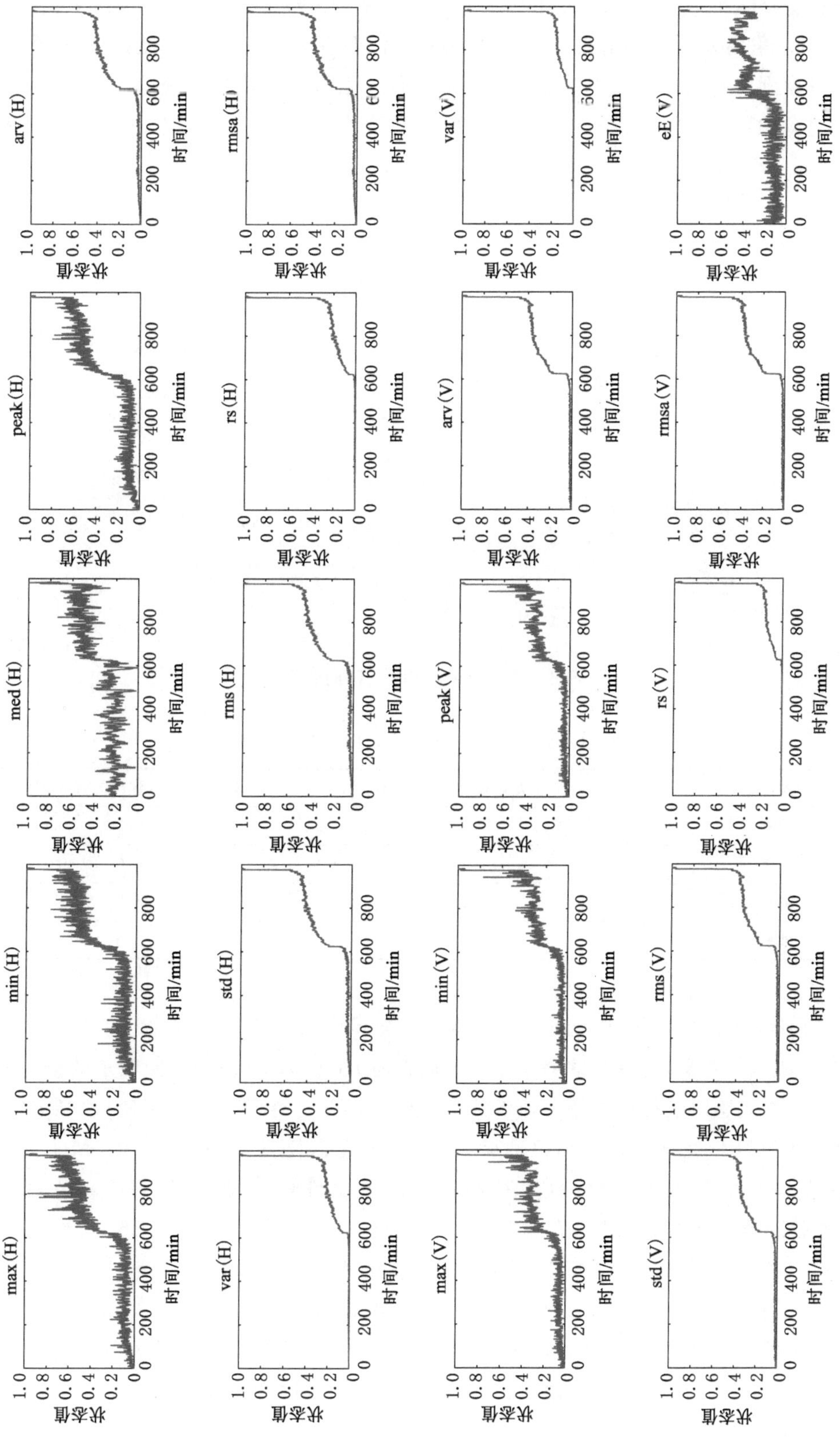

图4-25　轴承1-1的经特征初筛得到的20维特征曲线

对特征选择结果进一步采用 ISOMAP 算法进行特征压缩处理，降维后得到 HI 曲线如图 4-26 所示。采用模糊 C 均值聚类方法(KFCM)对 HI 指标数据进行聚类处理，从图中可以清晰地观察到设备退化过程中由正常运行阶段向退化阶段的转变，根据聚类结果中两簇数据临界时刻位置获取得到设备的早期故障点 FPT。同理可得其他轴承的初始预测时间点，具体如表 4-8 所示。

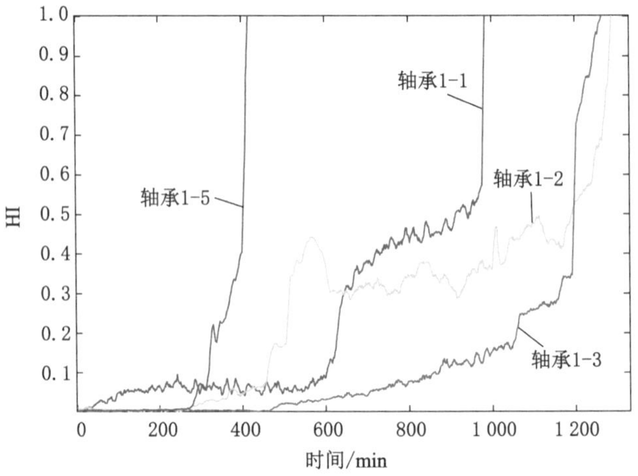

图 4-26 特征降维构建的 HI 曲线图

表 4-8 XJTU-SY 数据集工况 1 轴承 FPT 时刻识别结果

轴承编号	总实验时长/(0.125 min)	FPT 时刻位置/(0.125 min)
轴承 1-1	984	622
轴承 1-2	1 288	510
轴承 1-3	1 264	875
轴承 1-5	416	318

为验证所提方法的性能，以工况一中的前三个轴承作为训练轴承，轴承 1-5 作为测试轴承。根据分段函数定义，为每个轴承的特征数据添加 RUL 标签，由于不同轴承的全寿命周期差异较大，本实验对数据集中每个轴承的剩余使用寿命进行归一化处理使得 RUL∈[0，1]；即健康状态为 1，完全失效为 0，以轴承 1-1 为例生成的 RUL 标签如图 4-27 所示。

实验基本环境配置：本节所有实验均基于以下硬件环境配置：Intel Core(TM)i9-13900HX 处理器、16GB RAM 内存、RTX4060 显卡、Python 版本为 3.8.16、torch 版本为 1.13.1、CUDA 版本为 11.7、MATLAB R2021b 以及 Windows11 操作系统。

对本实验搭建的 TCNMABG 模型进行训练，相关超参数设置如下：训练批次大小为 64，模型的初始学习速率为 0.001，训练轮数 epoch 为 100，优化器为“Adam”，BiGRU 层数为 1，隐藏层维度大小为 64，TCN 模块各层输出维度为[4，4]，Dropout 大小为 0.1，输入数据的时间步长为 30，线性输出层为 1 个神经元。

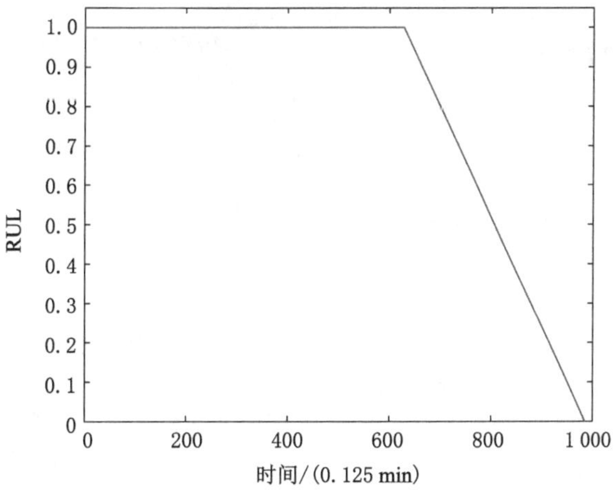

图 4-27　轴承 1-1 剩余使用寿命(RUL)标签

为了说明本实验所提方法在旋转机械剩余使用寿命预测方面的有效性和优越性，将其与现有常用剩余使用寿命预测模型进行对比实验，计算模型预测值与真实值的误差评价指标 MSE、RMSE、MAE 以及 R^2 分数，对训练集和测试集中的每个轴承均进行 5 次重复实验，取平均值作为最终结果，结果具体如表 4-9 所示。

表 4-9　XJTU-SY 数据集的 RUL 预测对比实验

预测模型	训练集				测试集			
	MSE	RMSE	MAE	R^2 分数	MSE	RMSE	MAE	R^2 分数
RNN	0.045 771	0.213 941	0.156 655	0.586 556	0.011 753	0.108 411	0.065 320	0.871 729
GRU	0.039 045	0.188 509	0.135 656	0.679 011	0.028 311	0.168 260	0.134 098	0.691 013
LSTM	0.012 772	0.113 013	0.097 369	0.884 632	0.010 972	0.104 475	0.089 342	0.880 250
BiLSTM	0.005 354	0.073 169	0.050 875	0.951 640	0.007 165	0.084 649	0.056 021	0.921 797
TCNMABG	0.003 001	0.054 783	0.041 820	0.972 891	0.006 753	0.082 175	0.058 105	0.926 302

观察表中结果可知，TCNMABG 模型在训练集上剩余使用寿命预测结果的 MSE 值为 0.003 0，RMSE 值为 0.054 8；在测试集上 MSE 值为0.006 7，RMSE 值为 0.082 1。结果均优于对比方法，表明本实验所提方法具有优良的剩余使用寿命预测性能。

此外，训练集与数据集对比实验预测结果如图 4-28 所示。传统 RNN 模型由于在处理长时间序列数据时容易出现梯度消失或梯度爆炸问题以及对设备退化特征提取不足等方面的缺点，预测结果在训练集和测试集上均表现较差；GRU、LSTM 等模型对传统循环递归网络进行了一定改进，具有较好的时序信息刻画能力，但在本例中预测结果的误差和波动相对较大。测试集轴承 1～5 预测结果误差对比如图 4-29 所示。

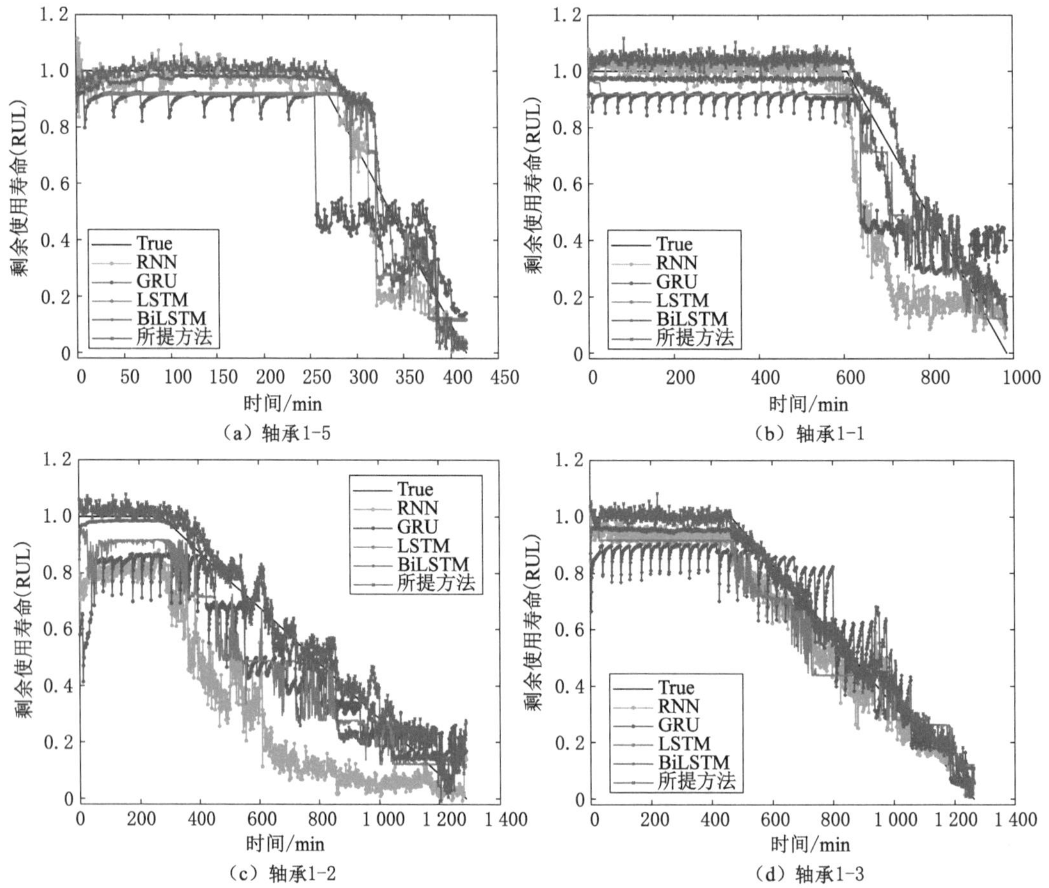

（a）轴承1-5　（b）轴承1-1

（c）轴承1-2　（d）轴承1-3

图 4-28　XJTU-SY 训练集和测试集预测结果及模型效果对比图

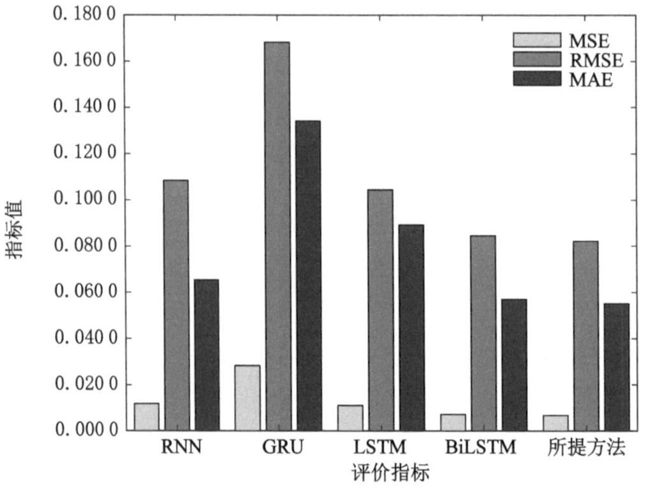

图 4-29　测试集轴承 1-5 预测结果误差对比图

本实验所提方法基于 TCN 时间卷积网络模型，通过引入 BiGRU 和 MA 模块，能够有效捕捉不同时间尺度的长短期依赖关系，双向信息传递能够实现更准确的时序特征表示与提取，同时提高了模型对重要特征的感知能力，TCNMABG 模型的预测结果不仅能够更好地表征设备剩余使用寿命的退化趋势，与真实 RUL 值具有较好的贴合度，而且训练集和测试集每个轴承的预测都最为稳定，无过拟合现象。

参考文献

[1] 宋文强. 采煤机摇臂的常见故障与解决措施[J]. 现代工业经济和信息化，2018，8(15)：105-106.

[2] 葛阳，郭兰中，牛曙光，窦岩. 基于 t-SNE 和 LSTM 的煤矿装备剩余寿命预测[J]. 振动与冲击，2020，39(7)：223-231.

[3] ZHAO FQ，TIAN Z G，ZENG Y. Uncertainty quantification in gear remaining useful life prediction through an integrated prognostics method[J]. IEEE Transactions on Reliability，2013，62(1)：146-159.

[4] CHIACHÍO J，CHIACHÍO M，SANKARARAMAN S，et al. Condition-based prediction of time-dependent reliability in composites[J]. Reliability Engineering & System Safety，2015，142：134-147.

[5] LEI YG，LI N P，GONTARZ S，et al. A model-based method for remaining useful life prediction of machinery[J]. IEEE Transactions on Reliability，2016，65(3)：1314-1326.

[6] 徐维超. 相关系数研究综述[J]. 广东工业大学学报，2012，29(3)：12-17.

[7] PEARSON K. On lines and planes of closest fit to systems of points in space[J]. The London，Edinburgh，and Dublin Philosophical Magazine and Journal of Science，1901，2(11)：559-572.

[8] 黄仁东，张海彬，杨志辉，等. 基于多准则的组合预测模型权重研究及其应用[J]. 中南大学学报(自然科学版)，2015，46(5)：1778-1785.

[9] 张恒，赵荣珍. 故障特征选择与特征信息融合的加权 KPCA 方法研究[J]. 振动与冲击，2014，33(9)：89-93.

[10] LI Z B，JIANG W L，ZHANG S，et al. Research on prediction method of hydraulic pump remaining useful life based on KPCA and JITL[J]. Applied Sciences，2021，11(20)：9389.

[11] 蒋全胜，许伟洋，朱俊俊，等. 基于动态加权卷积长短时记忆网络的滚动轴承剩余寿命预测方法[J]. 振动与冲击，2022，41(17)：282-291.

[12] ELSHEIKH A，YACOUT S，OUALI M S. Bidirectional handshaking LSTM for remaining useful life prediction[J]. Neurocomputing，2019，323：148-156.

[13] 许艳雷，邱明，李军星，等. 基于 SKF-KF-Bayes 的滚动轴承剩余使用寿命预测方法[J]. 振动与冲击，2021，40(19)：26-31.

[14] WANG F T, LIU X F, DENG G, et al. Remaining life prediction method for rolling bearing based on the long short-term memory network[J]. Neural Processing Letters, 2019, 50(3): 2437-2454.

[15] GUNDU V, SIMON S P. PSO-LSTM for short term forecast of heterogeneous time series electricity price signals[J]. Journal of Ambient Intelligence and Humanized Computing, 2021, 12(2): 2375-2385.

[16] LI Y X, HUANG X Z, DING P F, et al. Wiener-based remaining useful life prediction of rolling bearings using improved Kalman filtering and adaptive modification[J]. Measurement, 2021, 182: 109706.

[17] BI J X, FAN W Z, WANG S B. Remaining life prediction for aircraft turbine engines based on LSTM-RNN-HMM-APPROACH[J]. IOP Conference Series: Materials Science and Engineering, 2021, 1043(2): 022033.

[18] CHEN Z H, WU M, ZHAO R, et al. Machine remaining useful life prediction via an attention-based deep learning approach[J]. IEEE Transactions on Industrial Electronics, 2021, 68(3): 2521-2531.

[19] REN L, SUN YQ, WANG H, et al. Prediction of bearing remaining useful life with deep convolution neural network[J]. IEEE Access, 2018, 6: 13041-13049.

[20] ZHANG Y Z, XIONG R, HE H W, et al. Long short-term memory recurrent neural network for remaining useful life prediction of lithium-ion batteries[J]. IEEE Transactions on Vehicular Technology, 2018, 67(7): 5695-5705.

[21] 王璞，姬联涛，朱家浩，等. 基于 VMD 与 GRU 的抽水蓄能机组振动趋势预测[J]. 水电能源科学，2022，40(1)：192-195.

[22] 罗宇，李颖，郝昕宇，等. 基于相关性的传感数据分析与处理[J]. 智能计算机与应用，2022，12(2)：49-53.

[23] ZHAO JF, MAO X, CHEN L J. Speech emotion recognition using deep 1D & 2D CNN LSTM networks[J]. Biomedical Signal Processing and Control, 2019, 47: 312-323.

[24] 徐海兵，郭久明. 基于双向 GRU 模型的网络流量预测的研究[J]. 电子技术应用，2022，48(2)：19-22.

[25] 邹旺，吉畅，陈伟兴，等. 基于数据增强和卷积神经网络的多轴承剩余寿命预测[J]. 机械设计，2021，38(8)：84-90.

[26] 戴豪民，许爱强，孙伟超. 基于改进奇异谱分析的信号去噪方法[J]. 北京理工大学学报，2016，36(7)：727-732.

[27] 王烨，左洪福，蔡景，等. 基于 Bayesian 推断和 LS-SVM 的发动机在翼寿命预测模型[J]. 南京理工大学学报，2013，37(6)：955-959.

[28] 赵广社，吴思思，荣海军. 多源统计数据驱动的航空发动机剩余寿命预测方法[J]. 西安交通大学学报，2017，51(11)：150-155.

第 5 章　数据驱动的煤矿装备维护决策方法

5.1　引言

随着煤矿装备复杂化和智能化的发展，煤矿企业对煤矿装备的智能维护要求越来越高，建立合理的维护决策模型对于保障煤矿生产安全来说十分关键。目前，维护决策主要以维护成本、维护时间等为决策目标，考虑检查率、维护间隔等约束建立模型，而在维护模型的建立中未考虑生产安全给模型带来的影响。面临维护活动与生产活动存在冲突的问题。此外，用于维护的先验信息对于设备的维护决策也十分重要，无法提前预知设备的性能衰退趋势，就无法提前对设备开展有效的维护活动[1]。设备发生故障后可能造成整个系统停机，影响生产进程，给企业经济带来不可估量的损失，并有可能引发严重事故，甚至导致人员伤亡[2-3]。因此，制造企业希望多设备生产系统在满足高产能的前提下，又能够实现生产过程的高可靠性、高安全性、高有效性以及低风险性，设备的安全性和可靠性越来越被重视[4-5]。

本章节针对上述问题，详细介绍了所提出的基于维护安全与维护成本的煤矿装备机会维护决策优化方法、面向生产计划与维护活动的煤矿装备多目标联合决策方法及基于剩余使用寿命概率分布的多设备动态成组维护决策方法。本章可以促进读者在煤矿装备维护的合理性方面作出积极探索，能够极大地降低煤矿企业的成本，可为后续维护策略的更新与优化奠定基础，同时对其他行业的重大设施及装备的维护决策也具有一定参考价值。

5.2　基于维护安全与维护成本的煤矿装备机会维护决策优化方法

5.2.1　煤矿装备维护策略

维护策略是指针对产品劣化情况而制定的维护方针，包括决策依据、维护措施及执行时机[6]。目前多煤矿装备维护决策研究，考虑煤矿维护决策目前存在的维护不足或维护过剩现象，本章以煤矿装备构成的生产系统为研究对象，首先阐述了煤矿装备的井下运行特点以及常见故障模式与维护方式，并制定了适应煤矿装备的维护策略，其次通过引入加速劣化因子与性能恢复因子建立维护效果模型，最后通过考虑中修/项修成本、小修成本、停机损失成本、折旧损失成本建立维护决策优化模型，旨在以成本最低为目标对煤矿装备进行维护。

由于目前的维护方式都不能更好地达到降低维护成本、提高生产效率的目的，本章在对煤矿综采装备群的维护决策优化中，引入机会维护思想。目前所研究的机会维护策略中主要采取以下两种模式：在煤矿装备预防性维护之前，对所有发生故障的煤矿装备进行最小维护；只要煤矿装备发生了故障就进行部件更换。显然这两种情况都不是最佳的，因此在原有的机会维护策略基础上，提出了改进型机会维护策略[7]。

（1）煤矿装备维护效果模型的建立

本章中煤矿装备的性能衰退规律服从威布尔分布，基于此考虑煤矿装备的加速劣化因子与性能恢复因子，加速劣化因子可加快煤矿装备性能的衰退速率，而性能恢复因子可得出煤矿装备在维护后的初始故障率。因此本章在加入 2 个调整因子后得到的维护效果模型如下：

$$\mathrm{FR}(t)=(1-\beta)\mathrm{FR}(t_0)+\mathrm{FR}(t,a_{i,I}\times\alpha,b_{i,I}),t\in(0,+\infty) \tag{5-1}$$

式中，α 为加速劣化因子，$\alpha=m^{\mathrm{Mnum}}$，Munm 代表对煤矿装备的小修次数；β 为性能恢复因子，$\beta=n^{\mathrm{Imun}}$，Imun 是煤矿装备经历过中修或项修的次数。

（2）维护决策优化模型的建立

在对煤矿装备进行维护时，以最优安全成本指数为约束，考虑煤矿装备的中修/项修成本、小修成本、停机损失成本、折旧损失成本，建立维护决策优化模型。

① 中修/项修成本

$$C_{\mathrm{m}}=\sum_{j=1}^{J}\sum_{i=1}^{N}(c_i^p m_{ij}+c_i^r r_{ij}) \tag{5-2}$$

式中，C_{m} 为煤矿装备中修/项修成本，c_i^p 为煤矿装备中修维护成本，m_{ij} 为煤矿装备 i 在区间 j 结束时中修决策变量，c_i^r 为煤矿装备项修维护成本，r_{ij} 为煤矿装备 i 在区间 j 结束时项修决策变量。

② 小修成本

记煤矿装备 i 在区间 j 期间的故障次数为 n_{ij}，期望故障次数为 $E(n_{ij})$，根据可靠性理论有：

$$\begin{aligned}E(n_{ij})&=\int_{x_{ij}}^{x'_{ij}}\mathrm{FR}(t)\mathrm{d}t=\int_{x_{ij}}^{x'_{ij}}(1-\beta)\mathrm{FR}(t_0)+\mathrm{FR}(t,a_{i,I}\times\alpha,b_{i,I})\mathrm{d}t\\&=(1-\beta)\int_{x_{ij}}^{x'_{ij}}\mathrm{FR}(t_0)\mathrm{d}t+\int_{x_{ij}}^{x'_{ij}}\mathrm{FR}(t,a_{i,I}\times\alpha,b_{i,I})\mathrm{d}t\\&=(1-\beta)\left[\left(\frac{x'_{ij}}{a_i}\right)^{b_i}-\left(\frac{x_{ij}}{a_i}\right)^{b_i}\right]+\left[\left(\frac{x'_{ij}}{a_i\times\alpha}\right)^{b_{i,I}}-\left(\frac{x_{ij}}{a_i\times\alpha}\right)^{b_{i,I}}\right]\end{aligned} \tag{5-3}$$

所以煤矿装备 i 在区间 j 期间的故障后小修成本为：

$$c_i^f(1-\beta)\left[\left(\frac{x'_{ij}}{a_i}\right)^{b_i}-\left(\frac{x_{ij}}{a_i}\right)^{b_i}\right]+\left[\left(\frac{x'_{ij}}{a_i\times\alpha}\right)^{b_{i,I}}-\left(\frac{x_{ij}}{a_i\times\alpha}\right)^{b_{i,I}}\right] \tag{5-4}$$

总的小修成本为：

$$C_d = \sum_{j=1}^{J}\sum_{n=1}^{N}\left\{c_i^f(1-\beta)\left[\left(\frac{x'_{ij}}{a_i}\right)^{b_i} - \left(\frac{x_{ij}}{a_i}\right)^{b_i}\right] + \left[\left(\frac{x'_{ij}}{a_i\times\alpha}\right)^{b_{i,I}} - \left(\frac{x_{ij}}{a_i\times\alpha}\right)^{b_{i,I}}\right]\right\} \tag{5-5}$$

式中，C_d 为煤矿装备小修总维护成本；c_i^f 为煤矿装备单次小修维护成本；x_{ij} 和 x'_{ij} 分别表示区间 j 开始和结束煤矿装备 i 的有效役龄。

如果煤矿装备 i 在区间 j 结束时进行维护，则对煤矿装备有效役龄的影响为：

$$x_{i,j+1} = \beta \cdot x'_{ij} \quad (i=1,\cdots N; j=1,\cdots,J-1)$$

如果煤矿装备 i 在区间 j 结束时保持原状，则：

$$x_{i,j+1} = x'_{ij} \quad (i=1,\cdots,N; j=1,\cdots,J-1)$$

即煤矿装备有效役龄不发生改变。

③ 系统停机损失成本

停机损失是由于维护费用导致装备非正常停机对企业造成的损失，生产停机时间 τ^d 可表示为：

$$\tau^d = \sum_{j=1}^{J}\left\{1 - \prod_{i=1}^{N}\left[1-(m_{ij}+r_{ij})\right] + \sum_{i=1}^{J}(1-\beta)\left[\left(\frac{x'_{ij}}{a_i}\right)^{b_i} - \left(\frac{x_{ij}}{a_i}\right)^{b_i}\right] + \left[\left(\frac{x'_{ij}}{a_i\times\alpha}\right)^{b_{i,I}} - \left(\frac{x_{ij}}{a_i\times\alpha}\right)^{b_{i,I}}\right]\right\} \tag{5-6}$$

因此系统在计划期间 T 总的生产停机损失成本可表示为：

$$C_q = V \cdot \tau^d \tag{5-7}$$

式中，V 表示系统无停顿连续生产的单位时间产出。

4）装备中修/项修后折旧损失成本

煤矿装备在役龄为 t' 时项修的剩余价值损失成本，记为 $C_r(t')$，有

$$C_r(t') = c_i^r \cdot \frac{\dfrac{1}{R_i(t')}\displaystyle\int_{t'}^{\infty} R_i(t)\,dt}{\displaystyle\int_0^{\infty} R_i(t)} \tag{5-8}$$

在本节中考虑煤矿装备维护所损失的部分剩余价值，记为煤矿装备在役龄为 t 时进行机会维护的剩余价值损失成本，其项修剩余价值损失的比重等于中修与项修成本的比值。即：

$$C_p(t') = C_r(t') \cdot \frac{c_i^p}{c_i^r} \tag{5-9}$$

因此，维护决策模型如下：

$$\min C_{T1} = \sum_{j=1}^{J}\sum_{n=1}^{N}\{c_i^f\lambda_i[(x'_{ij})^{\beta_i} - (x_{ij})^{\beta_i} + c_i^p(m_{ij} + C_p(x'_{ij})) + C_r(r_{ij} + C_p(x'_{ij}))\} + V \cdot \tau^d \tag{5-10}$$

5.2.2　融合维护安全与维护成本的煤矿装备机会维护模型

5.2.2.1　煤矿装备安全检修费用模型

在煤矿装备进行安全检测时，有可能发现潜在安全隐患，就要对其进行检修，因此其安

全检修费用表示为 C_s，如果在对煤矿装备进行安全检修时，未发生任何问题，则安全检测费用可表示为 C_f，假设煤矿装备在每次安全检测时，都有 $P_m(t_i)$ 的概率被进行安全检修，若在整个综采工作任务中未发生任何潜在安全隐患，则在整个安全检测过程中只存在安全检测费用。令 C_s 表示在综采工作计划期 t 条件下以 J 个间隔期进行安全检测的总费用。

如上所述，在(0,T)内必有以下两种事件之一发生：

(1) 首次更新对煤矿装备进行安全检修。假设首次安全检修发生在时刻 $y \in (t_{j-1}, t_j)$，安全检修费用可表示为：

$$C_s = \sum_{j=1}^{J} \left\{ \left[\sum_{i=1}^{N} (c_i^p m_{ij} + c_i^r r_{ij}) + C_f \right] P_m(t_j) \right\} \tag{5-11}$$

式中，C_s 表示在安全检测时检测及要进行维护的费用；j 表示 J 个间隔期中的区间；$P_m(t_j)$ 为 t_j 时刻安全检修更新的概率。

(2) $[0,t]$内不进行任何更新。则此时的费用可表示为：

$$C_n = J \cdot C_f \cdot P_n(t_j) \tag{5-12}$$

式中，C_n 表示在安全检测时未发生安全隐患时的检测费用；$P_n(t_j)$ 为 t_j 时刻只进行检测的概率。

综上所述，可以得到在安全检测周期内任意时刻 t 之前的平均安全检测最小费用表达式：

$$\min C_{T2} = C_s + C_n = \sum_{j=1}^{J} \left\{ \left[\sum_{i=1}^{N} (c_i^p m_{ij} + c_i^r r_{ij}) + C_f \right] P_m(t_j) \right\} + JC_f P_n(t_j) \tag{5-13}$$

5.2.2.2 考虑煤矿装备安全检修的维护决策模型

由式(5-10)可知以维护成本最小为目标的维护决策优化模型为

$$\min C_{T1} = \sum_{j=1}^{J} \sum_{n=1}^{N} \{ c_i^f \lambda_i [(x'_{ij})^{\beta_i} - (x_{ij})^{\beta_i} + c_i^p (m_{ij} + C_p(x'_{ij})) + C_r(r_{ij} + C_p(x'_{ij})) \} + V \cdot \tau^d$$

因此，煤矿综采装备群维护安全成本均衡决策优化模型可表示为：

$$\min C_T = C_{T1} + C_{T2} = \sum_{j=1}^{J} \sum_{n=1}^{N} \{ c_i^f \lambda_i [(x'_{ij})^{\beta_i} - (x_{ij})^{\beta_i} + c_i^p (m_{ij} + C_p(x'_{ij})) + C_r(r_{ij} + C_p(x'_{ij})) \} + V \cdot \tau^d + \sum_{j=1}^{J} \left\{ \left[\sum_{i=1}^{N} (c_i^p m_{ij} + c_i^r r_{ij}) + C_f \right] P_m(t_j) \right\} + JC_f P_n(t_j) \tag{5-14}$$

5.2.2.3 模型约束

(1) 安全度约束

在考虑煤矿安全检测成本的综采装备群维护决策优化模型中，煤矿企业旨在对维修部门维护成本进行合理控制以及对安全检测部门安全检测费用进行优化，其均可以表示为煤矿安全生产的保证性安全成本，如果一味地降低保证性安全成本，则会对煤矿的安全造成一定的影响，因此在控制其成本的同时应以煤矿内部安全度为约束，如式(5-15)所示：

$$Q_r - Q = \frac{C_T'}{C_T - C_M + C_T'} \geqslant 0 \tag{5-15}$$

式中，Q_r 表示优化后的煤矿安全度；Q 表示目前煤矿安全度；C_T'表示优化后降低的维护成本；C_T 表示优化前维护成本；C_M 表示优化前损失性安全成本。

(2) 维护约束

式(5-16)至式(5-21)均为维护约束，其中约束(5-16)表示初始煤矿装备的有效役龄；约束(5-17)表示有效役龄与维护决策的关系，如果煤矿装备 i 在区间 j 结束后进行维护，则 $m_{i,j}=1$，$x_{i,j}=\alpha_i x'_{i,j-1}$，如果煤矿装备 i 在区间 j 结束时对煤矿装备进行项修，则 $r_{i,j}=1$，$x_{i,j}=0$。约束(5-18)表示各时间区间开始和结束时各煤矿装备有效役龄的递推关系，其中 T^* 为有效作业时间。约束(5-19)表示每当区间 j 结束时对煤矿装备 i 只采取维护方式中的一种。约束(5-20)表示决策变量只能取 0 或 1。

$$x_{i1} = X_{0i} \quad (i=1,\cdots,N;j=1,\cdots,J-1) \tag{5-16}$$

$$x_{i,j} = (1-m_{i,j-1})(1-r_{i,j-1})x'_{i,j-1} + m_{i,j-1}\alpha_i x'_{i,j-1} \quad (i=1,\cdots,N;j=2,\cdots,J) \tag{5-17}$$

$$x'_{i,j} = x_{i,j} + T^*/J \tag{5-18}$$

$$m_{i,j} + r_{i,j} \leqslant 1 \tag{5-19}$$

$$m_{i,j}, r_{i,j} = 0/1 \tag{5-20}$$

$$x_{i,j}, x'_{i,j} \geqslant 0 \tag{5-21}$$

5.2.3　基于遗传算法的煤矿装备机会维护模型求解方法

(1) 染色体编码

本节中维护决策主要为中修或项修，即 0/1 变量，因此本节采用二进制编码，如图 5-1 所示，染色体的总长度为 $2N \cdot J$，前 $N \cdot J$ 个基因代表煤矿装备的中修，后 $N \cdot J$ 个基因代表煤矿装备的项修。

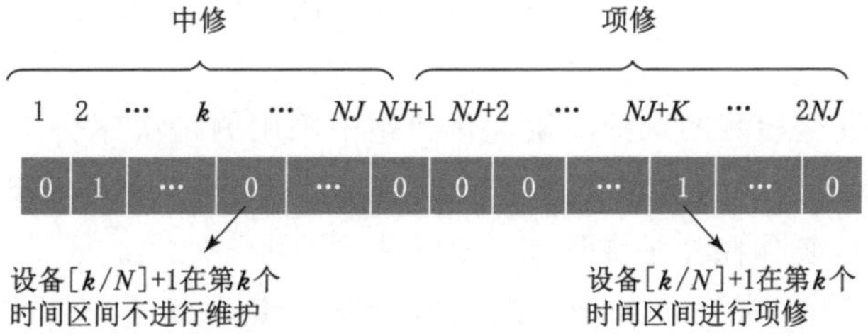

图 5-1　编码示意图

(2) 初始种群生成

种群数量是影响算法优化性能和效率的因素之一，种群太小不能提供足够的采样点，致使算法性能很差，甚至得不到问题的可行解；种群太大时，优化信息增加，可以阻止早熟收敛的发生，但是会增加计算量，降低计算速度[8]。本节取种群数量为 100，随机生成初始种群，即每条染色体中随机生成中修/项修的概率。若第 k 个基因和第 $N \cdot J+k$ 个基因都为 1，表示对同一煤矿装备进行中修及项修，违背生产系统约束，此时随机使第 k 个和第 $N \cdot J+k$ 个基因其中之一为 0。

(3) 评价个体适应度函数

在遗传算法中使用适应度函数的概念可以度量种群个体优化计算中能达到最优解的优良程度，是根据目标函数确定用于区分群体中个体好坏的标准，是算法研发过程中的驱动力，也是进行自然选择的唯一依据[9]。遗传算法在搜索进化过程中一般不需要其他外部信息，仅用适应度函数来评估个体或解的优劣，并作为以后遗传操作的依据，适应度函数表明个体对环境适应能力的强弱，不同的问题，适应度函数的定义方式也有所不同[10]。

对于本节维护决策问题，维护费用最小代表了最短的维护时间和最高的维护效率。因此本节将以维护费用函数作为适应度函数，但是适应度函数必须是值越大越好，而本节目标函数则是值越小越好。本节将目标函数值与适应度函数值进行如式(5-22)所示的变换：

$$\min f(x)=\frac{1}{C_{T1}+C_{T2}}=\Big\{\sum_{j=1}^{J}\sum_{n=1}^{N}\{c_i^f\lambda_i[(x'_{ij})^{\beta_i}-(x_{ij})^{\beta_i}+c_i^p(m_{ij}+C_p(x'_{ij})+C_r(x'_{ij}))\}+$$

$$C_q+\sum_{j=1}^{J}\{[jC_f+C_e+C(J,t-y)]P_m(t_j)\}+JC_fP_n(t_j)\Big\}^{-1} \tag{5-22}$$

(4) 选择算子

选择操作的作用是避免有效基因的损失，使高性能的个体可以以更大的概率生存，从而提高全局收敛性的计算效率。根据个体适应度值判断其优劣，个体适应度值大，则被选择的机会就越多，选择操作充分体现了“适者生存、优胜劣汰”的原则，从而使生命力强的染色体有机会保留用以繁殖后代。目前主要的选择算子有轮盘赌选择、随机竞争选择、最佳保留选择、确定性选择等。

本节选择的是经典轮盘赌法。轮盘赌选择是一种回放式随机采样法，每个个体进入下一代的概率等于它的适应度值与整个种群中个体适应度值和的比例，即 $P_i=\dfrac{F_i}{\sum_{i=1}^{N}F_i}$ 概率选择种群中相应个体。每两个个体为一组，一个作为父代、一个作为母代进行复制。

(5) 交叉算子

在本节的考虑安全检测的维护决策优化问题中采用的是次序交叉，首先随机产生两个交换点，定义两交换点之间的区域为匹配区，交换两个父代个体匹配区的基因片段。如图 5-2 为例，次序交叉的具体操作步骤如下：

① 随机产生两个交换点，交换此间的基因片段，并将此基因片段放入子代中，基因在染色体中的位置不变。

② 在父代个体中删除从另一代个体中交换过来的基因片段中的基因，将剩余的基因按顺序保存。

③ 将剩余基因按逆序方式，从子代第 2 交叉位置后填入。

(6) 变异算子

变异是将个体染色体编码串中的某些基因座上的基因值用该基因座的其他等位基因

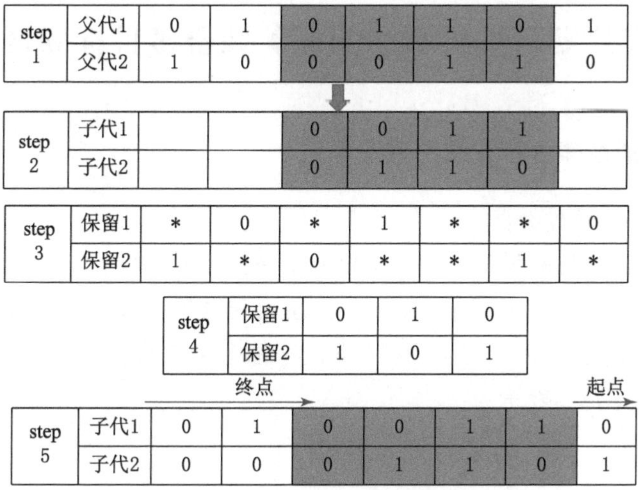

图 5-2　交叉操作示意图

来替换，从而形成一个新的个体。从遗传算法过程中产生新个体能力方面来说，变异本身是一种随机算法，但与选择和交叉算子结合后，能够避免由于选择和交叉运算造成的信息损失，保证了遗传算法的有效性。交叉操作是产生新个体的主要方法，它决定了遗传算法的全局搜索能力，还可以维持种群的多样性，防止出现早熟现象。交叉算子与变异算子相互配合，共同完成搜索空间的全局搜索和局部搜索，从而使得遗传算法能够以良好的搜索性能完成优化问题的寻优过程。变异操作主要有互换变异、逆序变异、插入变异等[11]。本节中的变异操作采用逆序变异，首先随机确定两个位置，然后将这两个位置之间的基因顺序颠倒。如图 5-3 所示，父代个体为[0 1 1 0 1 0 1 1 1]，逆序位置确定为 4 和 8，则变异后的个体为[0 1 1 1 1 0 1 0 1]。

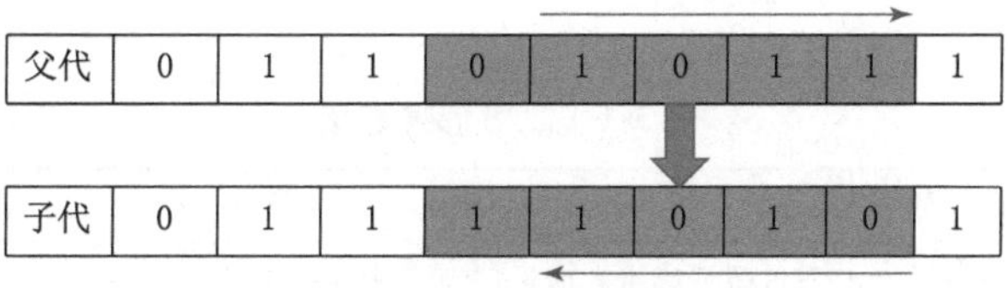

图 5-3　变异操作示意图

变异概率是加大种群多样性的重要因素。变异概率取值较大时，虽然能产生较多新个体，增加了群体的多样性，但也有可能破坏掉很多好的模式，使遗传算法近似于随机搜索；若变异概率取值太小，则变异操作产生新个体和抑制早熟现象的能力就会较差。

（7）终止条件

本节限制最大迭代数为完成三个工作面的时间，取 $T_{max}=365$。最优遗传算法参数是依赖问题本身的，本节根据以往遗传算法参数选取的经验以及大量的实验来确定维护决策参数。

5.3 面向生产计划与维护活动的煤矿装备多目标联合决策方法

5.3.1 煤矿装备的故障分析与维护策略制定

5.3.1.1 煤矿装备的故障分析

机械系统的故障退化趋势是通过设备故障率来描述的，故障率体现了设备在某一时刻可能发生故障的概率。故障率越大，表示设备性能衰退越严重，发生故障的概率越大。对煤矿装备退化规律进行大量的实验，发现其故障退化规律服从威布尔（Weibull）分布[12]。煤矿装备的故障率 $\lambda(t)$ 可表示为：

$$\lambda(t) = \frac{\beta}{\eta}\left(\frac{t}{\eta}\right)^{\beta-1} \tag{5-23}$$

式中，t 表示设备运行时间，η 为设备的尺度参数，β 为设备的形状参数，且 $\eta>0$，$\beta>0$。

煤矿装备的概率分布函数 $F(t)$ 表示为：

$$F(t) = 1 - \exp\left[-\left(\frac{t}{\eta}\right)^{\beta}\right] \tag{5-24}$$

故障概率密度函数 $f(t)$ 为：

$$f(t) = \frac{\beta}{\eta}\left(\frac{t}{\eta}\right)^{\beta-1}\exp\left[-\left(\frac{t}{\eta}\right)^{\beta}\right] \tag{5-25}$$

可靠度函数 $R(t)$ 为：

$$R(t) = 1 - \int_0^{\infty} f(t)\mathrm{d}t = \exp\left[-\left(\frac{t}{\eta}\right)^{\beta}\right] \tag{5-26}$$

基于故障模式、影响及危害度分析[13]确定不同的故障对于设备的影响程度，从而根据影响与危害程度的不同制定不同的维护方案，为管理决策提供依据。

通常将危害度等级划分为四级，如表 5-1 所示。

表 5-1 故障危害等级

危害度等级	故障性质	评价标准
1	严重故障	对系统造成重大损害，并有可能直接影响人身安全
2	一般故障	对系统造成重大损害，并有可能间接影响人身安全
3	轻微故障	对系统和人员不造成重大损害
4	突发故障	不影响系统主要功能

引入模糊评价法对设备故障类型进行危害度分析，因素集是以影响评估对象各个因素为元素的组合，建立煤矿装备的模糊评估因素集为：

$$U = \{u_1, u_2, u_3, \cdots, u_i\} \tag{5-27}$$

因素集主要包括故障率、严重度、检测度、维修度四个因素。

本节设立四个评价等级，将危害水平加以归类，得到备择集：

$$V = \{v_1, v_2, v_3, \cdots, v_i\} \tag{5-28}$$

设立权重集反映重要程度的权数，权重集可表示为：

$$W = \{w_1, w_2, w_3, \cdots, w_i\} \tag{5-29}$$

权重集满足归一化条件，即 $w_1 + w_2 + w_3 + w_4 = 1$。

通过不同的截集将评估集表示为：

$$R = \{r_{11}, r_{12}, r_{13}, \cdots, r_{1i}\} \tag{5-30}$$

则不同因素下的评估集可表示为：

$$R = \begin{bmatrix} r_{11} & r_{12} & \cdots & r_{1i} \\ r_{21} & r_{22} & \cdots & r_{2i} \\ \vdots & \vdots & & \vdots \\ r_{j1} & r_{j2} & \cdots & r_{ji} \end{bmatrix} \tag{5-31}$$

一级模糊评价矩阵 B 为：

$$B = W \cdot R \tag{5-32}$$

危害度表示为：

$$C = B \cdot V^{\mathrm{T}} \tag{5-33}$$

通过煤矿机电维修手册以及专家意见[14]，根据不同煤矿装备确定煤矿装备故障模式危害度等级如表 5-2 所示。

表 5-2　煤矿装备故障模式危害度等级

故障模式	故障类型	危害度	故障时期	危害度等级
断裂、裂痕	损坏型	5.68	耗损故障期	1
磨损、腐蚀、变形	劣化型	3.92	耗损故障期	2
漏液、渗水	渗透型	2.84	早期故障期	3
松动、脱开	脱落型	2.16	早期故障期	
断电、断水	突发型	0.94	偶然故障期	4

通过对故障模式危害度进行分析，对于不同的故障类型定义不同的危害等级，为后续维护策略与维护方案的制定提供依据。

5.3.1.2　煤矿装备维护策略

(1) 不完美维护效果模型

在制定维护策略之前首先要定义维护效果模型，一般将维护效果分为小修、不完美维护和完美维护三类。小修主要针对突发性故障，不改变设备的故障率，完美维护则会使设备修复如新，不完美维护介于二者之间。而在实际生产过程中很难实现完美维护，尤其是面对复杂设备，实际工程中大部分基于不完美维护效果模型，即所采取的维护活动无法使设备的状态恢复到全新。三种维修效果模型如图 5-4 所示。

本节将基于不完美维护效果模型，对煤矿装备采取的任何维护方式都不能使设备修复如新。不完美维护效果模型下，维护活动虽然不能“修旧如新”，但可以使设备性能有很大

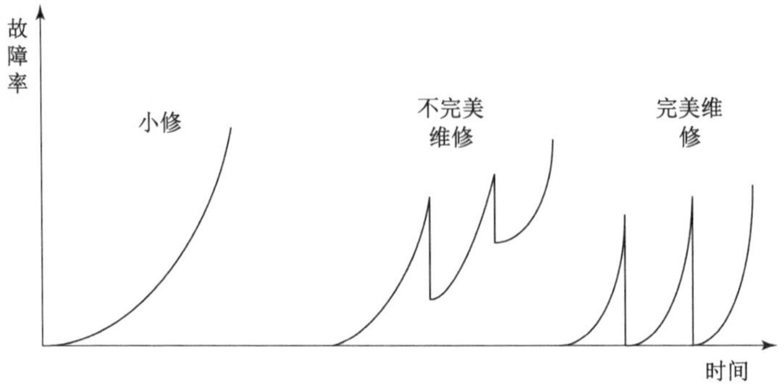

图 5-4　维护效果模型

的恢复，降低设备的故障率。即便如此，随着维修次数不断增加，设备的故障率也会不断增大，维护效果逐渐减弱[15]。维护活动会造成设备退化加速，任何时刻的维护活动都会使设备的失效率增大，与维护活动的时间间隔无关[16]。

为了使维护活动更加符合设备实际退化过程，本节引入修正因子对设备故障退化进行修正，以便更好地描述每次维护活动对于设备性能退化的影响，修正因子包括退化加速因子与性能恢复因子。退化加速因子会加快设备性能的退化速率，随着维护次数的增加，设备的退化将越来越明显，直至完全失效。性能恢复因子用于描述因为维护活动而导致设备性能发生的恢复，随着设备维修次数的增多，故障率也将越来越少。

引入修正因子的维护效果如图 5-5 所示。

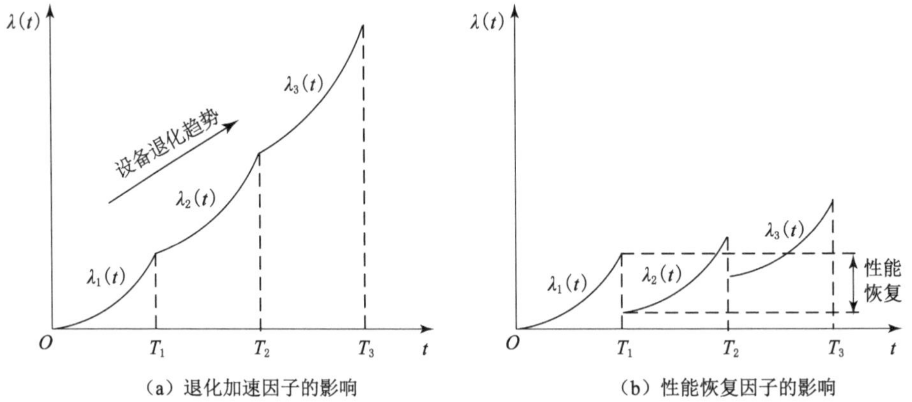

图 5-5　修正因子对维护活动的影响

性能恢复因子用 θ 表示，设备每次维修之后健康状态都会恢复，故障率相应降低，意味着设备的役龄减少，变得更“年轻了”。在引入性能恢复因子后的煤矿装备的故障率分布可表示为：

$$\lambda_1(t) = \frac{\beta}{\eta}\left(\frac{t}{\eta}\right)^{\beta-1}$$

$$\lambda_2(t)=\frac{\beta}{\eta}\left[\frac{t+(1-\theta)T_1}{\eta}\right]^{\beta-1}$$

$$\lambda_3(t)=\frac{\beta}{\eta}\left[\frac{t+(1-\theta^2)T_2}{\eta}\right]^{\beta-1}$$

$$\vdots$$

$$\lambda_k(t)=\frac{\beta}{\eta}\left[\frac{t+(1-\theta^{k-1})T_{k-1}}{\eta}\right]^{\beta-1} \tag{5-34}$$

式中，k 表示维护次数，T_k 表示第 k 次维护的时间，$0<\theta<1$。

退化加速因子用 μ 表示，设备在每次维护之后，故障率相应降低，但故障率函数的斜率会增大，意味着设备退化速度会加快。在引入退化加速因子后的煤矿装备的故障率函数可表示为：

$$\begin{aligned}\lambda_1(t)&=\frac{\beta}{\eta}\left(\frac{t}{\eta}\right)^{\beta-1}\\ \lambda_2(t)&=\mu\frac{\beta}{\eta}\left(\frac{t}{\eta}\right)^{\beta-1}\\ \lambda_3(t)&=\mu^2\frac{\beta}{\eta}\left(\frac{t}{\eta}\right)^{\beta-1}\\ &\vdots\\ \lambda_k(t)&=\mu^{k-1}\frac{\beta}{\eta}\left(\frac{t}{\eta}\right)^{\beta-1}\end{aligned} \tag{5-35}$$

式中，k 表示维护次数，$\mu>1$。

由式(5-34)和式(5-35)可得，引入修正因子后煤矿装备的故障率函数可表示为：

$$\begin{aligned}\lambda_1(t)&=\frac{\beta}{\eta}\left(\frac{t}{\eta}\right)^{\beta-1}\\ \lambda_2(t)&=\mu\frac{\beta}{\eta}\left[\frac{t+(1-\theta)T_1}{\eta}\right]^{\beta-1}\\ \lambda_3(t)&=\mu^2\frac{\beta}{\eta}\left[\frac{t+(1-\theta^2)T_2}{\eta}\right]^{\beta-1}\\ &\vdots\\ \lambda_k(t)&=\mu^{k-1}\frac{\beta}{\eta}\left[\frac{t+(1-\theta^{k-1})T_{k-1}}{\eta}\right]^{\beta-1}\end{aligned} \tag{5-36}$$

(2) 多级机会维护策略的制定

目前，对于煤矿装备的维护方案主要以单个设备为研究对象，没有系统地考虑设备之间的经济相关性与结构相关性，这样会导致过度维护或维护不足的问题出现[17]。且大部分的维护策略都是单级的，而本节根据之前对于煤矿装备的故障分析，对机会维护策略进行了优化，制定了多级机会维护策略。在对一台设备进行维护时，考虑其他设备是否触发了机会维护阈值，根据不同设备的关联性、退化程度与危害度采取对应的维护措施，这样能够更好地适应煤矿装备的故障规律，降低维护成本。

本节将优化后的多级机会维护策略应用于煤矿装备，制定适应于煤矿装备的预防性机会维护策略。煤矿装备的故障率函数服从威布尔分布,失效过程如图 5-6 所示。

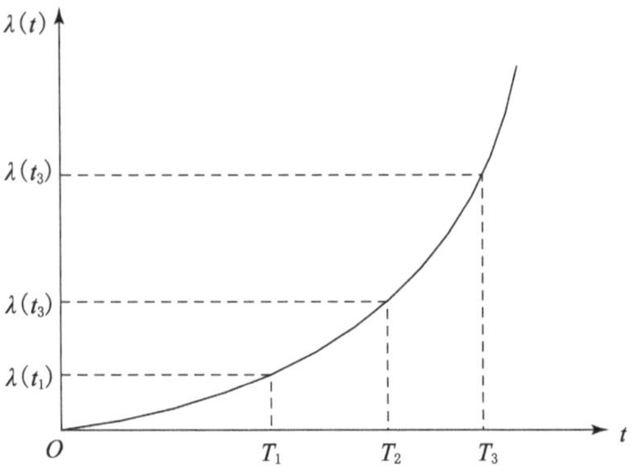

图 5-6　煤矿装备故障率曲线

随着设备的使用,设备的故障率不断增加,根据到达不同故障率与危害度确定不同的维护方式:

① 设备故障率由 0 上升到 $\lambda(t_1)$ 时,进入早期故障期,设备有轻微的脱落或渗漏现象,危害度较低,属于轻微故障,此时采取Ⅰ级维修。Ⅰ级维修主要对煤矿装备采取简单的保养维护,比如对设备进行润滑、调节、除尘、更换油液、紧固连接螺栓等维护行为。

② 设备故障率由 $\lambda(t_1)$ 上升到 $\lambda(t_2)$ 时,逐渐进入耗损故障期,此时的故障为一般故障,故障等级较高。这主要由设备的磨损变形所引起的,这时采取Ⅱ级维修。Ⅱ级维修对设备采取完善的维护工作,对设备的关键部件进行检修,检查复杂部位的零部件等,修复更换部分损耗的部件。

③ 设备故障率由 $\lambda(t_2)$ 上升到 $\lambda(t_3)$ 时,完全进入耗损故障期,此时设备的故障属于严重故障,故障等级很高。这主要是由设备的老化或疲劳引起的,故障多为损坏型。此时采取Ⅲ级维修。Ⅲ级维修将对设备进行更换,用新的零部件替换发生故障或者失效的部件,调整整体精度。

参考文献[18],规定Ⅰ级维修、Ⅱ级维修、Ⅲ级维修的维护阈值分别为 0.2、0.4、0.6。

(3) 多级机会维护策略的流程

当某一设备在时刻 T_{PM} 率先到达维护阈值,在对其进行维护的同时要判断其他设备是否需要维护。其他设备在同一维护阈值下的时间为 ΔT,维护时间窗为 T_W,若 $\Delta T \leqslant T_W$,则对其他设备采取相应的维护措施;否则,其他设备不采取任何维护方式,如图 5-7 所示。

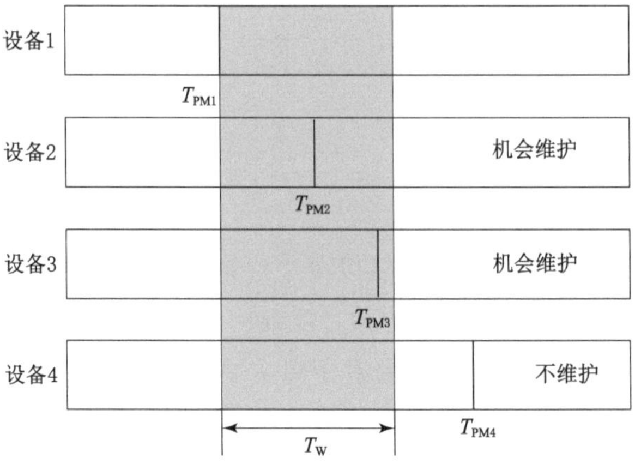

图 5-7　机会维护示意图

5.3.2　考虑生产计划与维护活动的综采装备多目标联合决策模型

5.3.2.1　问题描述与假设

由于煤矿装备故障而导致的生产计划的意外停止所带来的损失是十分严重的。煤矿装备的维护与煤炭开采是密不可分的，煤炭开采会加剧设备的退化，设备的维护也会影响整个生产的进行。目前在制订生产计划时没有考虑设备维护对生产计划的影响，在设备维护时也没有考虑到生产因素的制约，导致生产与维护的冲突较为严重。同时，设备维护时没有考虑设备之间的相关性，导致设备停机时间长，维护成本高。在这种情况下，制定符合煤矿装备退化规律的多级机会维护策略，建立生产与维护联合决策模型去平衡生产与维护对煤矿企业意义重大。煤矿装备的布置如图 5-8 所示。

图 5-8　煤矿装备布置图

由煤矿生产系统的特点可知，煤矿生产的主要任务为采煤和运煤，因此本节将煤矿装备进行简化，主要考虑综采"三机"及带式输送机。综采"三机"负责综采工作面的破煤、落煤以及运煤，带式输送机负责将煤运输至煤仓中，再由煤仓运至客户手中。简化后的生产系统煤矿装备为液压支架(M1)、采煤机(M2)、刮板输送机(M3)和带式输送机(M4)四种设备。煤仓用来存储煤炭，调节生产。

经过简化后的煤矿生产系统流程如图 5-9 所示。

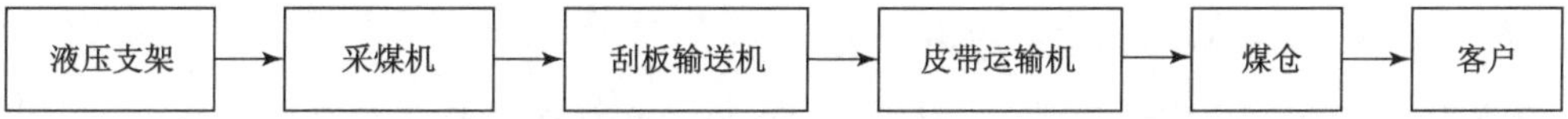

图 5-9　煤矿生产系统流程图

本节以总成本最小为决策目标，在构建的联合决策维护模型中充分考虑设备维护与生产过程中所涉及的成本，建立总成本最小化的联合决策模型。联合优化成本示意图如图 5-10所示。

模型假设如下：

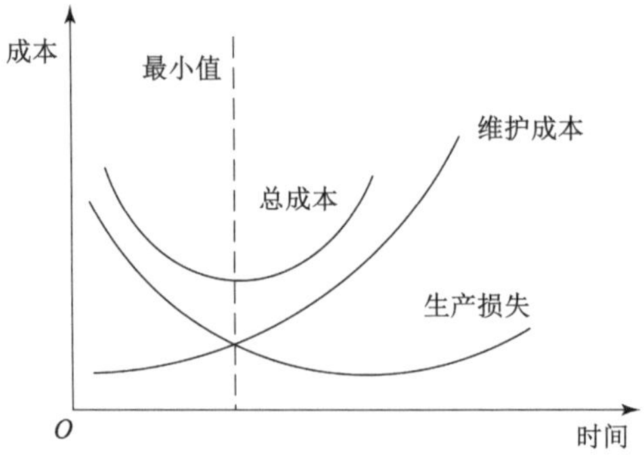

图 5-10　联合优化成本示意图

（1）本节主要以采煤计划为主，生产过程主要以井下一个综采工作面生产作业为主，不涉及地面生产过程，不涉及搬家倒面，不考虑升井维修。

（2）生产周期划分均以月为单位进行划分，$J=0,1,2,\cdots,N$。

（3）生产过程中的产品只考虑煤炭一种，不涉及其他产品，每个生产周期的煤炭产量是固定的，且每个生产周期的煤炭需求量也是一个确定值。

（4）采煤速率与煤炭运输速率相匹配，不考虑煤炭运输效率对采煤机运行情况的影响。

（5）煤矿装备故障率分布服从威布尔分布，设备的性能状态是可检测的。

（6）随着生产运行，煤矿装备的性能会随之衰退，且其劣化过程与设备发生突发性故障是相互独立的。

（7）本节基于不完美维护效果模型，突发性故障采取小修维护方式，小修不改变设备的退化速率与健康性能，也不会造成生产停机损失。除此之外，任何维护方式都为不完美维护，维护过后的设备不能恢复如新，同时维护会造成停机损失。

（8）本节引入退化加速因子与性能恢复因子，维护可以提高设备性能，但是随着维护次数的增加设备退化速率也在增大，退化加速因子与性能恢复因子由不同等级的维护方式决定。

（9）设备不维护时处于连续工作状态，不停机，无停机成本。

（10）不考虑外在因素如政策、经济等对生产能力与煤炭订单的影响，不考虑维护资源对维护过程的影响。

5.3.2.2　生产与维护联合决策模型的建立

煤矿生产分为 j 个生产周期，$j=1,2,3,\cdots,N$。煤矿装备由 i 个设备组成，$i=1,2,3,\cdots,M$。本节综合考虑生产与维护两个环节，建立联合决策优化模型，目标为总成本最低。

（1）维护费用独立优化模型

煤矿装备的维护成本模型考虑维护活动中存在的费用成本，主要包括多级机会维护成本、突发性故障成本以及停机成本。

多级机会维护成本包括在维护过程中对设备采取Ⅰ级、Ⅱ级、Ⅲ级维修的成本，以及每次检测的成本总和。

$$C_M = \sum_{j=1}^{N}\sum_{i=1}^{M}(c_i^{\mathrm{I}}\ \mathrm{I}_{ij} + c_i^{\mathrm{II}}\ \mathrm{II}_{ij} + c_i^{\mathrm{III}}\ \mathrm{III}_{ij} + c^e N_j^e) \tag{5-37}$$

式中，C_M 为多级机会维护成本；c_i^{I}、c_i^{II}、c_i^{III} 分别为设备 i 采取Ⅰ、Ⅱ、Ⅲ级维修方式所需要的费用；I_{ij}、II_{ij}、III_{ij} 分别为设备 i 在生产周期 j 内采取Ⅰ、Ⅱ、Ⅲ级维修方式的决策变量；c^e 为检测费用；N_j^e 为检测次数。

$\mathrm{I}_{ij}=1$，表示设备 i 在第 j 个计划期采取Ⅰ级维修，$\mathrm{I}_{ij}=0$，表示设备 i 在第 j 个计划期不采取Ⅰ级维修，在同一个计划周期内同一设备只采取一种维护方式。

$$\mathrm{I}_{ij} = \begin{cases} 1 & \text{采取 Ⅰ 级维修} \\ 0 & \text{不采取 Ⅰ 级维修} \end{cases} \tag{5-38}$$

$$\mathrm{II}_{ij} = \begin{cases} 1 & \text{采取 Ⅱ 级维修} \\ 0 & \text{不采取 Ⅱ 级维修} \end{cases} \tag{5-39}$$

$$\mathrm{III}_{ij} = \begin{cases} 1 & \text{采取 Ⅲ 级维修} \\ 0 & \text{不采取 Ⅲ 级维修} \end{cases} \tag{5-40}$$

机会维护下三种决策变量的表达式为：

$$\begin{cases} \lambda_i(T_{PMi\,\mathrm{I}}) = F_{\mathrm{I}}\ \text{或}\ |\,T_{PM} - T_{PMi\,\mathrm{I}}\,| \leqslant T_W,\ \mathrm{I}_{ij} = 1 \\ \lambda_i(T_{PMi\,\mathrm{II}}) = F_{\mathrm{II}}\ \text{或}\ |\,T_{PM} - T_{PMi\,\mathrm{II}}\,| \leqslant T_W,\ \mathrm{II}_{ij} = 1 \\ \lambda_i(T_{PMi\,\mathrm{III}}) = F_{\mathrm{III}}\ \text{或}\ |\,T_{PM} - T_{PMi\,\mathrm{III}}\,| \leqslant T_W,\ \mathrm{III}_{ij} = 1 \end{cases} \tag{5-41}$$

式中，F_{I}、F_{II}、F_{III} 分别为Ⅰ、Ⅱ、Ⅲ级维修的维护阈值；$T_{PMi\,\mathrm{I}}$、$T_{PMi\,\mathrm{II}}$、$T_{PMi\,\mathrm{III}}$ 分别为设备 i 到达Ⅰ、Ⅱ、Ⅲ级维护阈值的时间；T_{PM} 为任意设备到达维护阈值的时间。

煤矿装备服从威布尔分布，$E(N_{ij})$ 表达式为：

$$E(N_{ij}) = \int_{t_{ij}}^{t'_{ij}} \lambda(t)\mathrm{d}t = \int_{t_{ij}}^{t'_{ij}} \frac{\beta_i}{\eta_i}\left(\frac{t}{\eta_i}\right)^{\beta_i-1}\mathrm{d}t \tag{5-42}$$

式中，t_{ij} 和 t'_{ij} 分别为生产周期 j 开始和结束时设备 i 的有效役龄；N_{ij} 为设备 i 在生产周期 j 内突发性故障的次数；$E(N_{ij})$ 为期望故障次数；β_i 为设备 i 的形状参数；η_i 为设备 i 的尺度参数。

引入修正因子后 $E(N_{ij})$ 表示为：

$$E(N_{ij}) = \int_{t_{ij}}^{t'_{ij}} \lambda_i(t)\mathrm{d}t = \int_{t_{ij}}^{t'_{ij}} \mu^{ik}\frac{\beta_i}{\eta_i}\left[\frac{t+(1-\theta^{ik})T^{ik}}{\eta_i}\right]^{\beta_i-1}\mathrm{d}t \tag{5-43}$$

式中，T_{ik} 为设备 i 第 k 次维修的时间；θ 为性能恢复因子；μ 为退化加速因子。

引入故障相关性后 $E(N_{ij})$ 表示为：

$$\begin{aligned} E(N_{ij}) &= \int_{t_{ij}}^{t'_{ij}} [\lambda_i(t) + \sum_{i'=1}^{M}\xi_{i'i}\lambda_i(t)]\mathrm{d}t = \int_{t_{ij}}^{t'_{ij}} [\{\mu^{ik}\frac{\beta_i}{\eta_i}[\frac{t+(1-\theta^{ik})T_{ik}}{\eta_i}]^{\beta_i-1}\} + \\ &\quad \sum_{i'=1}^{N}\xi_{i'i}\{\mu^{ik}\frac{\beta_i}{\eta_i}[\frac{t+(1-\theta^{ik})T_{ik}}{\eta_i}]^{\beta_i-1}\}]\mathrm{d}t \end{aligned} \tag{5-44}$$

式中，$\xi_{i'i}$ 为设备 i' 发生故障对设备 i 故障率的影响系数。

整个煤矿装备的小修成本可表示为：

$$C_B = \sum_{j=1}^{N}\sum_{i=1}^{M}\{c_i^l\int_{t_{ij}}^{t'_{ij}}[\{\mu^{ik}\frac{\beta_i}{\eta_i}[\frac{t+(1-\theta^{ik})T_{ik}}{\eta_i}]^{\beta_i-1}\} +$$

$$\sum_{i'=1}^{M}\xi_{i'i}\{\mu^{ik}\frac{\beta_i}{\eta_i}[\frac{t+(1-\theta^{ik})T_{ik}}{\eta_i}]^{\beta_i-1}\}]\mathrm{d}t\} \tag{5-45}$$

式中，C_B 为整个煤矿装备小修的总成本；c_i^l 为设备单次小修成本。

停机成本主要指设备停机所产生的损失，维护导致的生产停机时间可表示为：

$$T_j^D = T_{i\mathrm{I}}\,\mathrm{I}_{ij} + T_{i\mathrm{II}}\,\mathrm{II}_{ij} + T_{i\mathrm{III}}\,\mathrm{III}_{ij} - T_j^0 \tag{5-46}$$

煤矿装备因维护导致的停机损失成本可表示为：

$$C_D = \sigma[\sum_{j=1}^{N}\sum_{i=1}^{M}(T_{i\mathrm{I}}\,\mathrm{I}_{ij} + T_{i\mathrm{II}}\,\mathrm{II}_{ij} + T_{i\mathrm{III}}\,\mathrm{III}_{ij}) - \sum_{j=1}^{N}(T_j^0)] \tag{5-47}$$

式中，T_j^D 为每个生产周期内的停机时间；C_D 为总的停机损失；$T_{i\mathrm{I}}$、$T_{i\mathrm{II}}$、$T_{i\mathrm{III}}$ 为设备 i 采取Ⅰ、Ⅱ、Ⅲ级维修的时间；T_j^0 为同一计划期内不同设备同时维护所节约的时间；σ 为单位时间的生产效益。

煤矿装备总的维护成本 C_{W1} 可以表示为：

$$\begin{aligned}C_{W1} &= C_M + C_B + C_D\\ &= \sum_{j=1}^{N}\sum_{i=1}^{M}(c_i^{\mathrm{I}}\,\mathrm{I}_{ij} + c_i^{\mathrm{II}}\,\mathrm{II}_{ij} + c_i^{\mathrm{III}}\,\mathrm{III}_{ij} + c^e N_j^e) +\\ &\quad \sum_{j=1}^{N}\sum_{i=1}^{M}\{c_i^l\int_{t_{ij}}^{t'_{ij}}[\{\mu^{ik}\frac{\beta_i}{\eta_i}[\frac{t+(1-\theta^{ik})T_{ik}}{\eta_i}]^{\beta_i-1}\} +\\ &\quad \sum_{i'=1}^{M}\xi_{i'i}\{\mu^{ik}\frac{\beta_i}{\eta_i}[\frac{t+(1-\theta^{ik})T_{ik}}{\eta_i}]^{\beta_i-1}\}]\mathrm{d}t\} + \sigma[\sum_{j=1}^{N}\sum_{i=1}^{M}(T_{i\mathrm{I}}\,\mathrm{I}_{ij} + T_{i\mathrm{II}}\,\mathrm{II}_{ij} +\\ &\quad T_{i\mathrm{III}}\,\mathrm{III}_{ij}) - \sum_{j=1}^{N}(T_j^0)]\end{aligned} \tag{5-48}$$

(2) 生产费用独立优化模型

生产过程中的成本主要包括设备正常生产的成本、库存成本、缺货成本以及安全成本。

正常生产的成本可表示为：

$$C_P = \sum_{j=1}^{N}[(c_j^p + c_j^t)Y_j] \tag{5-49}$$

式中，c_j^p 表示单位产量的生产费用，c_j^t 表示单位产量的生产准备费用，Y_j 为生产周期 j 内的总产量。

$$Y_j = X_j T_j^* \tag{5-50}$$

式中，X_j 表示生产周期 j 内单位时间的产量，T_j^* 为每个生产周期内的生产时间。

在生产系统运行过程中，每个生产周期的煤炭需求量和产量会有一定偏差。当煤炭产量高于煤炭需求量时，会增加库存的成本。相反，当煤炭产量低于市场需求量时，会造成延期缺货成本。每个生产计划期末的产量与交货量之间存在以下关系：

$$D_j - (Y_j + K_{j-1}) = O_j \quad ((Y_j + K_{j-1}) < D_j) \tag{5-51}$$

$$Y_j + K_{j-1} - D_j = K_j \quad ((Y_j + K_{j-1}) > D_j) \tag{5-52}$$

式中，Y_j 为生产周期 j 内的总产量，K_j 为生产周期 j 末的库存量，D_j 为生产周期 j 内的需求量，O_j 为第 j 个生产周期的缺货量。

第 j 个生产周期的产量与第 $j-1$ 个生产周期库存量之和如果小于第 j 个生产周期的

需求量则会导致缺货；反之，第 j 个生产周期的产量与第 $j-1$ 个生产周期库存量之和减去第 j 个生产周期的需求量构成第 j 个生产周期的库存量。

库存成本与缺货成本表示为：

$$C_K = \sum_{j=1}^{N} c_j^k K_j \tag{5-53}$$

$$C_O = \sum_{j=1}^{N} c_j^o O_j \tag{5-54}$$

式中，C_K 为库存成本，C_O 为缺货成本，c_j^o 为单位缺货量费用，c_j^k 为单位库存量费用。

煤矿企业生产环境恶劣，极易发生安全事故，建立成本模型时需要考虑安全成本。

安全成本表示为：

$$C_S = \sum_{j=1}^{N} [c_j^f P_m(t)] \tag{5-55}$$

式中，C_s 表示安全成本；c_j^f 表示煤矿安全事故导致的成本；$P_m(t)$表示因设备故障导致的煤矿安全事故的概率。

煤矿装备总的生产成本 C_{W2} 可表示为：

$$\begin{aligned} C_{W2} &= C_P + C_K + C_O + C_S \\ &= \sum_{j=1}^{N} \{(c_j^p + c_j^t) Y_j + c_j^k K_j + c_j^o O_j + [c_j^f P_m(t)]\} \end{aligned} \tag{5-56}$$

(3) 联合决策优化模型

联合决策优化模型包含维护成本与生产成本，目标为总成本最低。目标函数 $F(C)$表达式为：

$$\begin{aligned} F(C) &= \min C_W = \min\{C_{W1} + C_{W2}\} \\ &= \min\{C_M + C_B + C_D + C_P + C_K + C_O + C_S\} \\ &= \min\{\sum_{j=1}^{N}\sum_{i=1}^{M}\{(c_i^{\mathrm{I}}\mathrm{I}_{ij} + c_i^{\mathrm{II}}\mathrm{II}_{ij} + c_i^{\mathrm{III}}\mathrm{III}_{ij} + c^e N_j^e) + \{c_i^l\int_{t_{ij}}^{t'_{ij}}[\{\mu^{ik}\frac{\beta_i}{\eta_i}[\frac{t+(1-\theta^{ik})T_{ik}}{\eta_i}]^{\beta_i-1}\} + \\ &\quad \sum_{i'=1}^{M}\xi_{i'i}\{\mu^{ik}\frac{\beta_i}{\eta_i}[\frac{t+(1-\theta^{ik})T_{ik}}{\eta_i}]^{\beta_i-1}\}]\mathrm{d}t\} + \sigma(T_{i\mathrm{I}}\mathrm{I}_{ij} + T_{i\mathrm{II}}\mathrm{II}_{ij} + T_{i\mathrm{III}}\mathrm{III}_{ij})\} + \\ &\quad \sum_{j=1}^{N}\{(c_j^p + c_j^t)Y_j + c_j^k K_j + c_j^o O_j - \sigma T_j^0 + [c_j^f P_m(t)]\}\} \end{aligned} \tag{5-57}$$

式中，I_{ij}、II_{ij}、III_{ij} 为生产与维护联合决策模型的决策变量。

联合决策模型的建立需要在维护与生产能力约束条件下进行，其主要约束条件包括以下几种：

① 维护约束

$$\mathrm{I}_{ij} K_{\mathrm{I}} + \mathrm{II}_{ij} K_{\mathrm{II}} + \mathrm{III}_{ij} K_{\mathrm{III}} \leqslant M_j \tag{5-58}$$

式(5-58)中 K_{I}、K_{II}、K_{III} 分别表示在生产周期内Ⅰ级维修、Ⅱ级维修、Ⅱ级维修导致设备失效的概率，M_j 表示维护造成设备丧失生产能力的概率。

$$\mathrm{I}_{ij} + \mathrm{II}_{ij} + \mathrm{III}_{ij} \leqslant 1 \tag{5-59}$$

式(5-59)表示同一生产计划期内对同一设备采取一种维护方式，维护决策变量为 0 或

1。其中I_{ij}为Ⅰ级维修的决策变量；II_{ij}为Ⅱ级维修的决策变量；III_{ij}为Ⅲ级维修的决策变量。决策变量取0或者1。

$$t_{ij}, t'_{ij} \geqslant 0 \tag{5-60}$$

式(5-60)表示设备的有效役龄大于等于0。

$$0 \leqslant \lambda_i(t) < 1 \tag{5-61}$$

式(5-61)表示设备的故障率不能超过1。

② 生产约束

$$K_j \leqslant K_{\max} \tag{5-62}$$

式(5-62)表示每个生产周期的库存量小于等于最大库存量，$K_{\max}$为煤仓最大的存储量。

$$Y_j \leqslant D_j + K_{\max} - K_{j-1} \tag{5-63}$$

式(5-63)表示每个生产周期内的产量小于等于总的需求量与总的库存能力之和。

$$T_j^D + T_j^* \leqslant T_j \tag{5-64}$$

式(5-64)表示每个生产周期的生产时间与维护导致的停机时间之和小于等于生产周期的时间长度，T_j为每个生产周期的时间长度。

$$Y_j \leqslant T_j \cdot X_j \tag{5-65}$$

式(5-65)表示每个生产周期的实际生产量小于等于理论最大生产量。

5.3.3 基于混合遗传鲸鱼算法的多目标联合决策模型求解方法

5.3.3.1 混合遗传鲸鱼算法内容及步骤

本节设计的混合鲸鱼退火遗传算法(HWAGA)以鲸鱼优化算法搜索策略为基础，结合遗传算法扩大全局搜索能力，再与模拟退火算法结合加强局部搜索速度，从而跳出局部最优解达到全局最优。HWAGA具有较强的全局搜索能力，同时收敛速度更快，具有很强的寻优能力。混合鲸鱼退火遗传算法(HWAGA)首先基于鲸鱼优化将染色体种群优化，提高种群质量；然后采用遗传算法扩大全局搜索能力；最后运用模拟退火算法增强局部搜索能力。

5.3.3.2 算法求解步骤和流程

混合鲸鱼退火遗传算法求解具体步骤如下：

步骤1：初始化算法的各个参数。

步骤2：初始化种群，基于轮盘赌方法选出适应度最高的个体，并保存到精英集中。

步骤3：依次遍历种群中的个体，随机生成一个[0,1]之间的随机数p，若$p<0.5$，转步骤4，否则转步骤5。

步骤4：若$|A|<1$，随机选择一个新个体与当前个体进行交叉操作，将获得的新个体替换当前个体。若$|A|\geqslant 1$，则选择全局最优个体与当前个体进行交叉操作，形成新种群。

步骤5：对当前个体进行变异操作，并将新产生的个体替换当前个体，形成新种群。

步骤6：对新种群进行模拟退火操作，计算新旧个体的适应度函数差值Δf，根据Metropolis接受准则，决定是否接受新的解。

步骤7：重复上述步骤直到算法达到终止条件，输出结果。

算法流程如图 5-11 所示。

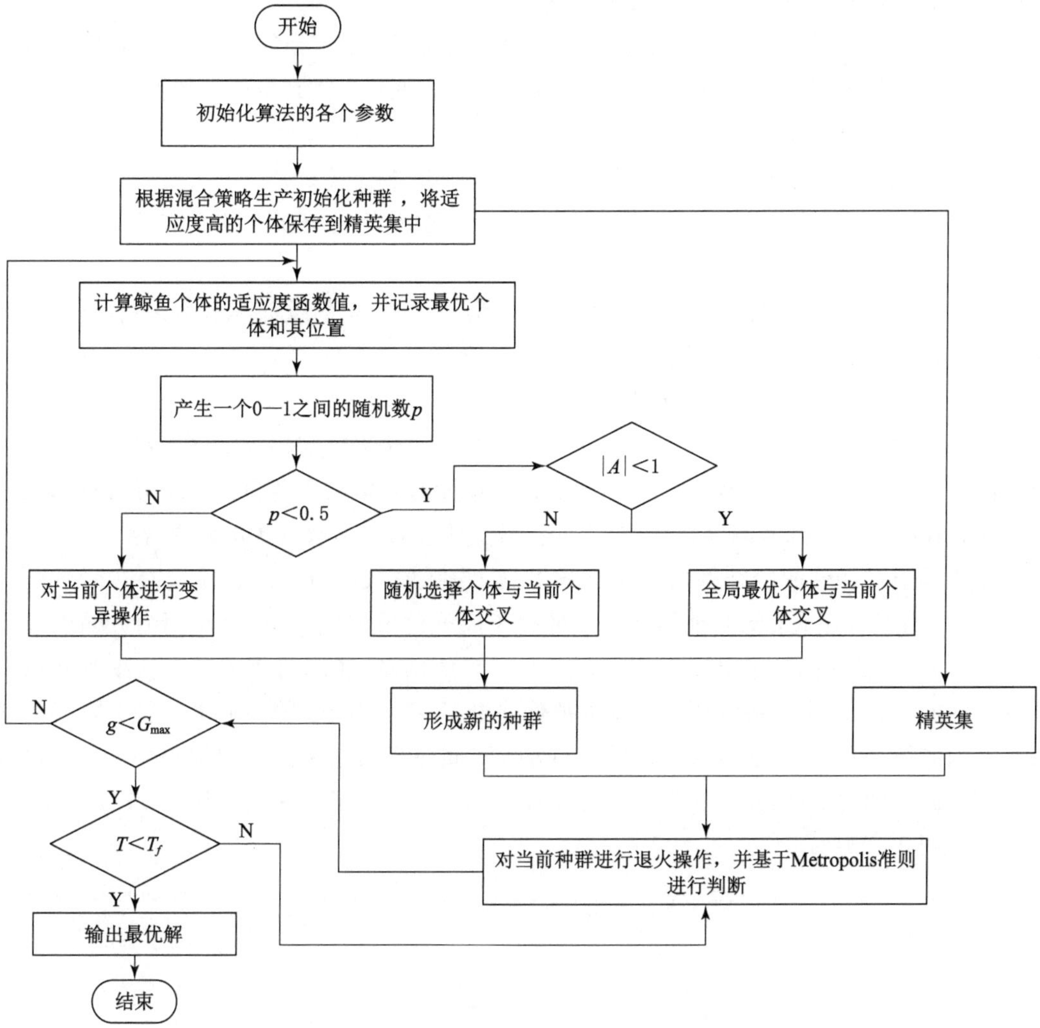

图 5-11　混合鲸鱼退火遗传算法流程图

5.4　基于剩余使用寿命分布的煤矿装备动态成组维护决策方法

5.4.1　基于重采样的煤矿装备剩余使用寿命分布预测方法

5.4.1.1　基于变分自编码器的退化数据重采样

变分自编码器(variational auto-encoder,VAE)[19]是一种生成模型,也是一种无监督学习方法,它结合了自编码器和变分推断的思想,旨在学习输入数据的潜在分布,并从中生成新的样本[20]。

本节使用变分自编码器对设备的退化数据进行重采样,对设备退化数据进行重采样的具体步骤如下：

(1) 将设备退化数据作为输入变量 x 代入 VAE 模型中。

(2) 训练 VAE 模型。通过编码器 $q_{\varnothing}(z|x)$ 将其映射到潜在空间(潜在空间被假设为服从一个先验分布，本节选择了正态分布)，计算每个输入变量的潜在空间的均值 μ_x 和方差参数 σ_x^2。

(3) 重采样。通过从潜在空间中的随机采样得到潜在变量 z_x。

(4) 解码生成样本。由解码器 $p_\theta(x|z)$ 将每个潜在变量 z_x 还原生成具有近似先验分布的新样本 x'，构成一组重采样数据。

(5) 对步骤(3)和步骤(4)重复 K 次，利用对潜在变量 z_x 的重新参数化来进行 K 次重采样和解码，得到 K 组重采样数据。

5.4.1.2 基于 LSTM 模型的剩余使用寿命预测

长短期记忆神经网络(LSTM)是一种特殊的循环神经网络(RNN)架构，它具有记忆功能，旨在有效处理长序列数据[21]。它内部的记忆单元有效解决了传统 RNN 中“记忆衰退”的问题。在时间序列预测问题方面，LSTM 已被证明能够显著改善预测效果。

LSTM 通过特殊的门结构来控制传输状态，包括输入门(input gate)、遗忘门(forget gate)和输出门(output gate)，能够更好地捕捉长序列的依赖关系，在时序预测方面的准确率较高。其中，输入门是确定要更新的信息和忽略的信息，遗忘门决定是否从细胞状态中删除先前的信息，输出门决定哪些信息将被传递给下一个时间步骤的输出。LSTM 模型通过这些门的组合和操作，能够有效地捕捉和处理时间序列数据中的长期依赖关系。它可以存储和访问长期的记忆，并且在需要的时候有选择地忘记或更新这些记忆。LSTM 模型的单元图如图 5-12 所示。

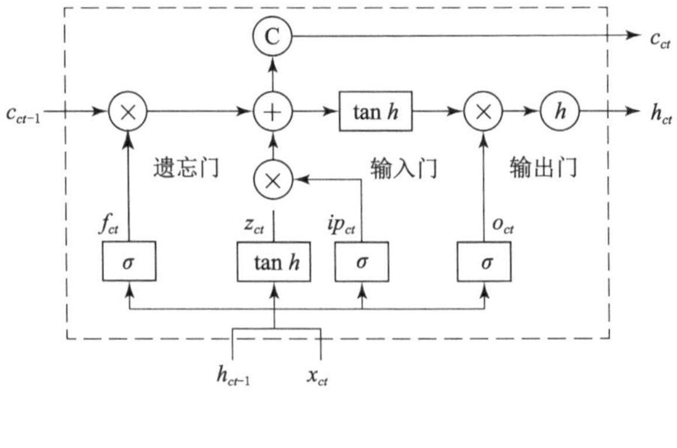

图 5-12 LSTM 模型的单元图

5.4.1.3 剩余使用寿命预测的概率分布

设备的剩余使用寿命(remaining useful life, RUL)是指设备在当前运行时刻到其运行到失效状态(即出现故障的时刻)所度过的时间[22]。本节首先使用变分自编码器(VAE)，以正态分布作为先验分布，对设备的退化数据进行重采样，将这台设备的退化数据通过 K 次重采样，得到 K 组重采样数据。接着，使用一台设备的退化数据训练出 LSTM 预测模型。最后，为了能够预测出设备的剩余使用寿命概率分布，将 K 组重采样数据分别作为 LSTM 模型的输入，得到 K 组输出。从全部 K 组输出结果中取第 ct 天的预测结果，通过频率分布法进行统计计算得到概率分布，这个概率分布就表示这台设备在第 ct 天的剩余使用寿命概率预测。基于重采样与 LSTM 的剩余使用寿命概率预测框架图如图 5-13 所示。

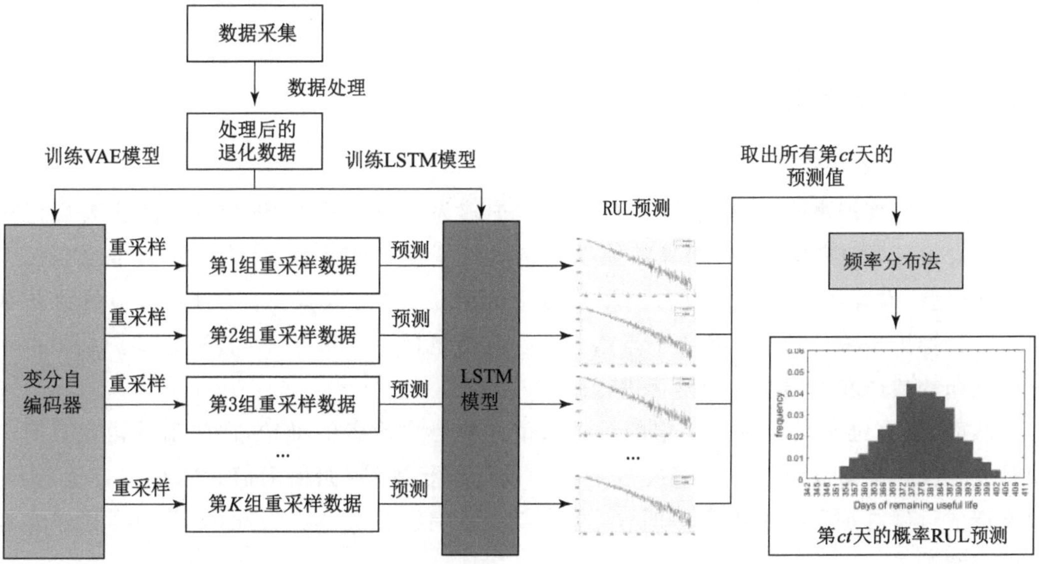

图 5-13　基于重采样与 LSTM 的剩余使用寿命概率预测框架图

本节使用第 5.4.1.2 中已完成训练的 LSTM 模型来对第 5.4.1.1 中重采样数据进行预测。剩余使用寿命概率预测的具体步骤如下：

(1) 将设备 i 的 K 组重采样数据分别作为已完成训练的 LSTM 模型的输入，得到 K 组输出(K 组剩余使用寿命预测结果)。

(2) 从设备 i 的 K 组输出中取所有当前时刻(第 ct 天)的剩余使用寿命预测值(h_{ct})作为样本总量。

(3) 根据统计学中频率分布法，样本总量中各个数值出现的频率可作为概率分布。因此，需要将每个剩余使用寿命值(t)分别作为一个观测组，统计 h_{ct} 的值落入每个观测组的观测次数，记为 $n_{i,t}$。

(4) 根据式(5-66)计算每个观测组的相对频率，把所有观测组(所有剩余使用寿命值(t))的相对频率组成概率分布，作为该设备 i 在当前时刻(第 ct 天)的剩余使用寿命概率预测结果。

$$P_{i,t} = \frac{n_{i,t}}{K} \tag{5-66}$$

$$n_{i,t} = \{设备\ i\ 的\ h_{ct}\ 值为\ t\ 的数量\}$$

其中，$P_{i,t}$ 表示设备 i 的剩余使用寿命预测值(h_{ct})等于 t 的相对频率，$n_{i,t}$ 表示设备 i 的剩余使用寿命预测值(h_{ct})等于 t 的个数，K 为设备 i 的样本总量(h_{ct} 总数)。

此外，为了方便维护决策模型使用剩余使用寿命概率预测结果，需要将剩余使用寿命概率预测结果转成故障概率 $\varphi_{i,j}$。由于设备剩余使用寿命概率预测结果能够在一定程度上反映设备发生故障的概率，所以故障概率 $\varphi_{i,j}$ 表示为：

$$\varphi_{i,j} = P_{i,t} \tag{5-67}$$

式中，$\varphi_{i,j}$ 表示设备 i 在第 j 天出现故障的概率。第 j 天与当前时刻 ct 之间的关系为：

$$j = t + ct \tag{5-68}$$

5.4.2 煤矿装备动态成组维护决策模型

5.4.2.1 多装备的煤矿生产系统

多设备的维护策略中，机会维护和成组维护较为常见。其中，机会维护的主要思想是当某个设备需要进行维护时，如果其他设备也满足了预定的条件，那么给予其他设备一个维护的机会，没有达到条件的设备则不进行任何维护操作，以减少停机损失，节约维护成本。机会维护是常见的多设备维护策略之一。与传统的定期维护不同，机会维护是根据实时或近期的数据和情况来决定是否进行维护。

然而，机会维护需要达到一定的维护阈值才能考虑设备的维护，而阈值的设定具有一定的复杂性。阈值设定的不同将决定是否对设备进行维护，如果阈值设定得不合适，会对设备造成过度维护和维护不足等问题，这将直接影响维护成本。因此，本节还考虑了多设备的成组维护。

5.4.2.2 多装备的维护策略

（1）成组维护策略

成组维护策略包括静态成组维护和动态成组维护。其中，静态成组维护主要指假设多设备在无限时间区间运行，根据一定的规则确定设备的成组，之后设备的成组不再改变。静态成组维护又可以分为直接成组、间接成组、设备类型成组、优先级成组以及历史维护记录成组等。而动态成组维护主要指设备的分组在有限的时间区间内保持不变，在下一个时间区间可能对设备按照一定的分组规则进行重新分组，然后对设备进行成组维护。对于单部件的维修费用，多设备的动态成组维护考虑设备间存在的经济相关性，能够进一步降低系统维修费用[23]。

本节的动态成组维护计划需要基于各个设备的剩余使用寿命预测结果来确定。首先将各设备的剩余使用寿命预测结果代入维护模型中，然后通过智能优化算法对维护模型进行优化求解，从而确定各个设备的分组和各组设备的最佳维护时机，以得到各设备的最佳维护时机，确定设备的维护计划，并最终执行维护计划。动态成组维护流程如图 5-14 所示。

（2）维护方式

在制定维护策略时还需要确定设备的维护方式，本节的维护方式采用更换维护。更换维护是一种常用的维护策略，它通过在维护周期内更换设备或部件，以避免由于设备的磨损、老化或者预期故障导致的设备停机或损坏。本节是根据设备的剩余使用寿命预测结果来确定设备更换维护的维护计划，并假设通过维护使设备能够恢复如新，从而确保设备能够可靠、持续地运行。

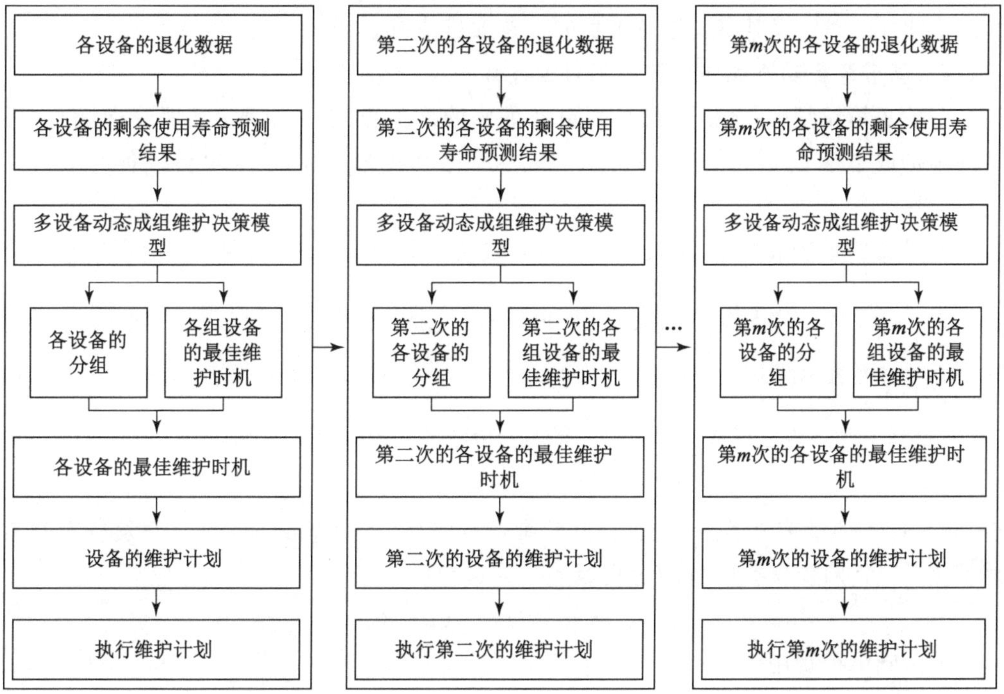

图 5-14　动态成组维护流程图

5.4.2.3　问题描述与假设

(1) 问题描述

在工业生产中，由多个设备组成的生产系统极其常见，它们按照一定的规则完成特定的生产任务。然而，由于生产企业追求生产效率，多个生产设备长时间使用，设备的故障问题突出。同时，由于对设备的维护不足也会造成设备的故障，而设备的故障将导致设备维护成本的增加。此外，生产设备的故障将导致生产的停滞，如果没有提前安排设备的维修计划，设备突发故障会导致停产，而如果过早地安排设备的维护计划也会造成设备过度维护的问题，这都将造成维护成本的增加。另外，多个设备的维护过程中，如果仍然采用单个设备的维护策略，没有考虑多设备维护带来的系统维护成本的降低，这也将造成维护成本的增加。

(2) 模型假设

在对多设备建立维护决策模型时，本节主要考虑基础维护费用、停机损失成本、突发故障及紧急维修费用、折旧损失费用。同时，本节做出以下假设：

① 可以在同一天对多台设备进行维护。

② 在维护方式上只考虑更换维护。

③ 假设每维护一台设备花费一个备件费用和一个停机成本，对同组多台设备维护只花费一次维护工具进出场费用。

④ 以数学期望的形式描述突发故障及紧急维修费用。

⑤ 维护设备时，仅对需要进行维护的设备安排停机。

5.4.2.4 煤矿装备动态成组维护决策模型建立

在维护决策模型中，维护方式采用更换维修的维护方式，目标函数（评价指标）为所有设备的维护成本率 C_r，以所有设备的维护成本率最小化为目标，确定每台设备的最佳维护时机。

所有设备的维护成本率 C_r 表示平均每台设备每天的维护成本。通过确定所有设备的维护总成本 C_w 与所有设备的累计已运行时间之和（$\sum_{i=1}^{M} t_i$）的关系，可以得到所有设备的维护成本率 C_r。它可表示为：

$$C_r = \frac{C_w}{\sum_{i=1}^{M} t_i} \tag{5-69}$$

式中，所有设备的维护总成本 C_w 包括基础维护费用 C_m、停机损失成本 C_s、突发故障及紧急维修费用 C_p、折旧损失费用 C_o，C_w 可以表示为：

$$C_w = C_m + C_s + C_p + C_o \tag{5-70}$$

（1）基础维护费用

基础维护费用表示对设备进行维护工作时，用于维护设备的基础费用，包括人工成本、维护工具进出场费用、备件成本。

单设备维护费用 C_{sm} 可表示为：

$$C_{sm} = C_f + C_{ec} + C_{sp} \tag{5-71}$$

式中，C_f 表示维修一台设备的人工成本，C_{ec} 表示维修设备的一次维护工具进出场费用，C_{sp} 表示维修一台设备的备件成本。

所有设备的维护费用可表示为：

$$C_m = (C_f + C_{sp}) \cdot M + C_{ec} \cdot G \tag{5-72}$$

式中，M 表示设备的数量，G 表示设备的组数。

其中，G 的取值取决于在第 j 天是否有设备存在维护安排，如果在第 j 天有设备存在维护安排，记 G_j 等于 1，如果在第 j 天没有任何设备的维护安排，记 G_j 等于 0。最后将所有天数 N 的 G_j 求和得到设备组数 G。设备组数 G 可表示为：

$$G_j = \begin{cases} \sum_{i=1}^{M} X_{i,j} \geqslant 1, G_j = 1 \\ \sum_{i=1}^{M} X_{i,j} < 1, G_j = 0 \end{cases}$$

$$j \in \{1,2,\cdots,N\} \tag{5-73}$$

$$G = \sum_{j=1}^{N} G_j \tag{5-74}$$

而决策变量 $X_{i,j}$ 表示在第 j 天是否对设备 i 进行更换维护，它可表示为：

$$\begin{cases} X_{i,j}=1, \text{对设备 } i \text{ 在第 } j \text{ 天进行更换维护} \\ X_{i,j}=0, \text{对设备 } i \text{ 在第 } j \text{ 天不进行维护} \end{cases} \tag{5-75}$$

式中，$X_{i,j}=1$ 表示设备 i 在第 j 天进行更换维修，$X_{i,j}=0$ 表示设备 i 在第 j 天不进行更换维修。

（2）停机损失成本

停机损失成本考虑因设备维护而造成的生产损失。

单设备的停机成本 C_i^v 可表示为：

$$C_i^v = C_e \cdot T_s \tag{5-76}$$

式中，C_e 表示因维护一台设备而造成的单位时间的生产损失成本，T_s 表示维护一台设备需要的停机时间。

因此，所有的停机成本 C_s 可表示为：

$$C_s = M \cdot C_e \cdot T_s \tag{5-77}$$

（3）突发故障及紧急维修费用

突发故障及紧急维修费用考虑了对设备维护不足将造成的损失。根据不同设备的剩余使用寿命概率预测结果，所有设备的突发故障及紧急维修费用 C_p 可以表示为：

$$C_p = \sum_{i=1}^{M} (E_i^n \cdot (C_{sm} + C_a + C_i^v)) \tag{5-78}$$

式中，E_i^n 表示设备 i 在最佳维护时机 t_i 之前发生突发性故障的数学期望，C_a 表示设备出现故障从而导致生产事故所产生的额外成本。

此外，设备 i 在最佳维护时机 t_i 之前发生突发故障的数学期望 E_i^n 表示为：

$$E_i^n = \sum_{j=1}^{t_i} \varphi_{i,j} \tag{5-79}$$

式中，$\varphi_{i,j}$ 表示设备 i 在第 j 天突发故障的概率。$\varphi_{i,j}$ 为设备 i 的剩余使用寿命概率预测，每台设备发生故障的全概率值均都为 1，即 $\sum_{j=1}^{N} \varphi_{i,j} = 1$。

因此，最终的所有设备突发故障及紧急维修费用 C_p 表示为：

$$\begin{aligned} C_p &= \sum_{i=1}^{M} [E_i^n \cdot (C_{sm} + C_a + C_i^v)] \\ &= \sum_{i=1}^{M} \left(\sum_{j=1}^{t_i} \varphi_{i,j} \cdot (C_f + C_{ec} + C_{sp} + C_a + (C_e \cdot T_s)) \right) \end{aligned} \tag{5-80}$$

（4）折旧损失费用

考虑所有设备的折旧损失费用，表示对设备的过度维护造成的损失。

设备 i 的折旧损失费用 C_i^d 表示在最佳维护时机 t_i 对设备 i 进行更换维护造成被更换件的价值浪费，表示为：

$$C_i^d = \frac{(T_d - t_i)}{T_d} \cdot C_{sp} \tag{5-81}$$

式中，T_d 表示备件的设计寿命，C_{sp} 表示备件的成本。

设备 i 的最佳维护时机 t_i 由 $X_{i,j}$ 得到，当存在决策变量 $X_{i,j}$ 的值为 1 时，则设备 i 的最佳维护时机 t_i 的值为 j。表达式如下：

$$t_i = \begin{cases} X_{i,j} = 1, & t_i = j \\ X_{i,j} \neq 1, & \text{不执行} \end{cases} \quad i \in \{1,2,\cdots,M\} \tag{5-82}$$

因此，所有设备的折旧费用 C_o 可表示为：

$$C_o = \sum_{i=1}^{M} \frac{(T_d - t_i)}{T_d} \cdot C_{sp} \tag{5-83}$$

最后，所有设备的维护总成本 C_w 可以用公式(5-84)表示，式中决策变量 $X_{i,j}$ 与最佳维护时机 t_i 之间的关系见式(5-82)。

$$\begin{aligned} C_w &= C_m + C_s + C_p + C_o \\ &= (C_f + C_{sp} + (C_e \cdot T_s)) \cdot M + G \cdot C_{ec} + \\ &\quad \sum_{i=1}^{M} \left(\sum_{j=1}^{t_i} \varphi_{i,j} \cdot (C_f + C_{sp} + C_{ec} + C_a + (C_e \cdot T_s)) + \frac{(T_d - t_i)}{T_d} \cdot C_{sp} \right) \end{aligned} \tag{5-84}$$

目标函数：所有设备的维护成本率 C_r 可表示如下：

$$\begin{aligned} C_r &= \frac{C_w}{\sum_{i=1}^{M} t_i} \\ &= \frac{(C_f + C_{sp} + (C_e \cdot T_s)) \cdot M + G \cdot C_{ec}}{\sum_{i=1}^{M} t_i} + \\ &\quad \frac{\sum_{i=1}^{M} \left(\sum_{j=1}^{t_i} \varphi_{i,j} \cdot (C_f + C_{sp} + C_{ec} + C_a + (C_e \cdot T_s)) + \frac{(T_d - t_i)}{T_d} \cdot C_{sp} \right)}{\sum_{i=1}^{M} t_i} \end{aligned} \tag{5-85}$$

维护决策模型考虑了以下主要的限制因素：

$$\begin{cases} X_{i,j} \in \{0,1\}; \\ \sum_{j=1}^{N} X_{i,j} = 1; \\ 1 \leqslant i \leqslant M; 1 \leqslant j \leqslant N; \end{cases} \tag{5-86}$$

约束①：考虑每台设备的维护方式。维护决策变量 $X_{i,j}$ 只能取 1 或 0，即设备维护方式选择更换维护或者不维护。

约束②：考虑最佳维护时机的选择方式。这意味着设备 i 在最大维护天数 N 内，所有决策变量中仅有一个决策变量结果值为 1(即设备 i 的最佳维护时机 t_i 有且仅有一个)。

约束③：考虑决策变量 $X_{i,j}$ 中设备 i 和第 j 天的范围，设备的数量为 M，设备的最大维护天数为 N。

5.4.3 基于瞪羚优化算法的煤矿装备动态成组维护模型求解方法

GOA 算法求解本节模型的步骤见图 5-15。

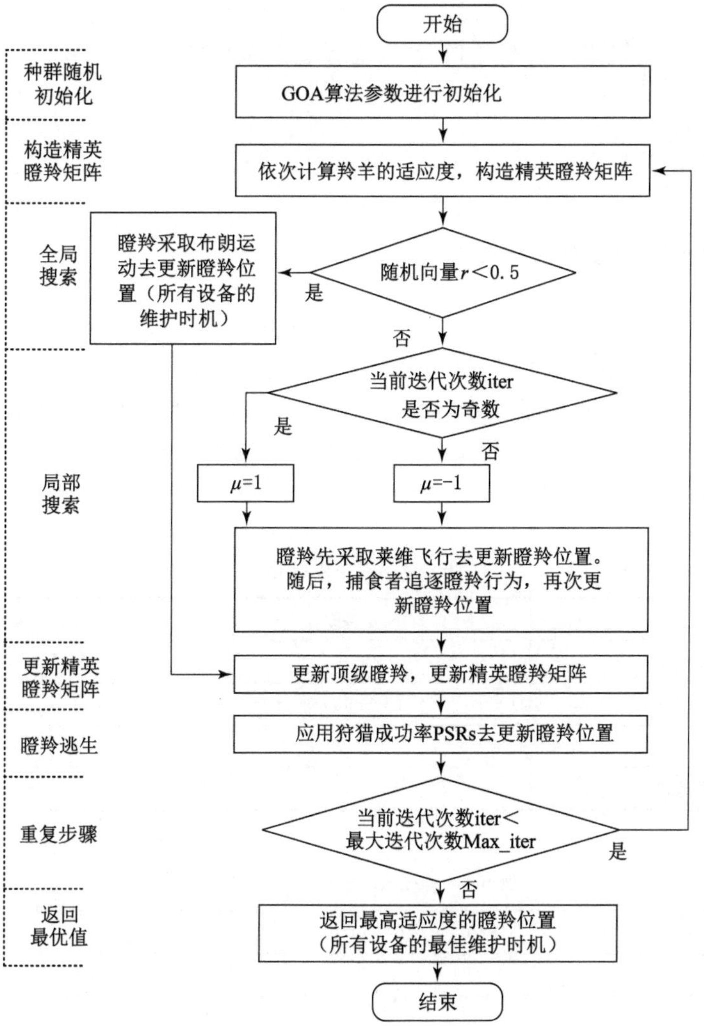

图 5-15　GOA 算法流程图

步骤 1：对 GOA 算法的所有参数进行初始化。

步骤 2：依次计算瞪羚的适应度（所有设备的维护成本率），选择适应度更高的瞪羚作为顶级瞪羚，并构造精英瞪羚矩阵。

步骤 3：如果随机向量 $r<0.5$，表明此时没有捕食者，进入开发阶段（全局搜索），瞪羚采取布朗运动去更新瞪羚位置（所有设备的维护时机），并执行步骤 5。否则表明现在出现了捕食者，进入探索阶段（局部搜索），并执行步骤 4。

步骤 4：如果当前迭代次数 iter 为奇数，$\mu=1$；如果当前迭代次数 iter 为偶数，$\mu=-1$。瞪羚先采取莱维飞行去更新瞪羚位置。随后，捕食者追逐瞪羚行为，再次更新瞪羚位置。

步骤 5：更新顶级瞪羚，更新精英瞪羚矩阵。

步骤 6：应用狩猎成功率 PSRs 去影响并更新精英瞪羚矩阵。

步骤 7：如果当前迭代次数 iter＜最大迭代次数 Max_iter，则回到步骤 2，重复步骤 2～

步骤 7。

步骤 8：返回适应度最大的瞪羚位置（所有设备的最佳维护时机）并结束。

5.5 实例研究

5.5.1 煤矿装备机会维护方法分析

本节在对维护决策模型进行优化求解时，首先导入各台装备的基本参数，各台装备的威布尔参数如表 5-3 所示，维护时间参数如表 5-4 所示，计划周期为 12 月，以月为长度将计划期分为等间隔时间区间，决策每个区间结束时各台装备为机会维护计划，系统每天三班一倒生产 24 小时，根据崔铁军对煤矿安全度评价，其煤矿安全度要求不得小于 80%。计划期内系统连续生产单位时间产出 V 为 11 352 元。

表 5-3　威布尔参数表

	尺寸参数 a	形状参数 b
采煤机	3.89	5.15
液压支架群	4.93	5.5
刮板输送机	4.53	4.9
带式输送机	4.73	4.85

表 5-4　各台装备维护时间参数表

	小修/h	中修/h	项修/h
采煤机	2	5	7
液压支架群	2	4	13
刮板输送机	1.5	3	9
带式输送机	2	2.5	9

(1) 规定其中煤矿装备小修加速退化因子 $\alpha=0.98^{\mathrm{Mnum}}$，中修加速退化因子 $\alpha=0.97^{\mathrm{Mnum}}$，项修加速退化因子 $\alpha=0.96^{\mathrm{Mnum}}$，Mnum 每维护一次减 1。中修性能恢复因子 $\beta=0.97^{\mathrm{Inum}}$，项修性能恢复因子 $\beta=0.98^{\mathrm{Inum}}$。

(2) 同煤矿装备同一维护方式每次维护费用相同即 $C_d=1\ 500$（每停机 1 h 固定停机损失），$C_{i,M}=8\ 000$，$C_{i,I}=18\ 000$，$C_{i,R}=30\ 000$。

(3) 煤矿装备从某一煤矿装备进行项修开始运行 365 天，完成 2 个工作面，进行 1 次搬家倒面，第一次搬家倒面用时 30 天，第一次综采时间为 7.5 个月。

(4) 在遗传操作中，种群数设为 40，最大迭代数为 200，代沟为 0.8，选择概率为 0.8，变异率为 0.1。

(5) 规定煤矿装备的维护阈值 F_M、F_I、F_R 分别为 0.3、0.5、0.6。

根据以上分析对煤矿综采装备在 365 天内进行维护决策优化，图 5-16 表示系统在整个维护计划周期内的维护决策结果图。

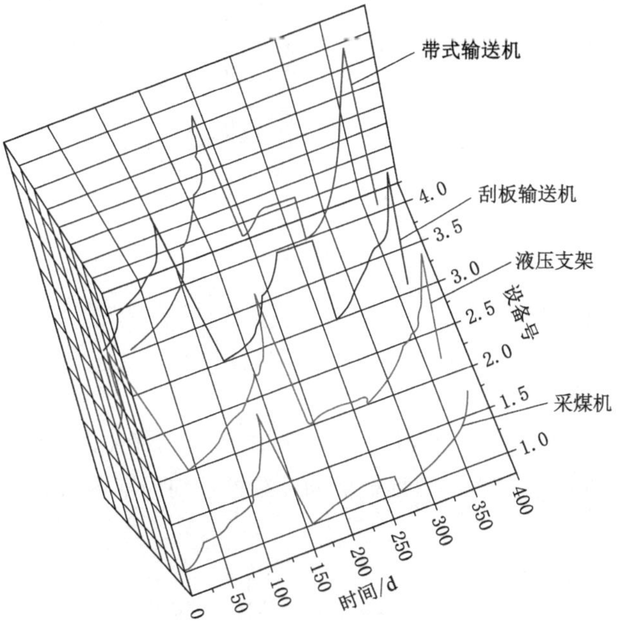

图 5-16　系统机会维护决策结果图

通过图 5-16 分析，在维护计划周期内，各台装备考虑经济相关性与结构相关性进行多装备联合维护优化研究。从维护决策结果图可以看出综采装备群在前 7.5 个月时完成了 8104 工作面的综采任务，因而需要对装备进行搬家倒面，用时 30 天，并且搬家倒面过程中对各台装备进行了大修任务，使装备故障率均恢复到 0.2。通过图 5-17 分析，可知煤矿综采装备群存在考虑机会维护下故障率变化情况，由于不同装备自身的性能衰退规律不同以及维护策略中采取的维护方式的不同，造成故障率曲线迥异。也因为采取的维护策略使装备保持在故障率较低的水平，保证整个系统能够在相当长时间内减少故障停机，使煤矿装

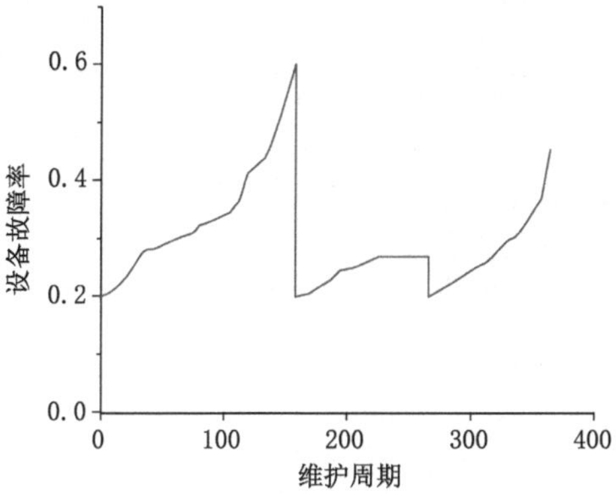

(a) 采煤机

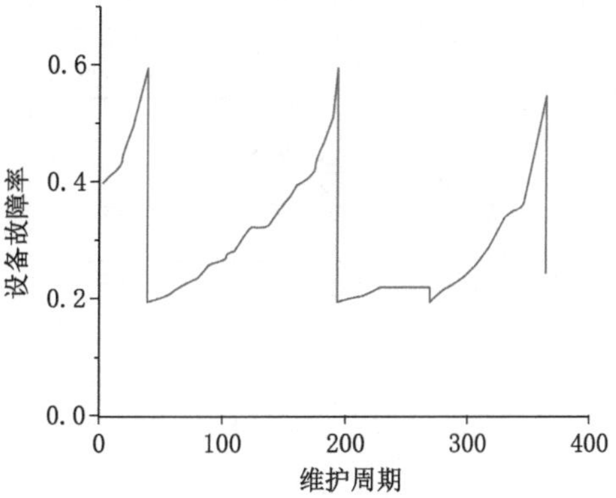

(b) 液压支架

图 5-17　各台装备维护决策优化图

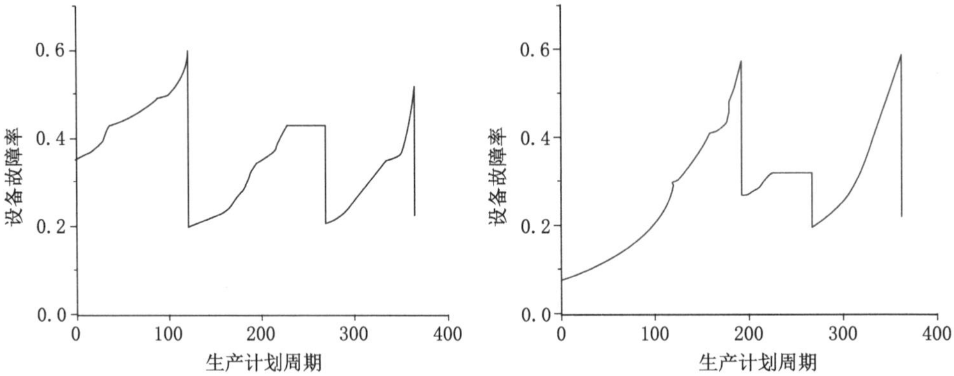

（c）刮板输送机　　（d）带式输送机

图 5-17 （续）

备保持平稳运行。其主要维护计划安排也可通过维护决策优化图 5-17 得出，在第 90、181、334 天是对装备进行安全检测产生的维护活动。维护计划周期内对煤矿装备的维护计划安排如表 5-5 所示。

表 5-5　煤矿装备维护计划安排表

煤矿装备	小修/d	中修/d	项修/d
采煤机	40,90,121,334,364	—	160
液压支架群	121,160,181,,334	364	40,193
刮板输送机	40,90,193,334,	364	121
带式输送机	121,160,181,334	193,364	—

5.5.1.1　维护模型对比分析

图 5-18 所示为本节考虑维护安全检测成本的维护决策优化迭代图。

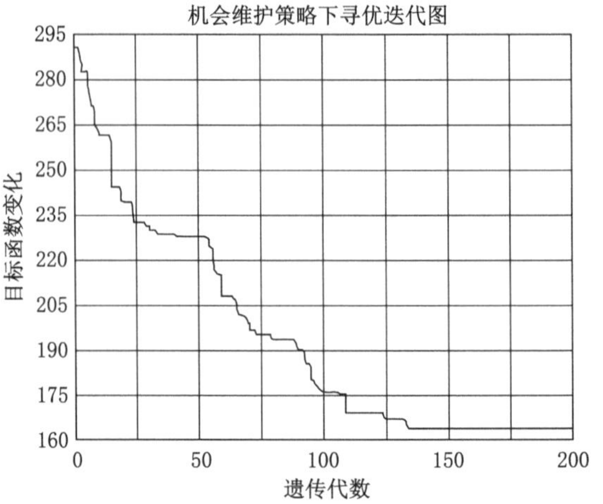

图 5-18　考虑维护安全检测成本的维护决策优化迭代图

程序运行的收敛速率如图 5-18 所示，程序在迭代 133 次时，总维修费用达到 163 万元并且达到稳定状态，为了探索机会维护对煤矿企业维护决策效果的影响，本节使用相同的数据采取定期维护策略对装备进行了维护决策优化研究，最终总维护费用达到了 254.2 万元，如表 5-6 所示，因此，通过本节机会维护策略优化研究证明成本优化可提高 35.91%。

表 5-6　策略对比表

	定期维护策略	机会维护策略
维护费用/万元	254.2	163

5.5.1.2　算法求解对比分析

本节采用遗传算法对综采装备群进行维护决策，与已有的其他方法进行比较。目前启发式算法[24]的具体做法是建立五条启发式规则，对每条规则赋予不同的权重，对需要维护的设备计算在这五条规则下的权重之和，将其作为评估指标，值越大则越优先维护，同时考虑资源约束情况下进行维护决策。本节将遗传算法与启发式算法进行比较，两种方法均采用 0.3、0.5、0.6 的维护阈值。

如表 5-7 所示，从两方面对维护决策优化结果进行了对比，很明显本节的遗传算法比启发式算法优化结果要好，无论是维护费用还是维护次数都是低的，将遗传算法应用到综采装备群维护决策优化中可起到很好的作用。

表 5-7　算法对比表

	启发式算法	遗传算法
费用/万元	279.6	163
维修次数	9	6

5.5.2　煤矿装备多目标联合决策分析

本节以某煤矿公司煤矿装备为研究对象，将实际生产过程中的数据作为基础数据，对模型进行验证。液压支架(M_1)、采煤机(M_2)、刮板输送机(M_3)和带式输送机(M_4)四种设备的威布尔参数与维修时间如表 5-8 所示。

表 5-8　煤矿装备威布尔参数与维修时间

设备	尺度参数 η_i	形状参数 β_i	Ⅰ级维修/h	Ⅱ级维修/h	Ⅲ级维修/h
M_1	200	2.55	5	8	10
M_2	200	2.60	3	5	8
M_3	250	2.85	4	6	8
M_4	290	2.75	4	5	9

煤矿装备维护效果模型参数取值如表 5-9 所示。

表 5-9　煤矿装备维护效果模型参数

项目	θ_{I}	θ_{II}	θ_{III}	μ_{I}	μ_{II}	μ_{III}	ξ_1	ξ_2
值	0.85	0.80	0.60	1.05	1.11	1.19	0.06	0.09

生产过程主要包括 6 个生产周期，即 $J=6$，每个生产周期为 1 个月，不同生产周期的煤炭需求量如表 5-10 所示。

表 5-10　不同生产周期煤炭需求量与生产效益

生产周期	$j=1$	$j=2$	$j=3$	$j=4$	$j=5$	$j=6$
需求量/t	16 000	22 000	18 500	18 000	14 000	16 000
单位时间的产煤量/t	28	27	26	24	22	20
σ/h	15 960	15 390	14 820	13 680	12 540	11 400

煤矿装备生产过程中每天进行一次检测，相关的生产费用与维护费用如表 5-11 所示。

表 5-11　生产费用与维护费用

项目	c^p	c^t	c^k	c^o	c^{I}	c^{II}	c^{III}	c^e
单位费用/元	2.60	1.40	1.25	1.50	4 500	10 000	17 000	200

5.5.2.1　维护模型对比分析

将不考虑生产因素的维护决策模型称为独立决策模型，与本节建立的基于多级机会维护策略的生产与维护联合决策进行对比分析。在煤矿的独立决策模型中，不考虑生产因素的制约与设备退化机理，采用定周期的预防性维护，容易造成维护不足或维护过剩的现象。独立决策模型中采用预防性维护方式，根据设备实际运行情况，液压支架、采煤机、刮板输送机和带式输送机的维护周期分别为 540 h、450、450 h、660 h，维护时间分别为 5 h、3 h、3 h、4 h。每次的维护成本为 0.85 万元。根据设备实际运行情况，液压支架、采煤机、刮板输送机和带式输送机的维护周期分别为 300 h、500 h、300 h、680 h，其余参数两种模型均一致。

利用 HWAGA 算法对煤矿装备的停机时间和总成本进行迭代计算，迭代次数为 200 次。两种模型迭代过程如图 5-19 所示，由图可知，联合决策模型的停机时间 T_d、总成本 C_W 都比独立决策模型相应的目标值低。

两种不同模型下的煤矿装备生产与维护甘特图如图 5-20 所示。

由图 5-20 可知独立决策的下的维护次数明显多于联合决策，独立决策模型中一般采用周期性维护方式，不考虑设备劣化过程与机会维修，会增加设备停机时间。联合决策模型基于煤矿装备的退化与故障机理采用多级机会维护的策略，对设备进行不同方式的维护，

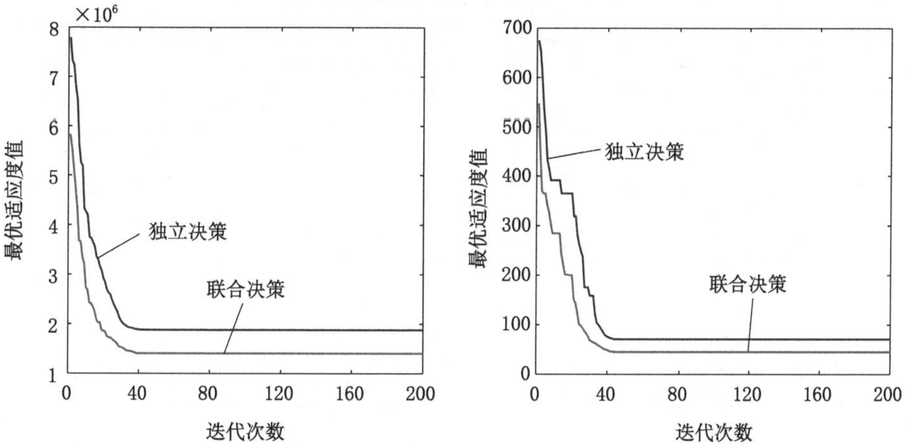

（a）总成本　　（b）停机时间

图 5-19　两种模型的迭代过程

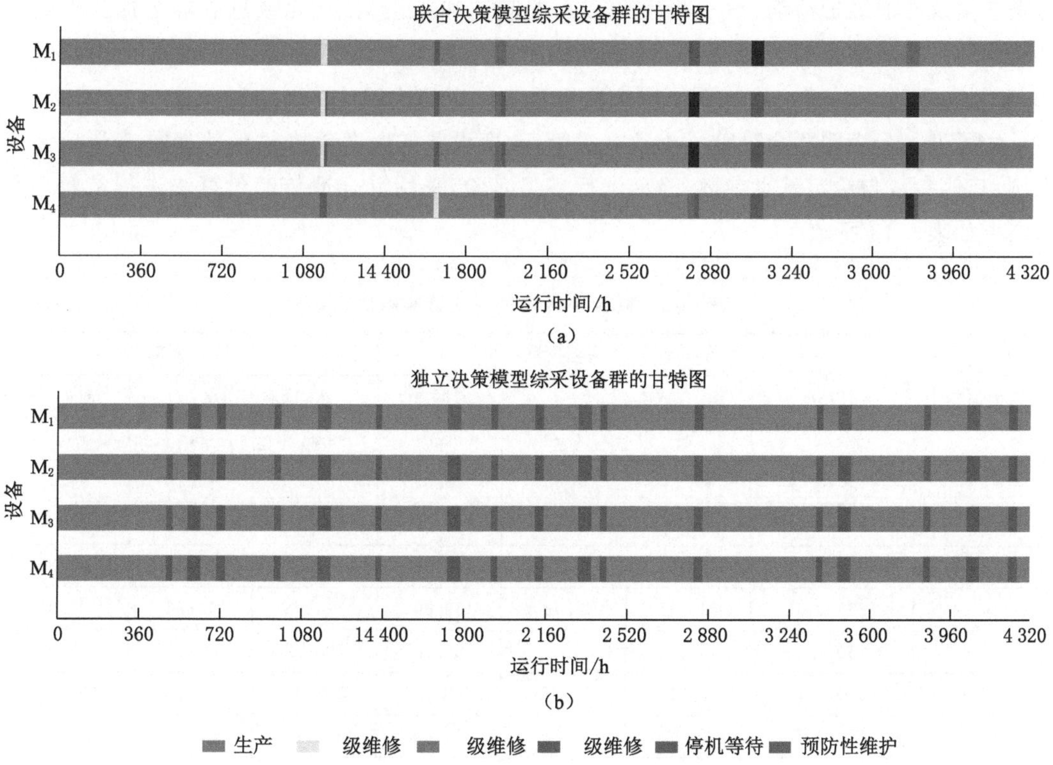

图 5-20　两种模型的甘特图

减少了设备维护次数与停机等待的时间，降低了维护费用。

联合决策与独立决策的成本与停机时间的对比如表 5-12 所示。

表 5-12　联合决策与独立决策成本与停机时间对比

生产周期	联合决策			独立决策		
	成本/万元		时间/h	成本/万元		时间/h
	C_{W1}	C_{W2}	T_d	C_{W1}	C_{W2}	T_d
1	0.00	12.18	0	22.55	10.01	12
2	9.05	11.51	5	23.87	9.36	12
3	21.92	11.17	12	22.87	8.09	12
4	15.34	10.49	8	23.52	9.38	12
5	14.24	10.11	10	15.43	9.05	8
6	18.20	9.32	8	23.20	10.18	15

联合决策的总成本为 140.57 万元，比独立决策的总成本 187.51 万元减少了 46.94 万元，总成本降低了 25.03%。联合决策总的停机时间为 43 h，比独立决策总的停机时间 71 h 减少了 28 h，停机率降低了 39.44%。虽然独立决策的生产成本比联合决策低了 15.54%，但是它仅仅考虑维护活动，没有将生产因素的制约加入模型中，导致总成本增加。反观联合决策的生产成本虽然略微提升，但是其维护成本和总成本相对于独立决策分别降低了 40.09%和 25.03%，进一步表明了联合决策具有一定的优越性。

为了进一步表明联合决策优于独立决策，改变设备的尺度参数 η、形状参数 β，形成多个案例，其他参数与给定基本参数一致，进行多组实验，采用混合遗传鲸鱼算法进行求解。实验结果如表 5-13 所示。

表 5-13　联合决策与独立决策实验对比

案例编号	(η,β)	联合决策			独立决策		
		成本/万元		时间/h	成本/万元		时间/h
		C_{W1}	C_{W2}	T_d	C_{W1}	C_{W2}	T_d
1	(250,2.0)	82.13	7.05	42.00	135.21	16.32	84.00
2	(250,2.1)	93.76	7.46	44.00	150.58	18.31	89.00
3	(250,2.2)	106.07	8.13	45.00	189.23	18.46	90.00
4	(200,2.0)	110.15	8.42	63.00	194.68	18.66	92.00
5	(250,2.3)	112.04	8.77	66.00	195.12	19.32	98.00
6	(200,2.1)	124.57	9.17	68.00	198.30	19.33	99.00
7	(250,2.4)	125.25	9.51	74.00	203.71	20.98	106.00
8	(250,2.5)	127.42	9.84	81.00	206.49	21.17	107.00
9	(200,2.2)	128.13	10.50	81.00	208.42	21.55	107.00
10	(150,2.0)	134.55	10.62	84.00	209.48	21.72	114.00
11	(200,2.3)	135.93	10.94	85.00	225.86	23.02	116.00
12	(150,2.1)	140.79	11.95	89.00	234.94	23.71	130.00

表 5-13(续)

案例编号	(η,β)	联合决策			独立决策		
		成本/万元		时间/h	成本/万元		时间/h
		C_{W1}	C_{W2}	T_d	C_{W1}	C_{W2}	T_d
13	(200,2.4)	143.54	12.75	92.00	238.94	23.90	130.00
14	(150,2.2)	151.98	13.20	96.00	239.58	24.22	132.00
15	(150,2.3)	154.51	13.61	104.00	250.05	24.22	136.00
16	(200,2.5)	159.71	13.65	109.00	262.06	24.24	138.00
17	(100,2.0)	160.14	14.77	109.00	262.42	24.40	145.00
18	(100,2.1)	170.64	14.83	124.00	274.35	24.66	156.00
19	(150,2.4)	184.01	15.07	124.00	274.51	25.03	156.00
20	(100,2.2)	184.85	15.36	130.00	284.87	26.01	158.00
21	(100,2.3)	192.67	15.72	136.00	285.74	26.84	166.00
22	(150,2.5)	192.85	16.43	140.00	290.68	28.38	171.00
23	(100,2.4)	207.61	16.50	143.00	290.86	28.54	177.00
24	(100,2.5)	226.38	16.85	148.00	315.41	29.78	188.00

通过对比发现,不同条件下联合决策在维护成本、生产成本、总成本、停机时间上明显优于传统的独立决策,能够更好地满足煤矿生产需求,平衡维护与生产,为煤炭企业降低成本,提高效益。

5.5.2.2　算法求解对比分析

本节将鲸鱼算法、遗传算法和模拟退火算法进行组合优化,对生产与维护联合决策模型进行求解,搜索能力更强,收敛性更好。为证明本节算法在求解速度和收敛性上有明显优势,将 HWAGA 与 PSO、SA、GA 作比较,计算在联合决策模型下的总成本,所有算法运行参数一致,迭代次数为 200。

图 5-21 所示分别为迭代次数为 50、100、150、200 时各算法求解的最小成本,由图可知

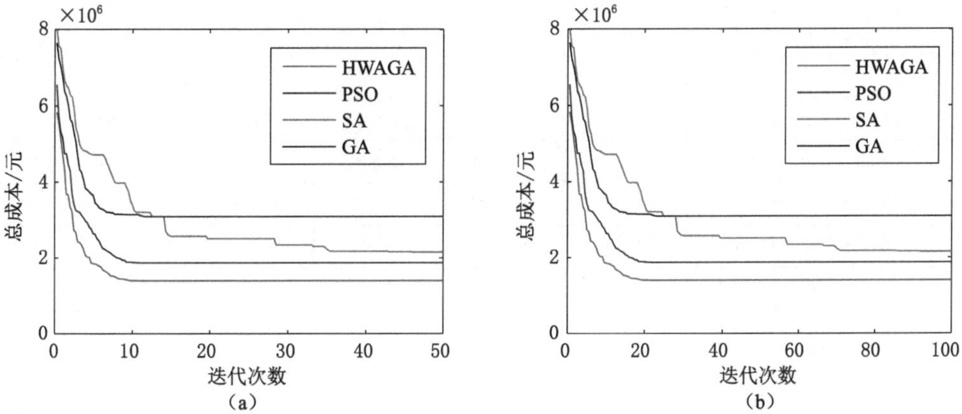

图 5-21　两种模型的甘特图

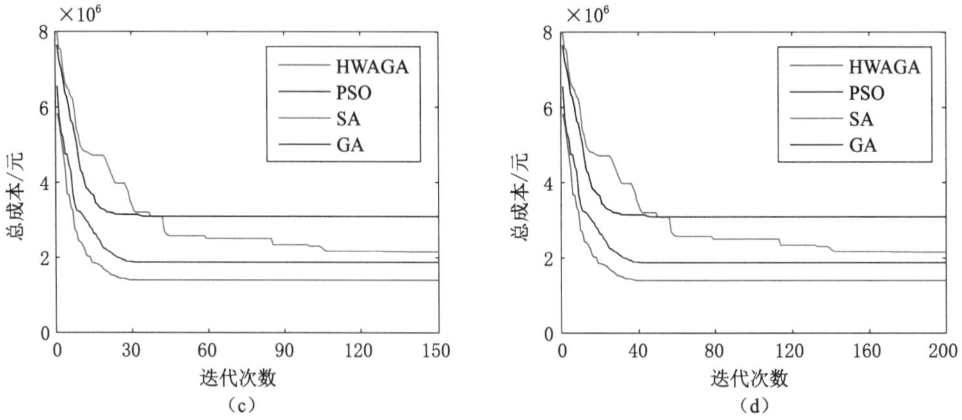

图 5-21 （续）

HWAGA 算法表现最为优异，收敛速度更快，迭代次数为 40 时开始收敛，求解出最优目标值；PSO 次之，收敛速度较慢，最优解较高；GA 算法收敛速度较快，但容易陷入局部最优解。SA 虽然求解出的最优解小于 GA 算法，但是收敛速度较慢。由此可见，HWAGA 算法不但具有较快的收敛速度，还可以跳出局部最优，在求解本节的联合决策模型时具有一定的优势。

为了进一步验证 HWAGA 算法的有效性，基于表 5-13 的 24 个案例分别运用四种算法对其进行求解。每个案例运行 30 次，求其最优值与平均值，单位为万元，所有运行条件均一致，结果如表 5-14 所示。

表 5-14　不同算法实验结果

案例编号	HWAGA		PSO		SA		GA	
	最优值	平均值	最优值	平均值	最优值	平均值	最优值	平均值
1	89.18	92.92	93.94	96.78	94.35	95.59	100.43	108.07
2	101.22	104.69	103.85	105.62	103.37	104.04	110.31	115.68
3	114.20	122.93	118.97	124.70	118.32	122.15	131.45	154.48
4	118.57	122.84	123.50	128.77	122.62	124.39	133.64	138.31
5	120.81	124.74	121.78	129.41	125.94	128.97	140.84	149.07
6	133.74	153.65	134.93	150.24	146.76	154.77	181.17	192.98
7	134.76	153.02	147.90	158.26	159.89	167.95	191.04	212.90
8	137.26	161.96	142.96	159.96	161.39	168.29	186.73	208.43
9	138.63	178.74	142.72	176.13	185.78	199.19	208.98	232.09
10	145.17	149.05	147.70	151.78	146.35	151.03	154.46	162.14
11	146.87	156.34	150.40	164.37	159.07	164.94	166.28	176.15
12	152.74	164.08	163.60	170.34	165.89	172.63	191.18	209.02
13	156.29	168.71	165.78	170.90	165.41	170.93	184.78	207.40

表 5-14(续)

案例编号	HWAGA		PSO		SA		GA	
	最优值	平均值	最优值	平均值	最优值	平均值	最优值	平均值
14	165.18	179.99	169.57	180.58	187.37	190.08	200.18	217.79
15	168.12	199.65	176.79	197.52	188.24	201.67	234.55	267.98
16	173.36	183.22	180.10	189.46	182.36	189.02	193.67	202.33
17	174.91	190.49	170.43	185.21	183.93	194.31	192.41	202.09
18	185.47	208.52	189.82	206.67	219.64	224.79	208.73	236.38
19	199.08	208.63	204.23	216.18	213.18	218.03	234.32	264.77
20	200.21	212.62	203.80	214.91	203.38	216.59	238.61	266.82
21	208.39	235.33	233.65	252.59	233.43	245.87	285.50	299.84
22	209.28	224.04	215.32	225.28	216.39	227.45	254.53	264.29
23	224.11	240.56	233.87	241.62	231.24	245.19	261.56	280.91
24	243.23	263.29	257.47	273.53	268.24	280.20	294.52	309.58

从表 5-14 中各算例结果的最优值和平均值可以看出，相比于其他三种算法，HWAGA 在绝大多数案例中表现得最为优异，表明 HWAGA 在求解煤矿装备联合决策模型时具备更好的性能。

图 5-22 为四种算法求解结果的箱型图。

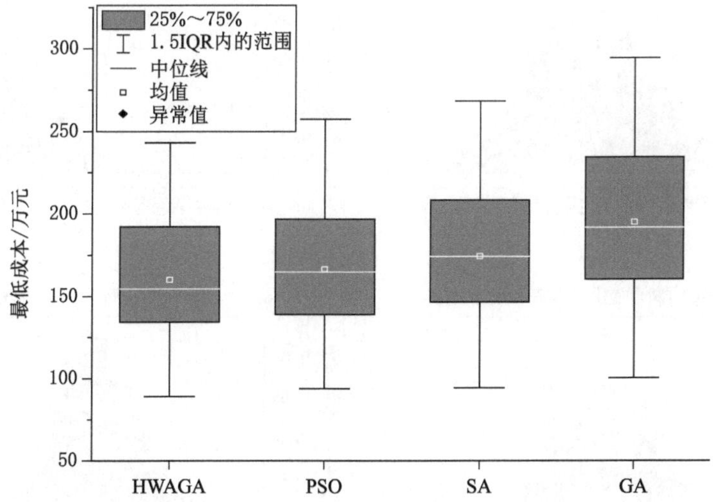

图 5-22　四种算法求解结果的箱型图

根据不同案例的求解结果绘制了箱型图，从图 5-22 中可看出，HWAGA 算法在四种算法中取得了最小的均值与上下限值，说明 HWAGA 算法在寻求最优解上相比其他算法具有一定优势，且算法较为稳定。

5.5.3 煤矿装备动态成组维护决策方法分析

本节通过 MATLAB R2021b 软件对两个仿真对比实验进行计算，软件运行环境为 Windows 11，64 位操作系统。硬件配置均为 Intel(R) Core(TM) i5-13400F 2.50 GHz；32 GB。

两个对比仿真实验均采用相同的参数设定。维护决策模型参数设定如表 5-15 所示。为了更好地进行多设备维护实验，基础数据选用基于仿真数据集的剩余使用寿命概率，预测实验中的仿真数据集的剩余使用寿命概率，剩余使用寿命概率预测结果如图 5-23 所示。

表 5-15 维护决策模型参数

参数	数值(单位)	参数	数值(单位)
M	6(台)	C_e	400(元/h)
N	1 000(d)	T_s	72(h)
C_f	6 000(元/台)	T_d	1 000(d)
C_{sp}	150 000(元/个)	C_a	50 000(元/次)
C_{ec}	35 000(元/次)		

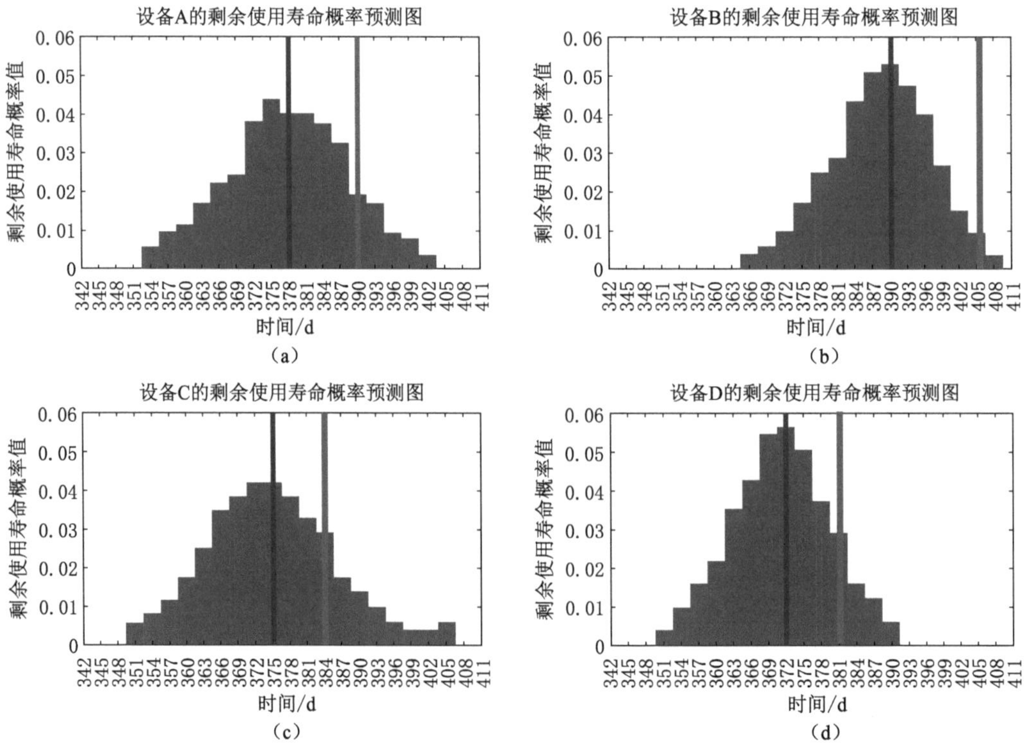

图 5-23 剩余使用寿命概率预测结果图

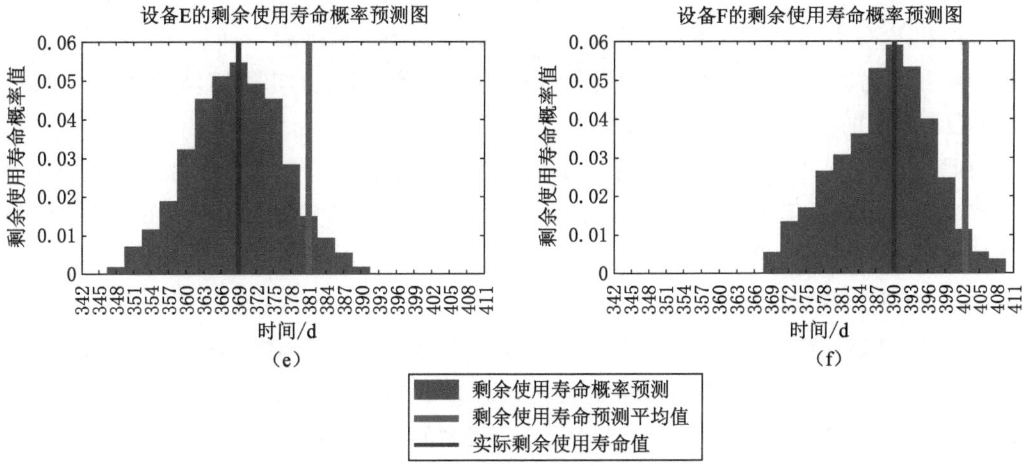

图 5-23 （续）

5.5.3.1　维护模型对比分析

利用 GOA、GA 与 PSO 算法分别对多设备动态成组维护模型运行 30 次。最优值、平均值和中位数三个指标对比见表 5-16。三种算法下的维护成本率见图 5-24。

表 5-16　GOA 与 GA、PSO 算法求解结果的指标对比　　单位:元

	GOA	GA	PSO
最优值(最小值)	257.05	257.46	257.05
平均值	257.26	259.62	259.29
中位数	257.23	258.57	257.80

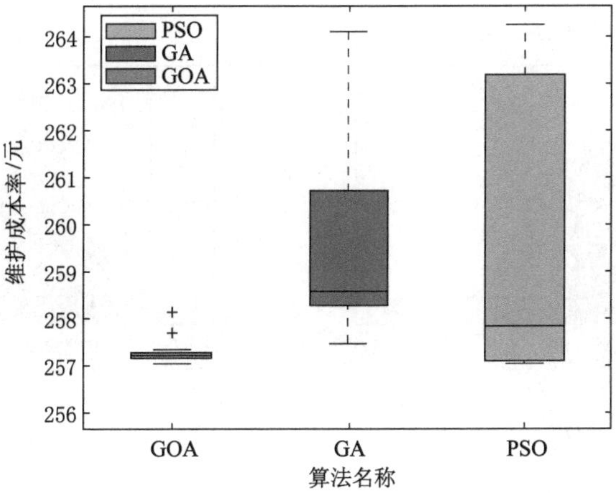

图 5-24　GOA 与 GA、PSO 算法求解结果的箱线图对比

根据上述步骤可知，经过 30 次的重复实验，GOA 算法的求解结果在求解精度方面明显高于 GA 和 PSO 算法，GOA 算法的稳定性方面更有优势。根据表 5-16 可知，GOA 算法的求解结果在最优值、平均值和中位数方面相较于 GA、PSO 算法的求解结果，其结果值更小，说明 GOA 算法的求解结果相对较好。

因此，这表明了由于 GOA 算法存在更好的局部搜索能力，能更快地跳出局部最优解，在求解动态成组维护模型时，其求解精度上相较于经典的 GA、PSO 算法存在一定的优势，更容易得到更低的维护成本率。

5.5.3.2　算法求解对比分析

在证明了瞪羚优化算法（GOA）在求解精度方面的优势后，我们将多设备动态成组维护决策结果与多设备独立维护决策结果进行对比。为了更直观地展示，图 5-25 在图 5-23 的基础上考虑了前 583 天，展示了 6 台设备总寿命预测的概率分布，同时展示了两种维护策略的决策结果。图 5-26 所示为两种维护策略的维护计划。

图 5-25 中，绿色线为动态成组维护策略的每台设备的最佳维护时机，橙色线为独立维护策略的每台设备的最佳维护时机。图 5-26 中，绿色的“星星”构成动态成组维护策略的维护计划，橙色的“星星”构成独立维护策略的维护计划。

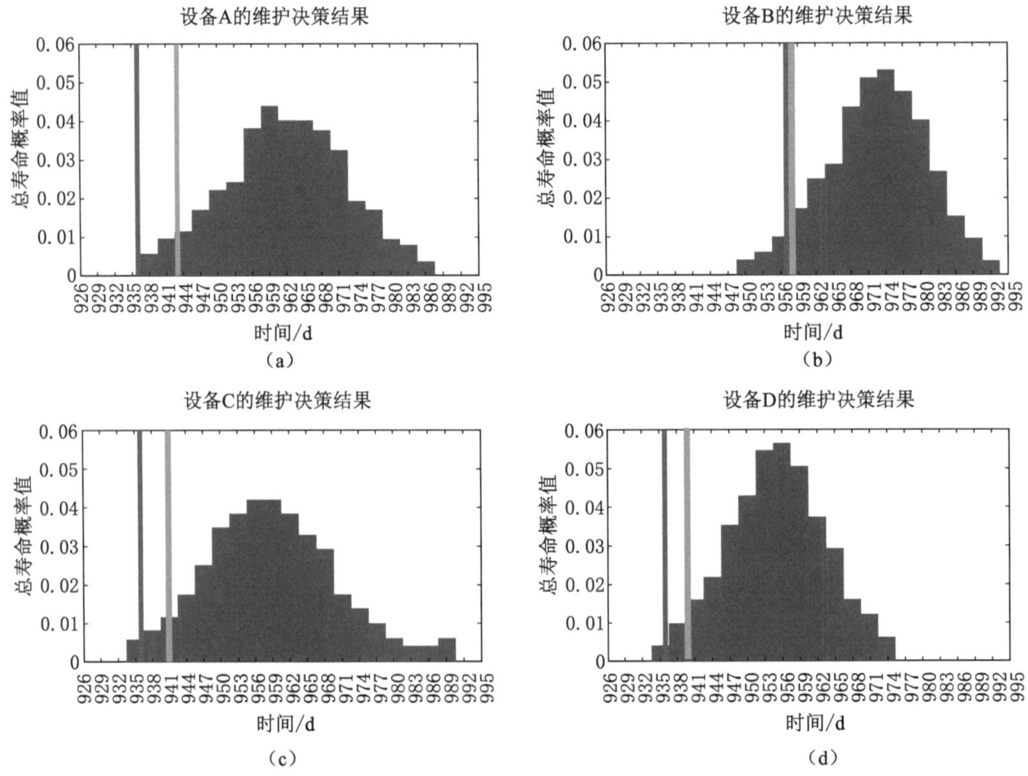

图 5-25　动态成组维护与独立维护的决策结果对比

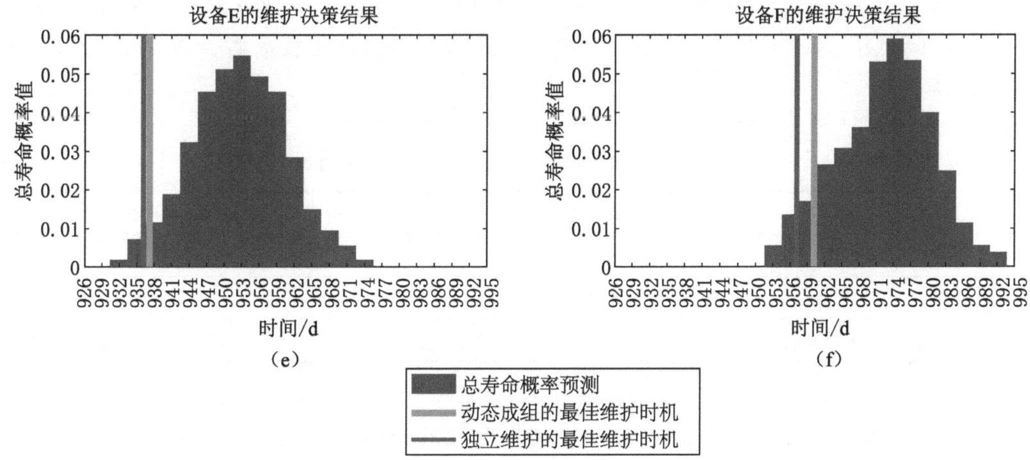

图 5-25　(续)

由图 5-25 和图 5-26 可知，在考虑多设备动态成组的维护计划中，6 台设备被分为 2 组。其中，设备 A、C、D、E 的最佳维护时机都为第 936 天，它们被视为一组。设备 B 和 F 的最佳维护时机都为第 957 天，它们被视为一组。维护计划的基础维护费用(包括人工费用、备件费用、维护工具进出场费用)为 1 006 000 元，停机损失成本为 172 800 元，突发故障及紧急维护费用的数学期望为 224 600 元，维护计划对设备折旧损失成本为 51 300 元。因此，多设备动态成组维护计划的总成本为 1 454 700 元，6 台设备平均运行天数为 943 天，维护成本率(平均每台设备每天的维护成本)为 257.1 元。

根据独立维护计划，设备 A 到设备 F 的最佳维护时机分别为第 943、958、941、940、937、960 天。维护计划的基础维护费用为 1 146 000 元，停机损失成本为 172 800 元，突发故障及紧急维护费用的数学期望为 255 450 元，维护计划对设备折旧损失成本为 48 150 元。独立维护计划的总成本为 1 622 400 元，6 台设备平均运行天数为 946.5 天，维护成本率为 285.7 元。

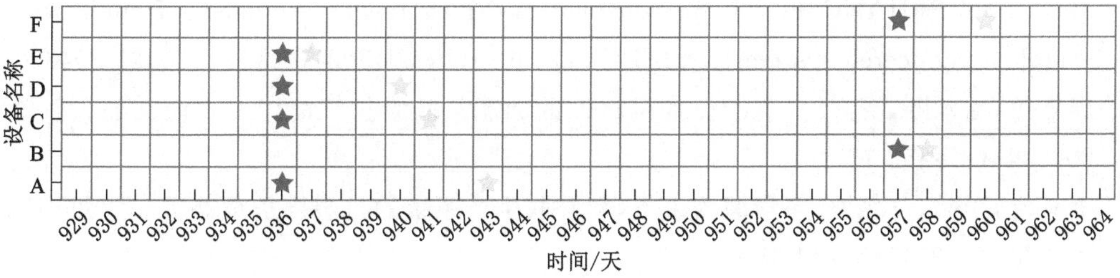

图 5-26　动态成组维护计划与独立维护计划

两种维护方式的维护成本率、维护总成本以及 6 台设备的平均运行天数如表 5-17 所示。根据表 5-17 可知，动态成组维护计划与独立维护计划相比，虽然动态成组维护计划比独立维护计划平均运行天数减少了3.5天。但在维护总成本方面，前者相较后者少了167 700元，降低了10.34%。最后导致在维护成本方面，前者相较后者少了28.6元，降低了10.01%。

表5-17 动态成组维护与独立维护的结果对比

	动态成组的维护	独立维护	两者差值
维护成本率/元	257.1	285.7	28.6
维护总成本/元	1 454 700	1 622 400	167 700
6台设备的平均运行天数/d	943	946.5	3.5

由此可见，由于多设备独立维护只是根据每台设备的剩余使用寿命概率预测结果来确定每台设备的最佳维护时机，而没有考虑多设备动态成组维护带来的成本下降（如同一组设备的维护只花费一次维护工具的进出场费用），所以其维护成本率和维护总成本相对较高。因此，多设备动态成组维护相较于多设备独立维护，降低了维护成本，减少了不必要的浪费，可提高企业竞争力。

参考文献

[1] 易观秀. 面向透平机械的性能衰退预测及维护决策研究[D]. 成都：电子科技大学，2021.

[2] 应保胜，但斌斌，张华. 生产计划和预防性维修计划的统筹优化模型[J]. 机械工程学报(3)：230-232.

[3] 黄扣. 基于深度学习的旋转类机械预测性维护方法研究[D]. 镇江：江苏科技大学，2021.

[4] 冯乐乐. 多设备生产线健康状态评估与预防性维护研究[D]. 成都：电子科技大学，2021.

[5] WANG Y S，JIANG K，XU L. Sensor-data-driven fusion prognostic framework for complex engineered systems[J]. IEEE Sensors Journal，2021，21(18)：20421-20430.

[6] 廖雯竹，潘尔顺，奚立峰. 基于设备可靠性的动态预防维护策略[J]. 上海交通大学学报2009，43(8)：153-157.

[7] 李有堂，李晶，黄兆坤. 多资源约束下串/并联生产系统的机会维护策略[J]. 兰州理工大学学报，2019，45(5)：33-38.

[8] 唐永红，龚安，王超. 基于优化初始种群的自动组卷算法[J]. 计算机与现代化，2012(7)：42-44.

[9] 熊高峰，聂坤凯，刘喜苹，等. 基于遗传算法的随机机组组合问题求解[J]. 电力系统及其自动化学报，2012，24(5)：93-99.

[10] 贺建英，王光琼，唐青松. 一种基于遗传算法的智能组卷策略优化研究[J]. 计算机与数

字工程，2019，47(1)：130-135.

[11] ZHANG G H，HU Y F，SUN J H，et al. An improved genetic algorithm for the flexible job shop scheduling problem with multiple time constraints[J]. Swarm and Evolutionary Computation，2020，54：100664.

[12] XIA T B，XI L F，ZHOU X J，et al. Dynamic maintenance decision-making for series-parallel manufacturing system based on MAM-MTW methodology [J]. European Journal of Operational Research，2012，221(1)：231-240.

[13] 胡家文. 变工况生产系统预防维护及其与生产计划联合决策研究[D]. 上海：上海交通大学，2017.

[14] HUANG J，CHANG Q，ARINEZ J. Deep reinforcement learning based preventive maintenance policy for serial production lines[J]. Expert Systems with Applications，2020，160：113701.

[15] 王晓燕，申桂香，张英芝，等. 基于故障链的复杂系统故障相关系数建模[J]. 吉林大学学报(工学版)，2015，45(2)：442-447.

[16] 吴爱华，赵馨智. 生产计划与控制[M]. 2 版. 北京：机械工业出版社，2019.

[17] HUANG J，CHANG Q，ARINEZ J. Deep reinforcement learning based preventive maintenance policy for serial production lines[J]. Expert Systems with Applications，2020，160：113701.

[18] 曹现刚，宫钰蓉，罗璇，等. 考虑机会维护的煤矿综采设备群维护决策优化研究[J]. 煤炭工程，2020，52(6)：164-169.

[19] KINGMA D P，WELLING M. Auto-encoding variational Bayes[J]. ArXiv e-Prints，2013：arXiv：1312. 6114.

[20] XU H W，CHEN W X，ZHAO N W，et al. Unsupervised anomaly detection via variational auto-encoder for seasonal KPIs in web applications[C]//Proceedings of the 2018 World Wide Web Conference. ACM，2018：187-196.

[21] ZHANG H，ZHANG Q，SHAO S Y，et al. Attention-based LSTM network for rotatory machine remaining useful life prediction [J]. IEEE Access，2020，8：132188-132199.

[22] 李梦蝶，赵光，罗灵鲲，等. 基于改进 CNN-LSTM 的飞控系统剩余寿命预测[J]. 计算机工程与应用，2022，58(16)：274-283.

[23] 谢鲁冰. 海上风电机组动态机会成组维修策略的研究[D]. 北京：华北电力大学，2021.

[24] MARTHA E. VILLALBA MATAMOROS，Mustafa KUMRAL. [J]. Journal of Central South University，2019，26(11)：3126-3139.